Wirtschaftsmathematik I

Jens Kircher · Dieter Hitzler

Wirtschaftsmathematik I

Grundlagen für Bachelor-Studiengänge

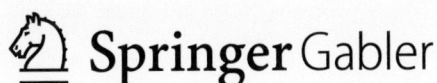 Springer Gabler

Jens Kircher
Leonberg, Deutschland

Dieter Hitzler
Stuttgart, Deutschland

ISBN 978-3-662-46151-8   ISBN 978-3-662-46152-5   (eBook)
https://doi.org/10.1007/978-3-662-46152-5

Die Deutsche Nationalbibliothek verzeichnet diese Publikation in der Deutschen Nationalbibliografie; detaillierte
bibliografische Daten sind im Internet über http://dnb.d-nb.de abrufbar.

Springer Gabler

Gedruckt auf säurefreiem und chlorfrei gebleichtem Papier

Springer Gabler ist ein Imprint der eingetragenen Gesellschaft Springer-Verlag GmbH, DE und ist ein Teil von
Springer Nature
Die Anschrift der Gesellschaft ist: Heidelberger Platz 3, 14197 Berlin, Germany

Inhaltsverzeichnis

3. Wirtschaftliche Anwendungen der Analysis · 73

Vorbemerkungen

Es liegt eine große Würde im Einfachen.
A. Young, australischer Musiker

Dieses Manuskript entstand nach mehrfachem Halten der Vorlesung Wirtschaftsmathematik an der Hochschule Macromedia sowie verwandter Vorlesungen an der Hochschule Heilbronn.

Der vorliegende erste Band kann sowohl für einen Brückenkurs Mathematik als auch für die Einführungsvorlesung Wirtschaftsmathematik genutzt werden; ein bald erscheinender zweiter Band behandelt die Fortführung der Analysis (Integralrechnung), Statistik (analytisch und rechnergestützt), Wahrscheinlichkeitsrechnung und numerische Mathematik.

Didaktisches Konzept

- Mit der Abkehr vom Grafischen Taschenrechner (GTR) als Hilfsmittel in der Schule wird auch seine Bedeutung an der Hochschule stark abnehmen. An seine Stelle treten in diesem Buch ausführliche Hinweise, wie mathematische Probleme, insbesondere im Bereich der Modellbildung, mit einer Tabellenkalkulation gelöst werden.

- Der zu erlernende Stoff aus dem Teilgebiet Analysis ist nach Funktions*eigenschaften* und nicht nach Funktions*klassen* geordnet.

- Auf einige formale Aspekte wurde komplett verzichtet. Dies verschlankt den Text enorm und sorgt für schnelleren Fortschritt in der Rechenfertigkeit.[1] Für den interessierten Leser finden sich die formalen Behandlungen im Anhang.

---

[1] Zuerst zu rechnen und sich dann erst um den Formalismus zu kümmern, das ist wie Nachtisch genießen, bevor man den Blumenkohl gegessen hat. Aber wollen wir das nicht alle manchmal? Eine Erkenntnis, die wir übrigens dem (großartigen) Kollegen B. Crowell zu verdanken haben.

- Manche Passagen umfassen mehr Text als vergleichbare andere Bücher zur Wirtschaftsmathematik. Es war uns ein Anliegen, den Lernenden und Lehrenden ein Buch an die Hand zu geben, das selbständiges Erarbeiten des Stoffs durch ausführliche Erklärungen unterstützt.

Aufbau des Buchs

> **Merksatz**
>
> Die wichtigsten Lern- und Merksätze sowie Definitionen sind in magenta umrahmten Boxen zusammengefasst.

> **Merksatz**
>
> Die wichtigsten Lern- und Merksätze sowie Definitionen sind in magenta umrahmten Boxen zusammengefasst

> **Exkurs**
>
> Graue Boxen vermitteln Zusatzwissen. Das kann innermathematisches Wissen bei erstmaliger Behandlung eines Funktionstyps (insbesondere im Kapitel über Nullstellen) sein, oder es können auch Anwendungen von mathematischen Methoden sein.

> Blau unterlegte Seiten zeigen gelöste Musteraufgaben, in der Regel mit nicht zu hohem Schwierigkeitsgrad.

> **Aufgaben**
>
> Am Ende jedes Abschnitts befinden sich einige Übungsaufgaben mit steigendem Schwierigkeitsgrad.

Die Autoren freuen sich auf jede Art von Feedback, auch über Aufgabenvorschläge oder Hinweise auf Verbesserungsmöglichkeiten.

1. Mathematische Grundfertigkeiten

In diesem Kurz-Kapitel fassen wir nochmals die wichtigsten Rechenregeln und Definitionen aus der Mittelstufe zusammen, auf die wir im Folgenden aufbauen werden.

Weil es sich „nur" um eine Wiederholung handelt, machen wir dies eher im Stil einer Formelsammlung als im Stil eines Lehrbuchs. Wenn Sie schon alles beherrschen, können Sie das auch überlesen.

© Springer-Verlag GmbH Deutschland, ein Teil von Springer Nature 2018
J. Kircher und D. Hitzler, *Wirtschaftsmathematik I*,
https://doi.org/10.1007/978-3-662-46152-5_1

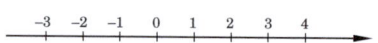

Abb. 1.1.: Zahlenstrahl

$\mathbb{N}$

$\mathbb{Z}$

$\mathbb{Q}$

$\mathbb{R}$

1.1. Zahlenmengen

Die Zahlen lassen sich in bestimmten Mengen zusammenfassen:

- Die Menge der natürlichen Zahlen umfasst die Zahlen 0, 1, 2, 3, 4, usw.[1] Sie wird mit dem Symbol $\mathbb{N}$ gekennzeichnet.

- Die Menge der ganzen Zahlen $\mathbb{Z}$ umfasst zusätzlich zu den natürlichen Zahlen die natürlichen Zahlen mit zusätzlichem negativem Vorzeichen.

- $\mathbb{Q}$ bezeichnet alle Zahlen, die als Brüche zweier ganzer Zahlen dargestellt werden können[2]: die rationalen Zahlen.[3]

- Es gibt Kommazahlen, die nicht als Bruch dargestellt werden können. π ist eine davon, die Sie schon kennen. $\sqrt[2]{2}$ eine weitere. Die Euler'sche Zahl e (die man zwar wie π nicht exakt als Kommazahl darstellen kann, die aber ungefähr 2,7 ist) werden Sie auf den Folgeseiten kennenlernen. Die Menge der reellen Zahlen $\mathbb{R}$ enthält die Menge $\mathbb{Q}$ und zusätzlich all diese irrationalen Zahlen.

- Diese Bezeichnungen lassen sich durch ein tiefgestelltes $+$ oder $-$ (d. h. nur die positiven oder negativen Teilmengen) oder ein hochgestelltes $*$ (d. h. Ausschluss der „0") modifizieren.

  Beispiele:

    - $\mathbb{R}_+^*$ ist die Menge der positiven rationalen Zahlen.

    - $\mathbb{Z}_-$ ist die Menge der nicht positiven ganzen Zahlen.

Lernkontrolle

1. Welcher Buchstabe bezeichnet die Menge $\{...; -4; -3; -2; -1; 0; 1; 2; 3; 4...\}$?

2. Welche Mengen beinhalten die Zahl π?

3. Ist die Null in $\mathbb{N}$ enthalten?

4. Welche Zahlen sind in $\mathbb{Z}^*$ enthalten?

---

[1]In einer älteren Definition der natürlichen Zahlen war die Null noch nicht enthalten. Heute gehört die Null zu den natürlichen Zahlen. So ist es in der DIN 5473 geregelt. In vielen Gebieten der Mathematik wird jedoch noch die ältere Definition verwendet.

[2]Gedächtnisstütze: Q für „Quotient"

[3]Irrationale Zahlen sind in der Umkehrung Zahlen, die man nicht als Brüche zweier ganzer Zahlen darstellen kann.

Exkurs

Die Euler'sche Zahl e

Stellen Sie sich vor, Sie besitzen die stolze Summe von 1 EUR, die Sie auf einer Bank anlegen. Die Bank zahlt 100% Zins pro Jahr und wenn Sie das Geld früher abheben, werden die Zinsen unterjährig taggenau anteilig[a] bezahlt.

Das Leben als Sparer beginnt am 1.1. eines Jahres. Am 28.5. des Jahres überlegen Sie: *„Wenn ich das gesamte aufgelaufene Guthaben am 30.6. abhebe, bekomme ich 1,50 EUR (nämlich das Anlagekapital von 1,00 EUR und 0,50 EUR Zinsen für das halbe Jahr Anlagedauer) und wenn ich diese Summe gleich wieder anlege, bekomme ich am Ende des Jahres nochmals 50% (entspricht 0,75 EUR) Zinsen. Somit hätte ich am Jahresende 2,25 EUR Guthaben, also mehr als 2,00 EUR".*

Gedacht – getan. Sie gehen zur Bank, heben das Geld ab, laufen über die nahegelegene Fußgängerzone, widerstehen der Lust auf ein Eis und zahlen das Geld wieder ein.

In der zweiten Jahreshälfte brüten Sie: *„Und wenn ich das nächstes Jahr 2 mal mache? Oder 3 mal"?* Sie erstellen folgende Tabelle, in der Sie diese Überlegungen modellieren:

D	E	F	G	H	I	J	K	L	M	N
		Stand bei Abhebung Nr.								
Abhebungen	Start	1	2	3	4	5	6	7	8	Jahresendstand
0	1									2,00
1	1	1,50								2,25
2	1	1,33	1,78							2,37
3	1	1,25	1,56	1,95						2,44
4	1	1,20	1,44	1,73	2,07					2,49
5	1	1,17	1,36	1,59	1,85	2,16				2,52
6	1	1,14	1,31	1,49	1,71	1,95	2,23			2,55
7	1	1,13	1,27	1,42	1,60	1,80	2,03	2,28		2,57
8	1	1,11	1,23	1,37	1,52	1,69	1,88	2,09	2,32	2,58

Jetzt packt Sie der akademische Ehrgeiz und Sie wollen wissen, ob es eine Obergrenze für den innerhalb eines Jahres erreichten Kontostand gibt. Dazu ist allerdings die o. s. Tabelle ungeeignet, weil jede einzelne Auszahlung und Verzinsung berechnet wird. Mann kann also nicht direkt ausrechnen, wie sich 523 Abhebungen im Jahr auswirken.

---

[a]d. h. Anlage für ein halbes Jahr ergibt die Hälfte des Jahreszinses

Exkurs (*Fortsetzung*)

Sie erinnern sich an die Zinseszins-Formel:

$$K_n = K_0 \left(1 + p\right)^n \qquad (1.1)$$

bei der K_n das Kapital nach n Zinsperioden angibt, K_0 das Startkapital (also wieder 1 EUR) und p den Zinssatz in Prozent. Diese Formel muss allerdings etwas modifiziert werden:

- p muss durch $\frac{p}{n}$ ersetzt werden, denn die Bank zahlt bei halber Anlagedauer auch nur halben Zins, während die Zinseszins-Formel bei wachsendem n davon ausgeht, dass sich auch die Anlagedauer ver-n-facht.

- p ist (wegen der spendablen Bank) wiederum 100% oder 1.

Damit wird die Zinseszins-Formel zu[a]

$$K_n = K_0 \left(1 + \frac{1}{n}\right)^n \qquad (1.2)$$

und man erhält eine Formel, die es erlaubt, direkt auf große n zuzugreifen[b]. Mit Gleichung 1.2 erstellen wir eine neue Tabelle, deren Inhalt wir auch gleich graphisch darstellen:

Zinsperioden n	Guthaben $(1+1/n)^n$
1	2,000000
10	2,593742
100	2,704814
1000	2,716924
10000	2,718146
100000	2,718268
1000000	2,718280
10000000	2,718282

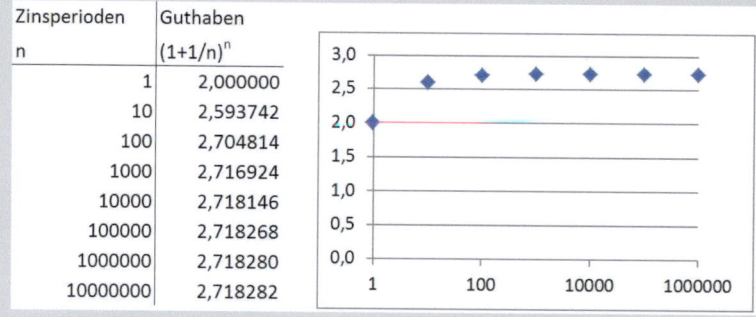

Offensichtlich scheint es also einen Grenzwert[c] für den Faktor $\left(1 + \frac{1}{n}\right)^n$ zu geben. Dieser Grenzwert wird Euler'sche Zahl e genannt. Die Euler'sche Zahl ist wie die Zahl π eine Kommazahl mit unendlich vielen Nachkommastellen, die man nicht als Bruch darstellen kann. Sie ist eine irrationale Zahl.

---

[a]Achtung: In Gleichung 1.1 ist n die Zahl der Zinsperioden und das ist gleichzeitig auch die Anlagedauer in Jahren. Dagegen ist in Gleichung 1.2 n die Zahl der Abhebungen in einem Jahr

[b]Beachten Sie $n = 1$ bedeutet 0 Abhebungen in der vorherigen Tabelle!

[c]Eleganter beschreiben kann man das mit dem lim-Symbol, das wir jedoch nur im Anhang A.3 für interessierte Leser behandeln.

1.2. Rechengesetze

Kommutativgesetz

Das Kommutativgesetz (Vertauschungsgesetz, von lat. commutare vertauschen) sagt, dass man bei einer Rechenoperation die Reihenfolge der Objekte der Operation vertauschen darf. Beispiele:

$$2 + 3 = 3 + 2 \qquad (1.3)$$
$$4 \cdot 5 = 5 \cdot 4 \qquad (1.4)$$

Assoziativgesetz

Das Assoziativgesetz (Zusammenrottungsgesetz, von lat. associare vereinigen, verbinden) sagt, dass man bei gleichen Rechenoperation zwischen 3 Objekten die Reihenfolge der der Operationen vertauschen darf, indem man Klammern setzt. Beispiele:

$$(2 + 3) + 5 = 2 + (3 + 5) \qquad (1.5)$$
$$(4 \cdot 5) \cdot 8 = 4 \cdot (5 \cdot 8) \qquad (1.6)$$

Distributivgesetz

Das Distributivgesetz (Verteilungsgesetz, von lat. distribuere verteilen) regelt, wie sich Klammern und zwei verschiedene Rechenoperationen zueinander verhalten (nämlich ob die Operation außerhalb der Klammer verteilt wird oder nicht). Beispiel:

$$5 \cdot (2 + 3) = 5 \cdot 2 + 5 \cdot 3 \qquad (1.7)$$

was natürlich wegen des Kommutativgesetzes auch für einen Faktor hinter der Klammer gilt:

$$(2 + 3) \cdot 5 = 5 \cdot 2 + 5 \cdot 3 \qquad (1.8)$$

Gelten die Gesetze immer?

Auch wenn der gesetzestreue Bürger Gesetze für etwas Absolutes hält: Gesetze haben einen limitierten Geltungsbereich. So wie unser Jugendschutzgesetz nur in Deutschland gilt und in den USA das Mindestalter für den Konsum von Alkohol von dem hier geltenden abweicht, so gelten auch diese mathematischen Gesetze nicht immer: Für jede neue Rechenoperation muss man nachprüfen, ob die Gesetze gelten.[4] Ein Beispiel wäre das Kommutativgesetz, das zwar für die Addition von Zahlen gilt, aber nicht für deren Subtraktion[5]

---

[4]Der Mathematiker dreht hier auch mal den Spieß um: ein mathematisches Objekt wird dadurch definiert, *dass* eine bestimmte Gruppe von Gesetzen gilt. Siehe z. B. den Vektorraum.

[5]Ein schwieriges Beispiel übrigens. Wenn man sagt, die Subtraktion sei die Addition des Gegenobjekts, – wie wir es an anderer Stelle in diesen Buchseiten

oder auch das Kreuzprodukt von Vektoren . Ein weiteres Beispiel wäre das Distributivgesetz. Es gilt zwar:

$$a \cdot (b + c) = a \cdot b + a \cdot c \tag{1.9}$$

für reelle Zahlen a, b, c . Aber es gilt eben nicht

$$a + (b \cdot c) = a + b \cdot a + c \tag{1.10}$$

1.3. Potenzen

1.3.1. Natürliche Exponenten

Potenzen mit natürlichen Exponenten (ohne die Null, also 1, 2, 3, 4, etc.) kennen Sie schon lange. Potenzen sind einfach eine Kurzschreibweise für Produkte mit vielen gleichen Faktoren:

$$2^3 = 2 \cdot 2 \cdot 2 \tag{1.11}$$

oder

$$5^4 = 5 \cdot 5 \cdot 5 \cdot 5 \tag{1.12}$$

In dem o. s. Beispiel nennt man 5 übrigens die *Basis*, und die 4 den *Exponenten*.

1.3.2. Negative Exponenten

Aber was bedeutet ein negativer Exponent? Multipliziere ich bei 2^{-1} die 2 minus ein Mal mit sich selbst? Mitnichten. Das Minus ist ein *Operator*, der signalisiert, dass die Basis der Potenz in den Nenner eines Bruchs mit Zähler 1 geschrieben werden soll:

$$2^{-3} = \frac{1}{2^3} \tag{1.13}$$

oder

$$8^{-2} = \frac{1}{8^2} \tag{1.14}$$

---

in der Vektorrechnung machen – dann gilt das Kommutativgesetz nämlich schon, wenn das Minus beim Tausch mit getauscht wird.

Aufgaben

Negative Exponenten

1. Vervollständigen Sie die Tabelle:

Potenz mit negativem Exponenten	Bruch	Rechnen Sie aus
3^{-2}	$\frac{1}{3^2}$	0,111111
3^{-1}		
6^{-4}		
8^{-2}		
3^{-3}		
$0,1^{-2}$		
x^{-3}		—
10^{-4}		
10^{-6}		
10^{-8}		

2. Vervollständigen Sie die Tabelle:

Potenz mit negativem Exponenten	Bruch	Rechnen Sie aus
3^{-2}	$\frac{1}{3^2}$	0,111111
	$\frac{1}{4^2}$	
	$\frac{1}{3^3}$	
	$\frac{1}{5^2}$	
	$\frac{1}{3^{-2}}$	
	$\frac{1}{5^{-2}}$	
	$\frac{1}{a^2}$	—
	$\frac{1}{c^6}$	—
	$\frac{1}{4^{-3}}$	
	$\frac{1}{x^{-2}}$	—

1.3.3. Gebrochene Exponenten

OK, und was bedeutet ein gebrochener Exponent? Beschränken wir uns zuerst auf Brüche der Form $\frac{1}{a}$. Diese Schreibweise signalisiert, dass die a-te Wurzel aus der Basis berechnet werden soll:

$$2^{\frac{1}{3}} = \sqrt[3]{2} \tag{1.15}$$

Das Gelernte können wir jetzt auf beliebige Brüche erweitern:

$$2^{\frac{4}{3}} = \left(2^4\right)^{\frac{1}{3}} = \sqrt[3]{2^4} \tag{1.16}$$

Gebrochene Exponenten

Vervollständigen Sie die Tabellen

1.

Potenz	Wurzel	Zahlenwert (ungefähr)
$3^{1/2}$	$\sqrt{3}$	1,7
$3^{1/3}$		
$6^{1/4}$		
$0,1^{1/2}$		
$10^{1/4}$		

2.

Potenz	Wurzel	Zahlenwert (ungefähr)
$3^{1/2}$	$\sqrt{3}$	1,732
	$\sqrt{5}$	
	$\sqrt[3]{4}$	
	$\sqrt[4]{2}$	
	$\sqrt[4]{x}$	—
	$\sqrt[3]{6}$	

3.

Potenz	Wurzel	Zahlenwert (ungefähr)
$3^{3/2}$	$\sqrt{3^3}$	5,196
$3^{2/3}$		
$6^{3/4}$		
$0,1^{3/2}$		
$10^{5/2}$		

4.

Potenz	Wurzel	Zahlenwert (ungefähr)
$3^{3/2}$	$\sqrt{3^3}$	5,196
	$\sqrt[3]{4^2}$	
	$\sqrt[4]{2^5}$	
	$\sqrt[3]{5^2}$	
	$\sqrt[4]{x^2}$	—

1.3.4. Beliebige Exponenten und Vorfaktoren

Mithilfe dieser Regeln kann man jetzt auch kompliziertere Ausdrücke berechnen, bei welchen negative Vorzeichen und gebrochene Exponenten kombiniert sind:

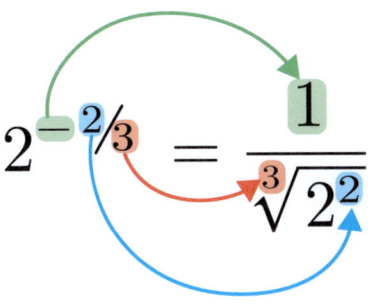

Abb. 1.2.: So geht das mit den gebrochenen Exponenten.

Potenz	Wurzelbruch	Bemerkungen
$a^{\frac{2}{3}}$	$\sqrt[3]{a^2}$	3 im Nenner wird zu dritter Wurzel.
$a^{-\frac{2}{3}}$	$\frac{1}{\sqrt[3]{a^2}}$	Das Minus bringt nebenstehenden Ausdruck in den Nenner.
$b \cdot a^{-\frac{2}{3}}$	$\frac{b}{\sqrt[3]{a^2}}$	Potenz vor Punkt. Daher bezieht sich die Potenz nur auf das a. Man kann also schreiben: $$b\left(a^{-\frac{2}{3}}\right)$$ wobei die Klammer schon in der vorhergehenden Zeile gelöst wurde: $$b\left(a^{-\frac{2}{3}}\right)=b\frac{1}{\sqrt[3]{a^2}}=\frac{b}{\sqrt[3]{a^2}}$$
$ba^{-\frac{2}{3}}$	$\frac{b}{\sqrt[3]{a^2}}$	Potenz vor Punkt, auch wenn der Punkt weggelassen wurde.
$(b \cdot a)^{-\frac{2}{3}}$	$\frac{1}{\sqrt[3]{(b\cdot a)^2}}$	Klammer vor Potenz. Daher bezieht sich die Potenz auf das Produkt $b \cdot a$.

Umgekehrt kann man Brüche oder Wurzeln als Potenzen ausdrücken:

Wurzelbruch	Potenz	Bemerkungen
$\sqrt[3]{a}$	$a^{\frac{1}{3}}$	Dritte Wurzel wird zu Exponenten 1/3.
$-\sqrt[3]{a}$	$-a^{\frac{1}{3}}$	Das Minus vor dem Ausdruck ändert nichts. Nur ein Vorfaktor.
$-2\sqrt[3]{a}$	$-2a^{\frac{1}{3}}$	Auch -2 ist ein Vorfaktor.
$-2\sqrt[3]{a \cdot x}$	$-2\left(a \cdot x\right)^{\frac{1}{3}}=$ $-2a^{\frac{1}{3}}x^{\frac{1}{3}}$	Hier muss man Klammern setzen, weil ja a und x unter der Wurzel standen. Oder jeder Faktor des Radikanden bekommt den Exponenten 1/3.
$\frac{1}{\sqrt[3]{a \cdot x}}$	$(a \cdot x)^{-\frac{1}{3}}$	Weil die Wurzel im Nenner steht, muss der Exponent negativ sein.
$8^{\frac{1}{3}}$	$\sqrt[3]{8}=2$	
$8^{-\frac{1}{3}}$	$\frac{1}{\sqrt[3]{8}}=1/2$	

Negative und gebrochene Exponenten

Vervollständigen Sie die Tabellen:

1.

Potenz	Bruch / Wurzel	Wert (ungefähr)
$3^{-1/2}$	$\frac{1}{\sqrt{3}}$	0,577
$3^{-1/3}$		
$-6^{1/4}$		
$8^{-2/3}$		
$0,1^{-1/2}$		
$10^{-4/5}$		

2.

Potenz	Bruch mit Wurzel	Wert (ungefähr)
$3^{-1/2}$	$\frac{1}{\sqrt{3}}$	0,577
	$\left(\sqrt{5}\right)^{-2}$	
	$\sqrt[3]{\frac{1}{7^2}}$	
	$\sqrt[4]{\frac{1}{3^5}}$	
	$\sqrt[3]{\frac{1}{4^{-2}}}$	
	$\sqrt[4]{\frac{1}{x}}$	—
	$\sqrt[4]{\frac{1}{3^2}}$	

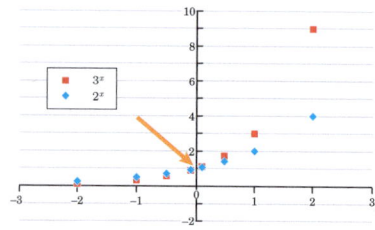

Abb. 1.3.: 2^x (blau) und 3^x (rot).

Irgendetwas hoch Null gibt immer Eins.

1.3.5. Null als Exponent

x	-2	-1	-0,5	-0,1	0,1	0,5	1	2
2^x	0,25	0,25	0,71	0,93	1,07	1,41	2	4
3^x	0,11	0,11	0,58	0,90	1,12	1,73	3	9

Tab. 1.1.: Potenzen zur Basis 2 und 3 mit verschiedenen Exponenten

Nachdem negative und gebrochene Exponenten bekannt sind, fertigen wir eine Grafik an, bei der wir 2^x und 3^x für verschiedene Exponenten x eintragen (siehe Abb. 1.3). Bei 2^0 und 3^0 ist eine Lücke! Die wird geschlossen, indem man 2^0 einfach als Eins definiert, wie Abb. 1.3 zeigt. So kommen wir zur Regel, dass jede Potenz mit dem Exponenten 0 Eins ergibt. [6]

---

[6]Auch $0^0 = 1$. Aber das ist nicht ganz unumstritten. Es gibt in Teilgebieten der Mathematik gute Gründe 0^0 als undefiniert anzusehen, ebenso $\frac{0}{0}$.

1.3.6. Die wissenschaftliche Notation

Definition

Unsere Kenntnisse zu den ganzzahligen Exponenten finden besonders häufige Anwendung, wenn man sie auf die Basis 10 anwendet, beispielsweise:

$$10^2 = 100 \tag{1.17}$$
$$10^6 = 1.000.000 \tag{1.18}$$
$$10^{-1} = 0,1 \tag{1.19}$$
$$10^{-5} = 0,00001 \tag{1.20}$$

Man erkennt sofort:

Wenn der Exponent positiv ist, gibt er die Zahl der Nullen vor dem Komma an. Wenn der Exponent negativ ist, gibt sein um 1 verringerter Betrag die Zahl der Nullen nach dem Komma an.

Das wird vor allem in den Natur- und Ingenieurswissenschaften genutzt, um die dort häufig vorkommenden ganz großen und ganz kleinen Zahlen übersichtlich darzustellen.

Betrachten wir als erstes Beispiel die Masse der Erde. Sie beträgt (stark gerundet) 60.000.000.000.000.000.000.000.000 kg. So eine Zahl zu erkennen und in einem Fließtext pannenfrei vorzulesen, scheitert meist schon daran, dass man sich beim Lesen mit den Nullen verzählt. Und einen Namen für eine Sechs mit 25 Nullen hat auch nicht jeder parat. Hier behilft man sich mit einem Trick. Man schreibt zuerst mal die 6 vorweg:

$$60.000.000.000.000.000.000.000.000 =$$
$$6 \cdot 10.000.000.000.000.000.000.000.000 \tag{1.21}$$

Dann schreibt man die 1 mit 25 Nullen in der rechten Seite von Gl. 1.21 als 10^{25}

$$6 \cdot 10.000.000.000.000.000.000.000.000 = 6 \cdot 10^{25} \tag{1.22}$$

Das hat gleich mehrere Vorteile:

- Man spart Tinte und Platz beim Schreiben.

- Der Leser sieht sofort: „Ach, das ist eine 6 mit 25 Nullen". Er braucht die Nullen nicht zu zählen und liest es auch einfach als „Sechs mal Zehn hoch Fünfundzwanzig".

Die 6 in Gleichung 1.22 nennt man übrigens *Mantisse*.

Einige Beispiele

- Die Newton'sche Gravitationskonstante beträgt
  $6,67191 \cdot 10^{-11} \mathrm{m}^3 \mathrm{kg}^{-1} \mathrm{s}^{-2}$.

- Die Entfernung zwischen Erde und Sonne beträgt[7] zwischen
  $1,471 \cdot 10^{11} \mathrm{m}$ und $1,521 \cdot 10^{11} \mathrm{m}$.

- Die Masse eines Elektrons beträgt $9,109 \cdot 10^{-31} \mathrm{kg}$.

- Die Größe einer Zelle beträgt zwischen $1 \cdot 10^{-6} \mathrm{m}$ und $3 \cdot 10^{-5} \mathrm{m}$.

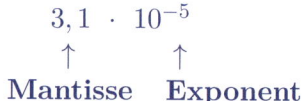

$$3,1 \cdot 10^{-5}$$
$$\uparrow \qquad \uparrow$$
$$\textbf{Mantisse} \quad \textbf{Exponent}$$

Traditionelle wissenschaftliche Schreibweise und Ingenieurschreibweise

Die oben skizzierte Notation kommt in zwei leicht unterschiedlichen Spielarten vor:

In der traditionellen wissenschaftlichen Schreibweise hat die Mantisse immer eine Vorkommastelle, dafür kann der Exponent bei der 10 jede ganze Zahl annehmen. In der Ingenieurschreibweise bekommt die Mantisse immer so viele Vorkommastellen, dass der Exponent durch 3 teilbar ist.

Beispiel:

Die schon im obigen Beispiel bemühte (grob gerundete) Erdmasse beträgt in der traditionellen wissenschaftlichen Schreibweise:

$$m_E = 6 \cdot 10^{25} \mathrm{kg} \tag{1.23}$$

in der Ingenieurschreibweise:

$$m_E = 60 \cdot 10^{24} \mathrm{kg} \tag{1.24}$$

Vorsilben statt Potenzen

Oft wird die Zehnerpotenz in eine Vorsilbe zur Einheit umgewandelt. Dabei bekommt jede durch 3 teilbare Zehnerpotenz eine eigene Vorsilbe, die ein eigenes Kurzzeichen bekommt.

---

[7]Die Bahn der Erde um die Sonne ist oval.

Eingabe in den Taschenrechner

Die Eingabe dieser Zahlen in wissenschaftlicher Notation in die Taschenrechner macht oftmals Schwierigkeiten. Als Faustregel kann man sich merken, dass man nach einer Taste $\boxed{E}$ oder $\boxed{EE}$ oder $\boxed{EXP}$ suchen muss. Diese Taste steht dann immer schon für den ganzen Ausdruck „mal Zehn hoch irgendwas". Damit lautet die korrekte Eingabe für die Erdmasse dann **nicht** $\boxed{6}\boxed{\cdot}\boxed{1}\boxed{0}\boxed{E}\boxed{2}\boxed{5}$, sondern $\boxed{6}\boxed{E}\boxed{2}\boxed{5}$ (was sich inzwischen auch in manchen Texten einbürgert hat, wenn der Autor die Zahl nicht korrekt formatieren kann oder will).

Abb. 1.4.: So wird $1,6 \cdot 10^{-19}$ in den TI-30x Plus Multiview eingegeben. (Beachten Sie das Vorzeichenminus anstelle des Rechenminus)

Aufgaben

Wissenschaftliche Notation

1. Stellen Sie jeweils in traditioneller wissenschaftlicher Schreibweise und Ingenieursschreibweise dar:

    a) 0,00001645

    b) 0,0275

    c) 0,753423

    d) 12755623,7

    e) 465

    f) 0,0043

    g) 3000,5762

    h) 60000

2. Stellen Sie als Dezimalzahl dar:

    a) $6,91 \cdot 10^{-11}$

    b) $753,1 \cdot 10^{-9}$

    c) $4,091 \cdot 10^{2}$

    d) $753,143 \cdot 10^{2}$

3. Stellen Sie als Dezimalzahl dar:

    a) $6,67191 \cdot 10^{-11} m^3 kg^{-1} s^{-2}$

    b) $1,471 \cdot 10^{11} m$

    c) $9,109 \cdot 10^{-31} kg$

    d) $3 \cdot 10^{-5} m$

Aufgaben

Wissenschaftliche Notation *(Fortsetzung)*

4. Recherchieren Sie die Größe und geben Sie an:

   a) in Basiseinheiten in traditioneller wissenschaftlicher Notation (Beispiel: $2 \cdot 10^{-3} m$)

   b) als Dezimalzahl in Basiseinheiten (Beispiel: $0,002 m$)

   c) mit ein- bis dreistelliger Mantisse und einer Einheit mit passender Vorsilbe (Beispiel: $2 mm$)

      i. den Durchmesser eines menschlichen Haars

      ii. den Durchmesser des Mars

      iii. die Masse eines Protons

      iv. die Schulden der Bundesrepublik Deutschland im Jahr 2017

      v. die Leistung des Kernkraftwerks Biblis

      vi. die Frequenz der elektromagnetischen Wellen, mit denen Handys betrieben werden (D-Netz und E-Netz)

      vii. den Gesamtenergieverbrauch der Bundesrepublik Deutschland im Jahr 2017

      viii. die Breite einer Mikrostruktur im Intel Core-M-Chip

5. Berechnen Sie jeweils mit dem Taschenrechner:

   a) $F_G = 6,67 \cdot 10^{-11} \cdot \frac{75 \cdot 6 \cdot 10^{24}}{(6350 \cdot 10^3)^2}$ (Sie haben soeben die ungefähre Kraft in N berechnet, welche die Erde auf einen Menschen mit einer Masse von 75 kg ausübt, der sich auf der Erdoberfläche befindet).

   b) $F_G = 6,67 \cdot 10^{-11} \cdot \frac{0,1 \cdot 0,9 \cdot 10^2}{(2 \cdot 10^{-1})^2}$ (Sie haben soeben die ungefähre Kraft in N berechnet, welche eine Tafel Schokolade auf uns ausübt, wenn sie sich unmittelbar vor uns auf dem Tisch befindet).

   c) $F_C = \frac{1}{4\pi \cdot 8,85 \cdot 10^{-12}} \cdot \frac{1,6 \cdot 10^{-19} \cdot 1,6 \cdot 10^{-19}}{(0,5 \cdot 10^{-10})^2}$ (Sie haben soeben die ungefähre Kraft in N berechnet, welche im Wasserstoffatom zwischen Proton und Elektron herrscht).

1.3.7. Rechengesetze mit Potenzen

Multiplikation bei gleicher Basis

Die Multiplikationsaufgabe

$$P = 2^2 2^3 \tag{1.25}$$

kann man ganz einfach dadurch lösen, dass man die Potenzen explizit als Produkte aufschreibt:

$$P = 2 \cdot 2 \cdot \quad 2 \cdot 2 \cdot 2 \tag{1.26}$$

dann die Multiplikation ausführt und das Ergebnis wieder als Potenz aufschreibt:

$$P = 2 \cdot 2 \cdot 2 \cdot 2 \cdot 2 = 32 = 2^5 \tag{1.27}$$

Somit erhalten wir die Rechenregel:

Produkt von Potenzen mit gleicher Basis

Potenzen mit gleicher Basis werden multipliziert, indem man die Basis beibehält und die Exponenten addiert.

$$a^b \cdot a^c = a^{b+c} \tag{1.28}$$

Division bei gleicher Basis

Die Divisionsaufgabe

$$Q = 2^4 : 2^2 \tag{1.29}$$

kann man ganz einfach dadurch lösen, dass man die Potenzen explizit als Produkte aufschreibt und die Division als Bruch darstellt:

$$Q = \frac{2 \cdot 2 \cdot 2 \cdot 2}{2 \cdot 2} \tag{1.30}$$

Den Bruch kürzt man 2 mal mit der Zwei, bevor man ggf. die Division ausführt und das Ergebnis wieder als Potenz aufschreibt:

$$Q = \frac{2^4}{2^2} = \frac{2 \cdot 2 \cdot 2 \cdot 2}{2 \cdot 2} = 4 = 2^2 \tag{1.31}$$

Somit erhalten wir die Rechenregel:[8]

---

[8]Wählt man in Gleichung 1.31 die Potenzen in Zähler und Nenner gleich, so erhält man einen weiteren Hinweis darauf, dass es Sinn macht, zu definieren, dass n hoch Null gleich Eins ist.

> **Division von Potenzen**
>
> Potenzen mit gleicher Basis werden dividiert, indem man die Basis beibehält und die Exponenten subtrahiert.
>
> $$\frac{n^a}{n^b} = n^{a-b} \tag{1.32}$$

Anmerkung:

Wenn der Exponent des Nenners und des Zählers gleich groß sind, erhält man:

$$2^2 : 2^2 \;=\; 2^{2-2} = 2^0 \text{ nach Rechenregel für Potenzen} \tag{1.33}$$

$$2^2 : 2^2 \;=\; \frac{2 \cdot 2}{2 \cdot 2} = 1 \text{ nach Rechenregeln für Brüche} \tag{1.34}$$

und damit haben wir nochmals gezeigt:

$$2^0 = 1 \tag{1.35}$$

Ist der Exponent des Nenners größer als der Exponent des Zählers weist das Ergebnis einen negativen Exponenten auf. Das macht aber auch Sinn, wie man sich leicht überzeugt:

$$2^2 : 2^3 \;=\; 2^{2-3} = 2^{-1} \text{ nach Rechenregel für Potenzen} \tag{1.36}$$

$$2^2 : 2^3 \;=\; \frac{2 \cdot 2}{2 \cdot 2 \cdot 2} = \frac{1}{2} \text{ nach Rechenregeln für Brüche} \tag{1.37}$$

und damit wird unsere (vorhin etwas willkürliche) Definition der Bedeutung von negativen Exponenten im Nachhinein gerechtfertigt.

Multiplikation bei gleichem Exponenten

Die Multiplikationsaufgabe

$$M = 2^3 4^3 \tag{1.38}$$

kann man ganz einfach dadurch lösen, dass man die Potenzen explizit als Produkte aufschreibt:

$$M = 2 \cdot 2 \cdot 2 \cdot 4 \cdot 4 \cdot 4 \tag{1.39}$$

was man umsortieren kann,

$$M = 2 \cdot 4 \cdot 2 \cdot 4 \cdot 2 \cdot 4 \tag{1.40}$$

dann die Multiplikation teilweise ausführt und das Ergebnis wieder als Potenz aufschreibt:

$$M = 8 \cdot 8 \cdot 8 = 8^3 \tag{1.41}$$

Somit erhalten wir die Rechenregel:

> **Produkt von Potenzen**
>
> Potenzen mit gleichem Exponenten werden multipliziert, indem man die Exponenten beibehält und die Basiswerte multipliziert.
>
> $$a^c \cdot b^c = (a \cdot b)^c \tag{1.42}$$

Division bei gleichem Exponenten

Die Divisionsaufgabe

$$Q = 2^3 : 4^3 \tag{1.43}$$

kann man ganz einfach dadurch lösen, dass man die Potenzen explizit als Produkte aufschreibt:

$$Q = 2 \cdot 2 \cdot 2 : (4 \cdot 4 \cdot 4) \tag{1.44}$$

was man als Bruch schreiben kann:

$$Q = \frac{2 \cdot 2 \cdot 2}{4 \cdot 4 \cdot 4} \tag{1.45}$$

und das Ergebnis wieder als Potenz aufschreiben kann:

$$Q = \frac{2}{4} \cdot \frac{2}{4} \cdot \frac{2}{4} = \left(\frac{2}{4}\right)^3 \tag{1.46}$$

was zur Rechenregel führt:

> **Division von Potenzen**
>
> Potenzen mit gleichem Exponenten werden dividiert, indem man die Exponenten beibehält und die Basiswerte dividiert.
>
> $$a^c : b^c = (a : b)^c = \left(\frac{a}{b}\right)^c \tag{1.47}$$

Potenzen von Potenzen

Die Aufgabe

$$E = \left(2^3\right)^2 \tag{1.48}$$

kann man ganz einfach dadurch lösen, dass man die Potenzen explizit als Produkte aufschreibt:

$$E = \left(2^3\right) \cdot \left(2^3\right) \tag{1.49}$$

was man umsortieren kann

$$E = 2 \cdot 2 \cdot 2 \cdot 2 \cdot 2 \cdot 2 \tag{1.50}$$

und das Ergebnis wieder als Potenz aufschreiben kann:

$$E = 2^6 \tag{1.51}$$

Somit erhalten wir die Rechenregel:

> **Potenzen von Potenzen**
>
> Potenzen werden potenziert, indem man die Basiswerte beibehält und die Exponenten multipliziert.
>
> $$\left(a^b\right)^c = (a)^{b \cdot c} \tag{1.52}$$

Achtung!

$$4^{3^2} = 4^{\left(3^2\right)}$$

und

$$4^{\left(3^2\right)} \neq (4^3)^2$$

Hier gilt es, Vorsicht walten zu lassen: Fehlt die Klammer, so ist die Potenz im Exponenten zuerst auszurechnen. Das heißt:

$$4^{3^2} = 4^{\left(3^2\right)} = 4^9$$

ist nicht dasselbe wie

$$\left(4^3\right)^2$$

Letzteres ist nach obiger Regel nämlich 4^6!

Für das Potenzieren von Potenzen gilt also das Assoziativgesetz nicht. Um sicherzustellen, dass man nicht in eine Falle tappt, empfiehlt es sich, immer Klammern zu setzen, auch wenn der Ausdruck ohne Klammern nicht zweideutig ist.

Wichtig wird das nochmals bei der Gauß-Funktion $f(x) = e^{-\frac{x^2}{s^2}}$

Reihenfolge

Punktrechnung vor Strichrechnung, Potenzrechnung vor Punktrechnung.

Potenzrechnung vor Punktrechnung

Der Grundsatz *Punktrechnung vor Strichrechnung* ist Ihnen bestimmt noch geläufig. Jetzt müssen wir ihn erweitern:

Beispiel 1 Die Regel führt dazu, dass in dem Term

$$4 \cdot 5^2 \tag{1.53}$$

nur die Fünf quadriert wird:

$$4 \cdot 5^2 = 4 \cdot 25 = 100 \tag{1.54}$$

Beispiel 2 Die Regel führt auch dazu, dass in dem Term

$$-5^2 \tag{1.55}$$

nur die Fünf quadriert wird. Das Ergebnis behält das negatives Vorzeichen:

$$-5^2 = -25 \tag{1.56}$$

Beispiel 3 Will man, dass das Minus mit quadriert wird, muss man Klammern setzen:

$$(-5)^2 \tag{1.57}$$

Hier wird jetzt die *Minus Fünf* quadriert und das Ergebnis hat kein negatives Vorzeichen mehr:

$$(-5)^2 = (-5) \cdot (-5) = 25 \tag{1.58}$$

Beispiel 4 Natürlich geht das auch mit Variablen:

$$(-x)^2 \tag{1.59}$$

Hier wird jetzt der ganze Ausdruck *Minus x* quadriert und das Ergebnis hat kein negatives Vorzeichen mehr:

$$(-x)^2 = (-x) \cdot (-x) = x^2 \tag{1.60}$$

Beispiel 5 Ebenso entscheidet die Klammer, was in den Nenner eines Bruchs wandert:

$$(3x)^{-1} = \frac{1}{3x} \tag{1.61}$$

aber:

$$3x^{-1} = 3\frac{1}{x} \tag{1.62}$$

Beispiel 6 In gleicher Weise entscheidet die Klammer, was unter das Wurzelzeichen wandert:

$$(3x)^{\frac{1}{2}} = \sqrt{3x} \tag{1.63}$$

aber:

$$3x^{\frac{1}{2}} = 3\sqrt{x} \tag{1.64}$$

Beispiel 7 In gleicher Weise entscheidet die Klammer nochmals, was in den Nenner wandert:

$$(3x)^{-2} = \frac{1}{(3x)^2} \tag{1.65}$$

Hier heißt es *Aufgepasst!* Man ist geneigt, zu schreiben

$$\cancel{(3x)^{-2} = \frac{1}{3x^2}} \tag{1.66}$$

weil man glaubt, dem Minus im Exponenten auf der linken Seite von Gl. 1.65 sei Genüge getan, wenn man alles in der Klammer in den Nenner schreibt, aber: weit gefehlt! Die Klammer sorgt dafür, dass der ganze Inhalt der Klammer in den Nenner wandert *und quadriert* wird. Daher muss die Klammer auch im Nenner bestehen bleiben.

Aufgaben

Rechenregeln mit Potenzen

Multiplikation und Division von Potenzen

1. Berechnen Sie:

   a) $-3^2 x^2$ b) $x^4 x^2$

   c) $3^4 4^4$ d) $2^3 2^2$

   e) $-3^5 3^2$ f) $x^3 x^5$

   g) $a^4 b^4$ h) $2^3 + 2^2$

2. Berechnen Sie:

   a) $-6^2 : 3^2$ b) $-6^2 : 3^2$

   c) $2^4 : 4^4$ d) $2^6 : 2^2$

   e) $9^2 : 3^2$ f) $a^3 : a^5$

   g) $a^4 : b^4$ h) $5^3 : 5^2$

Potenzen von Potenzen

1. Berechnen Sie

   a) 5^{2^4} b) 3^{3^2}

   c) $\left(5^2\right)^4$ d) $\left(3^3\right)^2$

   e) $\left(5^2\right)^{\frac{1}{2}}$ f) $\left(5^2\right)^{\frac{3}{2}}$

   g) $\left(3^3\right)^{1,5}$ h) $3^{\left(3^2\right)}$

2. Berechnen Sie:

   a) x^{2^4} b) $\left(x^2\right)^4$

   c) $\left(e^2\right)^x$ d) $\left(e^x\right)^2$

Klammer vor Potenz

1. Welcher Ausdruck hat ein negatives Vorzeichen?

   a) $-3x^2$ b) $(-3)\,x^2$

   c) $(-3x)^2$ d) $-3x^{-2}$

   e) $-3x^{-(-2)}$ f) $(-3x)^{-(-2)}$

Aufgaben

Rechenregeln mit Potenzen *(Fortsetzung)*

Klammer vor Potenz

3. Vervollständigen Sie die Tabelle, indem Sie rechts den Ausdruck als Potenz schreiben:

$\sqrt[4]{16b^5}$	
$-\sqrt[3]{16a}$	
$-6\sqrt[3]{x^2}$	
$-2\sqrt[5]{x}$	
$\dfrac{1}{\sqrt[4]{a^2x}}$	
$\sqrt{8}$	
$\dfrac{1}{\sqrt[2]{3^5}}$	
$(-2)^2\,\dfrac{1}{\sqrt[4]{a^2x}}$	

4. Vervollständigen Sie die Tabelle, indem Sie rechts den Ausdruck als Wurzel / Bruch schreiben:

$3x^{\frac{1}{3}}$	
$-y^{\frac{2}{3}}$	
$-2x^{\frac{1}{4}}$	
$3x^{\frac{2}{3}}$	
$y^{\frac{2}{5}}$	
$4x^{\frac{1}{5}}$	
$-2\left(ax\right)^{\frac{1}{3}}$	
$-2\left(ax\right)^{-\frac{4}{3}}$	
$-4x^{\frac{3}{4}}$	
$-x^{-1}\left(ax\right)^{\frac{1}{3}}$	
$-2^2\left(ax\right)^{-\left(-\frac{4}{3}\right)}$	

1.4. Partielles Wurzelziehen

Betrachten wir den Term

$$\left(2^5\right)^{\frac{1}{2}} \tag{1.67}$$

Wir haben gelernt, dass Potenzen potenziert werden, indem man die Exponenten multipliziert:

$$\left(2^5\right)^{\frac{1}{2}} = 2^{\frac{5}{2}} \tag{1.68}$$

Jetzt erinnern wir uns: Potenzen mit gleicher Basis werden multipliziert, indem die Basiswerte beibehalten werden und die Exponenten addiert werden.

Deshalb können wir den Ausdruck nochmals umschreiben:

$$\left(2^5\right)^{\frac{1}{2}} = 2^{\frac{5}{2}} = 2^{\frac{4}{2}} 2^{\frac{1}{2}} \tag{1.69}$$

und den Bruch im ersten Exponenten kann man kürzen:

$$\left(2^5\right)^{\frac{1}{2}} = 2^{\frac{5}{2}} = 2^{\frac{4}{2}} 2^{\frac{1}{2}} = 2^2 2^{\frac{1}{2}} \tag{1.70}$$

Also haben wir gezeigt:

$$\sqrt{2^5} = 4\sqrt{2} \tag{1.71}$$

Was für Hardcore-Taschenrechner-Nutzer aussieht wie eine nutzlose Zahlenakrobatik, hat einen sehr nützlichen Hintergrund: $\sqrt{32}$ im Kopf auszurechnen ist schwierig, aber die Wurzel aus Zwei ist – nach hinreichend häufigem Eintippen in die Taschenrechner – doch geläufig: und damit kann man die rechte Seite des Terms abschätzen:

$$\sqrt{2^5} = 4\sqrt{2} \approx 4 \cdot 1,41 = 5,64 \tag{1.72}$$

Dieses Verfahren nennt man partielles Wurzelziehen und in der Rechenpraxis kann man es etwas effizienter machen als in der obigen Herleitung. Das zeigen die folgenden Beispiele:

Beispiel 1: gesucht sei $\sqrt[2]{18}$

Man zerlegt die Zahl unter der Wurzel (den Radikanden) in möglichst viele möglichst kleine Faktoren (sogenannte Primfaktoren):

$$\sqrt[2]{18} = \sqrt[2]{2 \cdot 3 \cdot 3} \tag{1.73}$$

Jeden Primfaktor, der zweimal unter der Wurzel vorkommt, fassen wir in einem eigenen Ausdruck zusammen:

$$\sqrt[2]{18} = \sqrt[2]{2 \cdot 3 \cdot 3} = \sqrt[2]{2} \cdot \sqrt[2]{(3 \cdot 3)} = 3 \cdot \sqrt[2]{2} \tag{1.74}$$

Beispiel 2: Das geht nicht nur mit zweiten Wurzeln, sondern auch mit dritten, vierten, usw. Gesucht sei $\sqrt[4]{32}$

Man zerlegt den Radikanden in Primfaktoren:

$$\sqrt[4]{32} = \sqrt[4]{2 \cdot 2 \cdot 2 \cdot 2 \cdot 2} \tag{1.75}$$

Jeden Primfaktor, der viermal in der Wurzel vorkommt, streichen wir viermal in der Wurzel durch und schreiben ihn einmal davor:

$$\sqrt[4]{32} = \sqrt[4]{2 \cdot 2 \cdot 2 \cdot 2 \cdot 2} = 2 \cdot \sqrt[4]{2} \tag{1.76}$$

Beispiel 3: Erkennt man die ganze Primfaktorzerlegung nicht sofort, arbeitet man sich schrittweise zum Ziel. Gesucht sei $\sqrt[2]{29.700}$

Man zerlegt den Radikanden in Primfaktoren. Zuerst erkennt man, dass er wohl durch 2 teilbar ist:[9]

$$\sqrt[2]{29700} = \sqrt[2]{14850 \cdot 2} \tag{1.77}$$

Anscheinend ist er nochmals durch 2 teilbar:

$$\sqrt[2]{29700} = \sqrt[2]{14850 \cdot 2} = \sqrt[2]{7425 \cdot 2 \cdot 2} \tag{1.78}$$

Der Radikand[10] ist auch durch 3 teilbar:[11]

$$\sqrt[2]{29700} = \sqrt[2]{7425 \cdot 2 \cdot 2} = \sqrt[2]{2475 \cdot 3 \cdot 2 \cdot 2} \tag{1.79}$$

und 2475 ist noch zweimal durch 3 teilbar:

$$\sqrt[2]{29700} = \sqrt[2]{2475 \cdot 3 \cdot 2 \cdot 2} = \sqrt[2]{275 \cdot 3 \cdot 3 \cdot 3 \cdot 2 \cdot 2} \tag{1.80}$$

275 ist auch durch 5 teilbar:[12]

$$\sqrt[2]{29700} = \sqrt[2]{275 \cdot 3 \cdot 3 \cdot 3 \cdot 2 \cdot 2} = \sqrt[2]{55 \cdot 5 \cdot 3 \cdot 3 \cdot 3 \cdot 2 \cdot 2} \tag{1.81}$$

und die verbleibende 55 ist nochmals durch 5 teilbar:

$$\sqrt[2]{29700} = \sqrt[2]{55 \cdot 5 \cdot 3 \cdot 3 \cdot 3 \cdot 2 \cdot 2} = \sqrt[2]{11 \cdot 5 \cdot 5 \cdot 3 \cdot 3 \cdot 3 \cdot 2 \cdot 2} \tag{1.82}$$

Die Zerlegung ist damit vollständig. Jeden Primfaktor, der zweimal unter der Wurzel vorkommt, streichen wir zweimal unter der Wurzel durch und schreiben ihn einmal davor:

$$\sqrt[2]{29700} = 5 \cdot 3 \cdot 2 \cdot \sqrt[2]{11 \cdot 3} \tag{1.83}$$

---

[9] Ja, mit 2 Nullen am Ende müsste er auch durch 100, also $10 \cdot 10$ teilbar sein. Aber das übersehen wir jetzt aus didaktischen Gründen.

[10] oder die 7425 – wie Sie es anschauen wollen

[11] Eine Zahl ist durch 3 teilbar, wenn ihre Quersumme durch 3 teilbar ist.

[12] Eine Zahl ist durch 5 teilbar, wenn ihre letzte Ziffer Null oder 5 ist.

Aufgaben

Partielles Wurzelziehen

1. Recherchieren Sie: Gibt es eine Teilbarkeitsregel:

   a) für 9?

   b) für 7?

   c) für 11?

2. Lösen Sie durch partielles Wurzelziehen:

   a) $\sqrt{27}$

   b) $\sqrt{54}$

   c) $\sqrt{108}$

   d) $\sqrt{1210}$

   e) $\sqrt{132}$

   f) $\sqrt{72}$

   g) $\sqrt{495}$

   h) $\sqrt{44}$

3. Lösen Sie durch partielles Wurzelziehen:

   a) $\sqrt[3]{54}$

   b) $\sqrt[3]{108}$

   c) $\sqrt[4]{64}$

   d) $\sqrt[3]{3993}$

   e) $\sqrt[3]{135}$

   f) $\sqrt[4]{48}$

   g) $\sqrt[4]{128}$

   h) $\sqrt[6]{1024}$

1.5. Summenzeichen

Stellen Sie sich vor, Sie müssten alle Zahlen von 1 bis 100 zusammenzählen.

Schon die Aufgabe hinzuschreiben, ist ganz schön mühsam:

$$1 + 2 + 3 + 4 + 5 + 6 + 7 + \dots \qquad (1.84)$$

... wir geben auf!

Für solche länglichen Aufgaben gibt es eine Kurzschreibweise mit Hilfe des Summenzeichens Σ (damit man seine Zeit auf die Lösung statt auf das Schreiben der Aufgabe verwenden kann!):

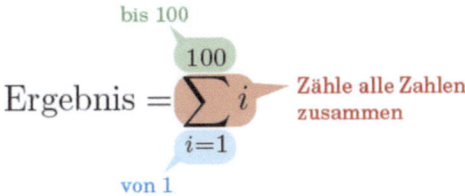

Das Zeichen Σ wird zwar ansonsten „Sigma" gesprochen, doch in der Summenformel oben heißt die Sprachregel für die Formel „Summe über alle i von eins bis hundert". Es kommt also kein „Sigma" vor.

Die Zahl i unter dem Summenzeichen nennt man den *Summationsindex*. Der geht immer in Einerschritten von der Anfangszahl bis zur Endzahl.

Wenn die zusammenzuzählenden Zahlen nicht immer eins auseinander liegen, muss man sie also aus dem Summationsindex konstruieren.

Beispiele:

$$\sum_{i=1}^{5} 2i = 2 + 4 + 6 + 8 + 10 \qquad (1.85)$$

$$\sum_{i=1}^{5} i^2 = 1 + 4 + 9 + 16 + 25 \qquad (1.86)$$

(Prüfen Sie es nach: Setzen Sie nacheinander $1, 2, 3, 4, 5$ in den Term hinter dem Summenzeichen ein und schreiben Sie „+" zwischen die Terme).

Der Summationsindex muss nicht bei 1 anfangen:

$$\sum_{i=2}^{6} 2i = 4 + 6 + 8 + 10 + 12 \qquad (1.87)$$

und man kann auch wechselnde Vorzeichen hinbekommen:

$$\sum_{i=1}^{5} (-1)^i 2i = (-1)^1 2 + (-1)^2 4 + (-1)^3 6 + (-1)^4 8 + (-1)^5 10 \qquad (1.88)$$

$$= -2 + 4 - 6 + 8 - 10 \qquad (1.89)$$

Und der Summationsindex (der nicht immer i heißen muss) kann auch im Nenner stehen:

$$\sum_{k=1}^{5} \frac{1}{k} = \frac{1}{1} + \frac{1}{2} + \frac{1}{3} + \frac{1}{4} + \frac{1}{5} \qquad (1.90)$$

und die Summe kann auch unendlich viele Glieder umfassen:

$$\sum_{i=1}^{\infty} \frac{1}{i^2} = \frac{1}{1} + \frac{1}{4} + \frac{1}{9} + \frac{1}{16} + \frac{1}{25} + \frac{1}{36} + \frac{1}{49} + \frac{1}{64} + \ldots\ldots \qquad (1.91)$$

Wichtig zu wissen: *Ausrechnen* müssen Sie die Summe wie bisher auch: schriftlich, im Kopf oder mit dem Rechner. Das Summenzeichen ist nur eine einfache Art, längere Summen zu schreiben.

Aufgaben

Summenzeichen

1. Schreiben Sie als Summe:

a) $\displaystyle\sum_{i=1}^{5} \frac{1}{i}$

b) $\displaystyle\sum_{i=3}^{10} \frac{1}{i^2}$

c) $\displaystyle\sum_{k=1}^{6} 2k$

d) $\displaystyle\sum_{n=1}^{10} (2n+1)$

e) $\displaystyle\sum_{k=1}^{5} 3k$

f) $\displaystyle\sum_{k=3}^{10} \frac{1}{i^2}(-1)^k$

g) $\displaystyle\sum_{k=1}^{6} (-1)^k\, 2k$

h) $\displaystyle\sum_{i=1}^{5} i+i$

i) $\displaystyle\sum_{i=3}^{10} \frac{1}{i^2}$

j) $\displaystyle\sum_{k=1}^{5} \sin(k\pi)$

2. Schreiben Sie mit dem Summenzeichen:

a) $S_2 = 3+4+5+6+7+8+9$

b) $S_3 = 1+4+9+16+25$

c) $S_4 = 1-4+9-16+25-36$

d) $S_5 = 2+4+6+8+10$

e) $S_5 = 2+4+6+8+10+12+14+16+\ldots\ldots\ldots\ldots$

f) $S_5 = 1+2+4+8+16+32+64+128+\ldots\ldots\ldots\ldots$

3. ** Zeigen Sie:

a) $\displaystyle\sum_{k=1}^{\infty} 2k = 2\sum_{k=1}^{\infty} k$

b) $\displaystyle\sum_{i=1}^{3} a_i + \sum_{k=4}^{7} a_k = \sum_{n=1}^{7} a_n$

c) $\displaystyle\sum_{i=1}^{3} a_i + \sum_{k=1}^{3} b_k = \sum_{n=1}^{3} (a_n + b_n)$

d) $\displaystyle 2 + \sum_{k=2}^{\infty} 2k = \sum_{k=1}^{\infty} 2k$

2. Grundlagen des Rechnungswesens

Bevor wir die eigentlichen Teilgebiete der Wirtschaftsmathematik näher betrachten, werden in diesem Kapitel wichtige Grundbegriffe des betrieblichen Rechnungswesens erläutert. Zu Beginn erklären wir allgemeine Begrifflichkeiten sowie verschiedene Arten der Verzinsung. Hierbei legen wir unseren Schwerpunkt auf Einmalanlagen, Raten- (regelmäßige Einzahlungen) und Rentenverträge (regelmäßige Auszahlungen), Kreditverträge. Weiterhin betrachten wir die Investitionsrechnung sowie verschiedene Arten der Abschreibung.

© Springer-Verlag GmbH Deutschland, ein Teil von Springer Nature 2018
J. Kircher und D. Hitzler, *Wirtschaftsmathematik I*,
https://doi.org/10.1007/978-3-662-46152-5_2

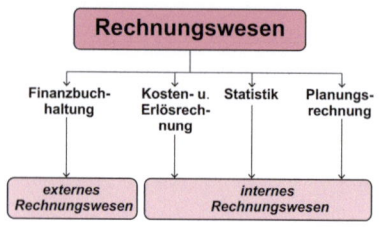

Abb. 2.1.: Rechnungswesen

2.1. Rechnungswesen

Das betriebliche Rechnungswesen ist ein Instrument, betriebliche Vorgänge zahlenmäßig zu erfassen und auszuwerten. Aufgabe des Rechnungswesens ist nicht nur die *Dokumentation*, sondern auch Hilfen für die *Planung*, *Steuerung* und *Kontrolle* betrieblicher Zustände und Abläufe zu liefern.

2.2. Externes und internes Rechnungswesen

Externes Rechnungswesen: Abbildung von Vorgängen finanzieller Art, die sich zwischen der Unternehmung und ihrer Umwelt abspielen.

Internes Rechnungswesen: Erfassung und Bewertung des Verbrauchs an Produktionsfaktoren bei der Leistungserstellung sowie Überwachung der Wirtschaftlichkeit der Leistungserstellung.

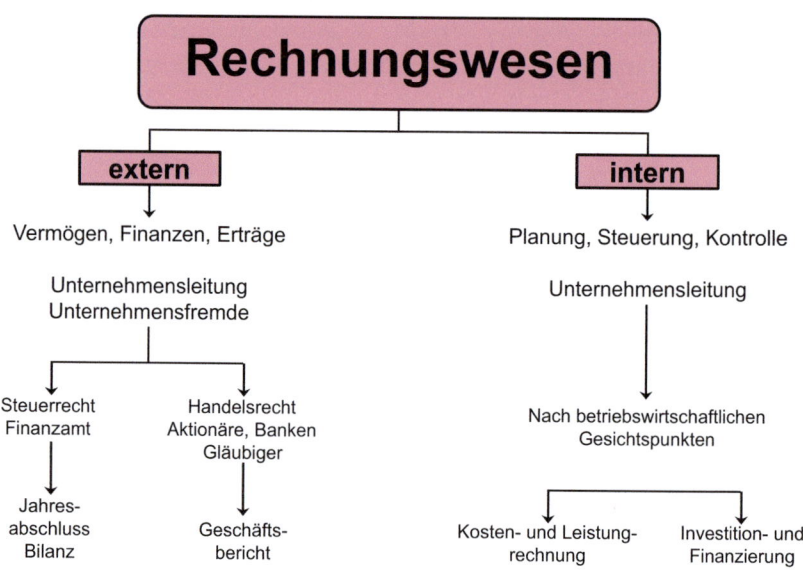

Abb. 2.2.: Aufgaben des externen und internen Rechnungswesens

Drei Aufgaben des Rechnungswesens

- **Buchhaltung** (Bilanz, Gewinn- und Verlustrechnung)

- **Finanzierung**

- **Kosten- und Erlösrechnung**

Die **Buchhaltung (Bilanz)** stellt das unternehmerische Geschehen in Form einer stichtagsbezogenen Darstellung dar, die alle Transaktionen zwischen der Unternehmung und der Umwelt dokumentiert.

Im Unterschied zum „Erfolg bzw. Gesamtergebnis", der Gewinn- und Verlustrechnung, beschränkt sich die **Kosten-und Erlösrechnung** auf das **Betriebsergebnis** (als Kern der kurzfristigen Erfolgsrechnung „KER").

Die *Kosten- und Erlösrechnung* konzentriert sich auf das rein betriebliche Geschehen, separiert z. B. Aktivitäten, die mit dem Betriebszweck im engeren Sinne nichts zu tun haben (z. B. hat das Ergebnis der Betriebskantine mit dem Erfolg des Automobilherstellers nichts zu tun.

Die *Finanzierungsabteilung* eines Unternehmens hat andere Ziele. Sie will insbesondere das finanzielle Gleichgewicht des Unternehmens gewährleisten. Dieser Zustand ist erreicht, wenn alle notwendigen Auszahlungen zum Fälligkeitstag geleistet werden können (sog. Liquiditätsrechnung oder Cash Management).

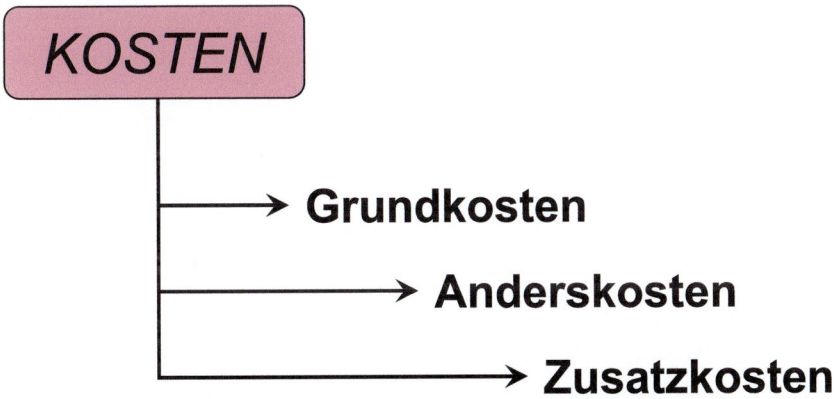

Abb. 2.3.: Zusammenhänge des Rechnungswesens

2.3. Begriffsabgrenzungen

- **Auszahlung / Einzahlung**
  Einzahlungen und Auszahlungen sind *Erhöhungen bzw. Verminderungen* der *Bar- und Buchgeldbestände (Zahlungsmittelbestand = ZM)*. Die Differenz dieser beiden Größen gibt die Veränderung der Liquidität im engsten Sinne wieder.

- **Ausgaben / Einnahmen**
  Verfeinerte Definition der Liquidität unter *Einbeziehung von Ausgaben und Einnahmen*. Ausgaben und Einnahmen erfassen als zeitraumbezogene Bewegungsgrößen nicht nur Veränderungen des Bar-und Buchgeldbestands, sondern auch Veränderungen der *Forderungen und Verbindlichkeiten*. Es wird berücksichtigt, dass zwischen Güterzugängen und Zahlungsmittelabgängen ein zeitlicher Unterschied liegen kann. Ausgaben sind gegeben, wenn gekauft wurde, die (Aus-)Zahlung aber noch nicht erfolgt ist (Kauf auf Ziel = Erhöhung der Verbindlichkeiten) bzw. wenn verkauft wurde, die (Ein-)Zahlung aber noch nicht erfolgt ist (Verkauf auf Ziel = Erhöhung der Forderungen).

- **Kosten / Erlöse (Leistungen)**
  Kosten sind bewerteter, durch betriebliche Leistungserstellung bedingter Aufwand. Die Differenz zwischen Kosten und Erlösen (Leistungen) wird als Betriebsergebnis bezeichnet. Es drückt aus, was das Unternehmen aus der eigentlichen betrieblichen Leistungserstellung (Betriebszweck) erwirtschaftet hat.

- **Aufwand / Ertrag**
  Aufwand ist eine erfolgswirksame Ausgabe innerhalb einer Betrachtungsperiode. Im Unterschied zu Auszahlungen und Ausgaben kann der Zeitpunkt der Erfolgswirksamkeit früher oder später liegen als der Zeitpunkt der Ausgabe. Analog ist Ertrag eine erfolgswirksame Einnahme in einer Betrachtungsperiode.

- Die Summe aller Vermögenspositionen, welche auf der Aktivseite der Bilanz ausgewiesen werden, werden als **Gesamtvermögen** bezeichnet.

- Das **betriebsnotwendige Vermögen** bezeichnet die Aktivseite der Bilanz (Vermögen), welche um alle nicht betriebsnotwendigen oder betriebsfremden Positionen bereinigt ist. Für die Zwecke der Unternehmensführung ist das vorhandene produktive Potential, sprich das Vermögen von Belang, nicht das investierte Kapital (Finanzierungsseite).
  Erst nachdem eine Bilanz bereinigt ist, stimmt das betriebsnotwendige Vermögen mit der Bilanzsumme überein.

- Als **Geldvermögen** bezeichnet man die Summe aus dem Zahlungsmittelbestand und den Forderungen, von denen die Verbindlichkeiten abgezogen wurden. Einnahmen erhöhen das Geldvermögen, Ausgaben vermindern das Geldvermögen.

- **Kasse** ist die buchhalterische Bezeichnung für den Bargeldbestand. Damit ist die Kasse für die Annahme von Einnahmen bzw. Einzahlungen, sowie die Leistung von Ausgaben bzw. Auszahlungen verantwortlich. Sie nimmt des Weiteren die damit verbundenen Buchungen vor.

Aufwand	Gesamtvermögen	Ertrag
Kosten	Betriebsnotwendiges Vermögen	Leistung / Erlös
Ausgabe	Geldvermögen	Einnahme
Auszahlung	Kasse	Einzahlung

Tab. 2.1.: Die Begriffe im Überblick

Um die Zusammenhänge besser zu verstehen, zeigen wir im Folgenden einige beispielhafte Geschäftsvorfälle und Buchungen einer

Jazzkneipe. Wir betrachten den Kassenbestand am 31. Dezember eines Jahres. Dabei ist zu berücksichtigen, dass der Kassenbestand zu Beginn des Jahres (1.1. des Jahres) 3.500 EUR betragen hat.

Kostenabflüsse	*EUR*	*Kostenzuflüsse*	*EUR*
Waren	*40.000,--*	*Barverkäufe*	*101.000,--*
Gehälter	*7.000,--*	*Verkauf Gebrauchtwagen*	*2.500,--*
Miete	*20.000,--*	*Darlehen Bank*	*50.000,--*
Barkauf Auto	*24.000,--*		
Lebenshaltungskosten	*60.000,--*		
Barkredit	*5.000,--*		
Spende	*500,--*		
Saldo	*156.500,--*	*Saldo*	*153.500,--*

Tab. 2.2.: Kassenbuch

2.3.1. Kassenbestandsrechnung

Für die Kassenbestandsrechnung werden nur positive (Einzahlungen) und negative (Auszahlungen) Veränderungen des Kassenbestandes an Barmitteln (Kasse und Bankguthaben) erfasst.

Das bedeutet für obiges Beispiel: der Kassenbestand hat im betrachteten Zeitraum um 3.000 EUR abgenommen.
Rechnung:

Kassenbestand am 01.01.	=	3.500 EUR
Kassenbestand am 31.12..	=	500 EUR
Differenz	=	-3.000 EUR

Im betrachteten Zeitraum ereigneten sich noch folgende Geschäftsvorfälle:

1. Eine Familienfeier in der Kneipe – die Rechnung über den Gesamtbetrag von 8.000 EUR wurde am 5.12. des Jahres geschrieben und versandt; der Zahlungseingang erfolgt im Januar des Folgejahres.

2. Eine Warenlieferung mit einem Wert von 3.000 EUR – die Rechnung trägt das Datum 10.12. des Jahres; bezahlt wird diese Rechnung erst am 14.2. des Folgejahres.

Dadurch ergibt sich die **Geldbestandsrechnung**: *Kassenbestandsrechnung + unbare Vermögensänderungen*:
Hierzu zählen entsprechend des obigen Beispiels der Zugang von Geldforderungen (*Einnahmen*) und die Geldverbindlichkeiten (*Ausgaben*).

Betrachten wir die Geschäftsvorfälle im Detail:

Geldvermögen →	Die Summe aus Zahlungsmittelbestand plus Geldforderungen abzüglich Geldverbindlichkeiten
Bankdarlehen →	*Einzahlung*, aber keine Einnahme, da Zugang an Zahlungsmitteln ein gleich hoher Zugang an Verbindlichkeiten gegenübersteht.
Familienfeier →	*Einnahme*, aber keine Einzahlung, da Erhöhung der Geldforderungen, die aber erst im kommenden Jahr beglichen werden.
Kundenkredit →	*Auszahlung*, aber keine Ausgabe, da sich die Geldforderungen in gleicher Höhe vermehrt haben (das Geldvermögen hat sich nicht verringert).
Wareneinkauf auf Ziel →	*Ausgabe*, aber keine Auszahlung, da sich die Geldverbindlichkeiten erhöht haben.

Tab. 2.3.: Geschäftsvorfälle

2.3.2. Ermittlung Reinvermögen (Aufwand / Ertrag):

Das Reinvermögen bzw. die entsprechenden Zuwächse und Minderungen ermitteln wir wie nachstehend:

Vermögen − Schulden	=	Reinvermögen (Eigenkapital)
Reinvermögenszuwachs	=	Gewinn (ohne Entnahmen bzw. Einlagen)
Reinvermögensminderung	=	Verlust (ohne Entnahmen bzw. Einlagen)

Ursachen:

- Erträge mehren das Reinvermögen,

- Aufwendungen mindern das Reinvermögen

→ die gesonderte Erfassung erfolgt zu einem späteren Zeitpunkt in der Gewinn- und Verlustrechnung (GuV)

Betrachten wir einmal die Eröffnungsbilanz unserer Kneipe zum 1.1. des Jahres. Hierzu sehen wir uns die folgenden Tabellen in der üblichen Darstellungsform an.

Eröffnungsbilanz (1.1. des Jahres)

Aktiva		Passiva	
Herd	*0,--*	*Eigenkapital*	*6.000,--*
Alt-PKW	*2.500,--*		
Kassenbestand	*3.500,--*		
	6.000,--		***6.000,--***

Tab. 2.4.: Eröffnungsbilanz

Zu den bereits bekannten Informationen (Kassenbestand) müssen für die Bilanz noch folgende Geschäftsvorfälle berücksichtigt werden:

- Der im Vorjahr explodierte Herd (auf Null abgeschrieben) wurde im laufenden Jahr repariert – dies erhöht den Wert des Herdes auf 10.000 EUR.

- Der Alt-PKW wurde im laufenden Jahr zum Buchwert verkauft, der neue PKW hat entsprechend der planmäßigen Abschreibung einen Buchwert von 19.000 EUR.

- Ein Gast klagt nach einem angeblich verdorbenen Essen auf Schmerzensgeld in Höhe von 4.000 EUR.

- Die Lebenshaltungskosten belaufen sich auf 60.000 EUR (bar);

- Waren im Wert von 3.000 EUR aus den letzten Warenlieferungen liegen unberührt auf Lager.

Daraus ergibt sich folgende Gewinn- und Verlustrechnung zum 31.12. eines Jahres:

Gewinn- und Verlustrechnung (31.12. des Jahres)

Aufwand		Ertrag	
Waren	*40.000,--*	*Barverkauf*	*101.000,--*
Löhne und Gehälter	*7.000,--*	*Verkauf auf Ziel*	*8.000,--*
Miete	*20.000,*	*Außerordenticher Ertrag*	*10.000,--*
Spende	*500,--*		
Abschreibungen	*5.000,--*		
Gewährleistung	*4.000,--*		
Gewinn	***42.500,--***		
	119.000--		*119.000,--*

Tab. 2.5.: Gewinn- und Verlustrechnung

Hierbei ist zu berücksichtigen, dass die jeweiligen Summen (Saldo) der Aufwände und Erträge gleich sein müssen. Daher müssen wir die Differenzen durch Hinzurechnung eines Gewinns auf der Aufwandsseite oder eines entsprechenden Verlustes auf der Ertragsseite ausgleichen.

Die Schlussbilanz zum Jahresende stellt sich dann wie folgt dar:

Aktiva		Passiva	
Herd	10.000,--	Eigenkapital	-11.500,--
Neu-PKW	19.000,--	Bankdarlehen	50.000,--
Warenbestand	3.000,--	Verbindlichkeiten aus L+L	3.000,--
Barkredit	5.000,--	Rückstellungen	4.000,--
Forderungen	8.000,--		
Kassenbestand	500,--		
	45.500--		45.500,--

Tab. 2.6.: Schlussbilanz

Die Eigenkapitalsituation zum 31.12. des Jahres können wir entsprechend der folgenden Tabelle ermitteln:

	Eigenkapital am 1.1. d. J.	6.000
+	Gewinn zum 31.12. d. J.	42.500
−	Entnahmen	60.000
=	Eigenkapital zum 31.12. d. J.	-11.500

Tab. 2.7.: Eigenkapital

2.3.3. Betriebsergebnisrechnung (Kosten und Erlöse)

In der vorher betrachteten Gewinn- und Verlustrechnung werden sämtliche Aufwendungen und Erträge erfasst; in der Betriebsergebnisrechnung werden nur die Ergebnisse, die durch betriebliche Tätigkeit (eigentliche betriebliche Leistungserstellung) veranlasst sind, ermittelt.

Kosten →	Wert aller Güter und Dienstleistungen, die innerhalb einer Periode für die Erstellung der eigentlichen betrieblichen Leistung verbraucht bzw. in Anspruch genommen worden sind.
Erlöse (= Leistung) →	Erhöhung des Betriebsergebnisses, das in Zusammenhang mit der eigentlichen (üblichen oder typischen) betrieblichen Tätigkeit in einer Periode steht.

Tab. 2.8.: Kosten / Erlöse

Auch hier ist zu berücksichtigen, dass die jeweiligen Summen (Saldo) der Kosten und Erlöse gleich sein müssen. Daher müssen wir die Differenzen durch Hinzurechnung eines positiven Betriebsergebnisses auf der Kostenseite oder eines entsprechenden negativen Betriebsergebnisses (Verlustes) auf der Erlösseite ausgleichen.

Kosten			*Erlöse*
Waren	40.000--	Barverkauf	101.000,--
Löhne und Gehälter	7.000,--	Verkauf auf Ziel	8.000,--
Miete	20.000,--		
Abschreibung PKW	5.000,--		
Gewährleistung	4.000,--		
Kalk. Unternehmerlohn	28.000,--		
Betriebsergebnis (Gewinn)	**5.000,--**		
	109.000--		109.000,--

Tab. 2.9.: Betriebsergebnisrechnung

Aufgaben

Begriffsabgrenzungen

Als neue Mitarbeiterin / neuer Mitarbeiter der Abteilung „Kostenrechnung" haben Sie die Aufgabe, allen nachfolgend dokumentierten Geschäftsvorfällen die Begriffe Auszahlung, Ausgabe, Aufwand und Kosten zuzuordnen: (Bitte benutzen Sie hierzu die untenstehende Tabelle)

1. Kauf einer Maschine auf Ziel

2. Barspende an den „Förderverein für krebskranke Kinder"

3. Bezahlung einer vor Wochen eingebuchten Lieferantenrechnung

4. Entnahme von Waren aus dem Rohstofflager

5. Kauf von Rohmaterial auf Ziel

6. Barzahlung einer Reparaturrechnung wegen Gebäudebrandschaden

7. Gehaltszahlungen an Mitarbeiter in bar

8. Barkauf eines Bahntickets zwecks Reise zur Messe

9. Abschreibung eines Laptops gemäß Finanzbuchhaltung

		Auszahlung	Ausgabe	Aufwand	Kosten
1)	Maschinenkauf				
2)	Barspende				
3)	Bezahlung Rechnung				
4)	Entnahme Lager				
5)	Einkauf Rohmaterial				
6)	Brandschaden				
7)	Gehaltszahlung				
8)	Bahnticket				
9)	Abschreibung lt. Fibu				

2.4. Grundlagen der Kosten- und Leistungsrechnung

Die Ermittlung und Überwachung der Kosten ist eine Aufgabe, die in allen Betrieben anfällt. Während diese Aufgabe bei Handelsbetrieben in vielen Fällen relativ einfach ist, führt sie in Industriebetrieben oft zu sehr umfangreichen Aufgaben. Ein Händler kennt seine Einkaufspreise und hat damit eine sichere Kalkulationsgrundlage. Beim Industriebetrieb müssen im Rahmen der Vorkalkulation die voraussichtlichen Kosten ermittelt werden, während erst eine genaue Nachkalkulation verbindliche Kostenwerte und damit die Basis für die Erfolgsermittlung liefert.

Kalkulation, Kontrolle der Wirtschaftlichkeit, Erfolgsermittlung und Planung gehören zu den zentralen Aufgaben der Kosten- und Leistungsrechnung.

2.4.1. Kalkulation

Zu den wichtigsten Aufgaben der Kalkulation zählen:

- Ermittlung und Festlegung von Angebots- und Verkaufspreisen

- Festlegung der Preisuntergrenze am Absatzmarkt

- Festlegung der Preisobergrenze für den Beschaffungsmarkt

2.4.2. Kontrolle der Wirtschaftlichkeit

Die Kontrolle der Wirtschaftlichkeit eines Unternehmen erfolgt vor allem über die

- einzelnen Kostenarten

- über Kostenstellen, Abteilungen und Bereiche

- über Soll-/Ist-Vergleich

2.4.3. Erfolgsermittlung

Die Ermittlung der Erfolge beziehen sich auf

- den Gesamtbetrieb

- einzelne Betriebsbereiche

- die einzelnen Produkte des Unternehmens

2.4.4. Planung

Die Aufgaben der Planung werden überwiegend unterstützt durch:

- Kostenvergleichsrechnung für die Wahl des entsprechenden Produktionsverfahrens

- Kosten- und Leistungsdaten für die Entscheidung zwischen Eigenfertigung oder Fremdbezug („make or buy")

2.5. Aufbau der Kostenrechnung

Die Kostenrechnung gliedert sich in die Bereiche:

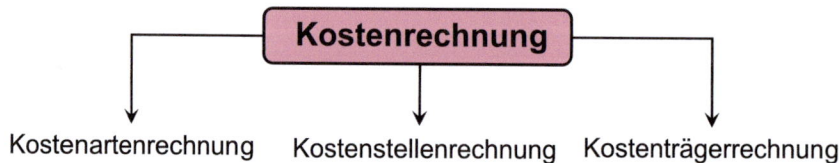

Abb. 2.4.: Aufbau der Kostenrechnung

Die **Kostenartenrechnung** steht am Anfang der Betriebsabrechnung. Die Bezeichnung der Kostenarten richtet sich **nach der Art** der verbrauchten Güter: Arbeitslöhne, Hilfslöhne, Urlaubslöhne, Büromaterial, Energieverbrauch, Heizkosten, Schmiermittel, Fertigungsmaterial, Reisekosten usw. Die Aufgaben der Kostenartenrechnung sind Erfassung und Einteilung sämtlicher Kostenarten, die in einer Periode angefallen sind.

Die **Kostenstellenrechnung** bildet den Mittelteil der Betriebsabrechnung. Alle Dienststellen eines Unternehmens sind Kostenstellen oder gehören zu einer Kostenstelle (Büros, Werkstätten, Labors usw.). In der Kostenstellenrechnung werden alle Kostenarten mit Hilfe des Betriebsabrechnungsbogens verursachungsgerecht auf die Kostenstellen verteilt und verrechnet.

Die **Kostenträgerrechnung** bildet für einen Abrechnungszeitraum den Abschluss der Betriebsergebnisrechnung (auch kurzfristige Ergebnisberechnung). Die Kostenträgerrechnung verrechnet die Kosten auf die Erzeugnisse bzw. Leistungen – somit auf die Kostenträger. Sie bildet die Basis für die Ermittlung der Selbstkosten sowie die Bewertung der fertigen und halbfertigen Erzeugnisse.

2.6. Kosten und Erlöse

2.6.1. Kosten

Unter Kosten versteht man den bewerteten Verzehr von Gütern und Diensten im Produktionsprozess für Herstellung und Absatz der betrieblichen Leistungen und die Aufrechterhaltung der hierfür benötigten Kapazitäten (wertmäßiger Kostenbegriff nach *Eugen Schmalenbach*).[9]

Grundkosten sind der betriebsbedingte Werteverzehr für Güter und Dienstleistungen innerhalb einer betrachteten Periode. Es sind Kosten, denen Aufwendungen (Begriff aus der Fibu) in gleicher Höhe gegenüberstehen.

Anderskosten sind Kosten, denen Aufwendungen in anderer Höhe gegenüberstehen. Hierzu zählen u. a.:

- kalkulatorische Zinsen für Fremdkapital

- kalkulatorische Abschreibungen

- kalkulatorische Wagnisse

Zusatzkosten sind Kosten ohne Aufwandscharakter. Ihnen stehen keine Geldausgaben gegenüber. Sie gehen somit nicht in die Gewinn- und Verlustrechnung ein. Zu den Zusatzkosten zählen:

- kalkulatorische Zinsen für das Eigenkapital

- kalkulatorischer Unternehmerlohn für den Eigentümer der Firma, sofern es sich um ein Einzelunternehmen handelt

- kalkulatorische Miete, sofern die Firma in den eigenen Geschäftsräumen wirtschaftet und keine Miete bezahlt

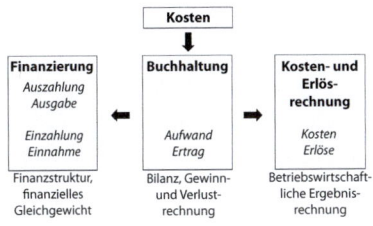

Abb. 2.5.: Kosten

2.6.2. Abgrenzung Kosten und Aufwendungen

Da Kosten und Aufwendungen nicht zwangsnotwendig deckungsgleich sein müssen, ist eine Abgrenzung erforderlich.

Zweckaufwendungen (Betriebsaufwendungen) stellen den Wert des Güterverbrauchs zur Erfüllung des Betriebszwecks (Herstellung von Waren und Dienstleistungen) dar. Der Verbrauch tritt mit dem Einfließen des Gutes in den Produktionsprozess im weitesten Sinne ein. Hierfür typisch ist der Verbrauch von Roh-, Hilfs- und Betriebsstoffen, Fertigungslöhnen, betriebsnotwendigen Anlagen, aber auch Verwaltungsleistungen für Beschaffung, Fertigung und Vertrieb, und dies alles in normalem, durch den Betriebszweck bedingten Umfang.

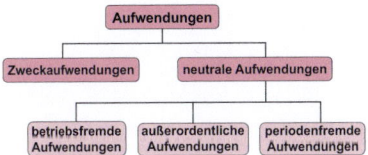

Abb. 2.6.: Aufwendungen

Neutrale Aufwendungen sind der Wert des gesamten übrigen Güterverbrauchs. Nach seinen Ursachen kann neutraler Aufwand

- betriebsfremd,

- periodenfremd oder

- außerordentlich sein.

Betriebsfremder Aufwand ist jeglicher Werteverzehr, der keine direkte Beziehung zum Betriebszweck hat (z. B. ein Jubiläumsgeschenk für einen Konkurrenten, Spenden an karitative Einrichtungen, Abschreibungen auf Wohnhäuser einer Unternehmung der Kraftfahrzeugbranche).

Periodenfremder Aufwand ist zwar dem Wesen nach Zweckaufwand, der aber einen anderen Abrechnungszeitraum (ein anderes Geschäftsjahr) betrifft. Deshalb ist er in der Abrechnungsperiode, in der er anfällt, kein Zweckaufwand, sondern neutraler Aufwand. Hierzu zählen öffentliche Abgaben und Steuern, die von einer Behörde für vergangene Geschäftsjahre nachgefordert werden.

Außerordentlicher Aufwand steht zum Betriebszweck in Beziehung, ist aber kein normaler, sondern ein außerordentlicher Güterverzehr. Es handelt sich hierbei um beispielsweise Maschinenbruch, Brandschaden in der Werkstatt oder Verluste im Materiallager durch Diebstahl, Wasserschaden u. a.

Darüber hinaus gibt es noch den **bewertungsbedingten neutralen Aufwand**, der entsteht in der Geschäftsbuchhaltung durch einen anderen Wertansatz (etwa durch gesetzlich zugelassene Sonderabschreibungen) gegenüber dem verbrauchsbedingt angemessenen Wertansatz, etwa für Maschinenabnutzung. Dabei ist der angemessene Betrag Zweckaufwand, der überschießende Betrag ist als neutraler Aufwand zu buchen.

Auch neutraler Aufwand mindert das Gesamtergebnis der Unternehmung. Er muss aber dem Geschäftsbereich zugerechnet werden, d. h. er muss vom Betriebsbereich abgegrenzt werden, wo der betrieblichen Leistungserstellung nur Zweckaufwand gegenübersteht.

2.6.3. Erlöse

Erlöse sind das Ergebnis der betrieblichen Tätigkeit in Form von Produkten und Dienstleistungen. Erlöse beziehen sich auf den eigentlichen Betriebszweck.

Bei den **Grundleistungen** handelt es sich um für den Absatzmarkt bestimmte Erzeugnisse und Dienstleistungen (Kostenträger).

Innerbetriebliche Leistungen (Innenleistungen) sind nicht für den Absatz, sondern für die eigene betriebliche Verwendung bestimmt. Hierzu zählen z. B. selbst erstellte Werkzeuge oder Maschinen.

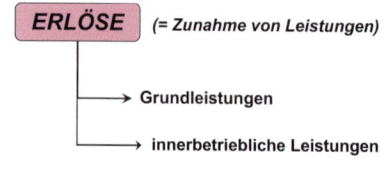

Abb. 2.7.: Erlöse

2.6.4. Abgrenzung Leistungen und Erträge

Erträge einer Abrechnungsperiode setzen sich aus den **Erlösen**, die für Verkäufe von Erzeugnissen und Dienstleistungen oder sonstigem Unternehmenseigentum erzielt werden und der **Änderung der Vermögensgegenstände** zusammen. Damit sind Erträge als der gesamte Wertzuwachs während einer Periode, der nicht ausschließlich auf der Erfüllung des Betriebszwecks beruht, definiert.

Zweckerträge entstehen ausschließlich durch die Erfüllung des Betriebszwecks. Damit sind Zweckerträge identisch mit den Grundleistungen.

Neutrale Erträge sind solche Erträge, bei denen keine direkte Beziehung zur erstellten Betriebsleistung gegeben ist.

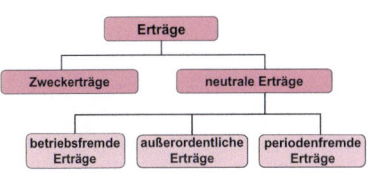

Abb. 2.8.: Erträge

Konten	Rechnungskreis I		Rechnungskreis II			
	Finanzbuchhaltung		Unternehmensbezogene Abgrenzungen		Kosten- und Leistungsrechnung	
	Ergebnisrechnung (GuV)		Abgrenzungsrechnung		Betriebsergebnisrechnung	
			Neutrale			
	Aufwendungen	Erträge	Aufwendungen	Erträge	Kosten	Leistungen
Umsatzerlöse		450.000,- €				450.000,- €
Zinserträge		2.000,- €		2.000,- €		
Löhne	82.000,- €				82.000,- €	
Verluste aus dem Abgang von AV	2.500,- €		2.500,- €			
sonstige betriebliche Erträge		50.500,- €				50.500,- €
sonstige betriebliche Aufwendungen	340.500,- €				340.500,- €	
sonstige betriebsfremde Erträge		17.500,- €		17.500,- €		
sonstige betriebsfremde Aufwendungen	35.000,- €		35.500,- €			
Ergebnisse	460.000,- €	520.000,- €	37.500,- €	19.500,- €	422.500,- €	550.500,- €
Δ	60.000,- €		- 18.000,- €		78.000,- €	
Σ	520.000,- €	520.000,- €	19.500,- €	19.500,- €	550.500,- €	550.500,- €
Abstimmung der Ergebnisse	Gesamtergebnis		Neutrales Ergebnis		Betriebsergebnis	
	60.000,- € Gewinn		18.000,- € Verlust		78.000,- € Gewinn	

Tab. 2.10.: Übersicht

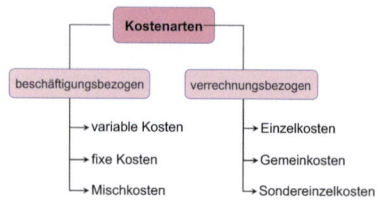

Abb. 2.9.:
Gliederung nach Kostenarten

2.7. Gliederung nach Kostenarten

Die Gliederung nach Kostenarten in beschäftigungsbezogene und verrechnungsbezogene Kosten ist in der nebenstehender Übersicht dargestellt:

2.7.1. Gliederung nach der Verrechnungsart

Einzelkosten sind Kosten, die nach Art und Höhe nur durch die Herstellung einer bestimmten Produktart ausgelöst werden. Sie können dem Kostenträger direkt zugerechnet werden. Hierzu zählen Fertigungsmaterial und Fertigungslohn.

Sondereinzelkosten der Fertigung sind direkt zurechenbare Kosten wie z. B. auftragsbezogene Erfassung von Werkzeugkosten, Spezialwerkzeuge oder Lizenzkosten. Ebenso zählen die **Sondereinzelkosten des Vertriebs** wie z. B. vom Kunden gewünschte Spezialverpackung, auftragsbezogene Provision, Frachtkosten oder Zoll dazu.

Gemeinkosten sind Kosten, die dem einzelnen Kostenträger nur indirekt zugerechnet werden können. Sie fallen dort an, wo nicht direkt am Kostenträger gearbeitet wird. Die Gemeinkosten werden anteilig über entsprechende Zuordnungsschlüssel (z. B. Büroflächen, Stromverbrauch etc.) auf den Kostenträger verrechnet. Es werden echte und unechte Gemeinkosten unterschieden:

- **Echte Gemeinkosten** sind Kosten, die dem Kostenträger ausschließlich indirekt zugerechnet werden können. Hierzu zählen u. a. die Gehälter der Büroangestellten in Einkauf, Buchhaltung und Vertrieb.

- **Unechte Gemeinkosten** sind Kosten, die dem Kostenträger direkt zurechenbar wären, aber eine solche Verrechnung würde mit unverhältnismäßigen Aufwendungen und Kosten verbunden sein. Hierzu zählen beispielsweise Hilfsstoffe wie Leim, Schrauben usw.

2.7.2. Gliederung nach dem Verhalten bei Beschäftigungsänderungen

Fixe Kosten fallen innerhalb eines bestimmten Zeitraums und innerhalb einer gegebenen Kapazität bei Variationen der Beschäftigung in gleicher Höhe an, d. h. der Beschäftigungsgrad eines Unternehmens ist auf die Höhe der fixen Kosten ohne Einfluss. Hierzu zählen u. a. Miete für die Lagerhalle, Gehälter im Verwaltungsbereich oder die Kosten der Kantine.

Wir unterscheiden sprungfixe Kosten und absolut fixe Kosten.

Sprungfixe Kosten bleiben innerhalb bestimmter Beschäftigungsintervalle unverändert. Beim Überschreiten der Kapazitätsobergrenze steigen diese Kosten jedoch sprunghaft an, und bleiben dann

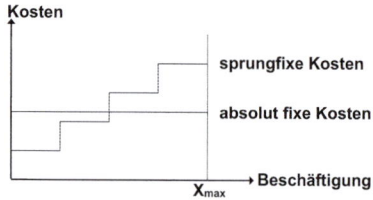

Abb. 2.10.:
Kostenverlauf fixe Kosten

innerhalb dieses neuen Beschäftigungsintervalls konstant. Die Kostenfunktion nimmt in diesem Fall einen treppenartigen Verlauf an. Das ist darauf zurückzuführen, dass bestimmte Kosten nicht beliebig teilbar sind, sondern nur in ganzen Einheiten verändert werden können.

Absolut fixe Kosten fallen immer in der gleichen Höhe an. Mieten, Versicherungsbeiträge und Gehälter wären Beispiele dafür. Diese Kosten entstehen auch dann, wenn nicht produziert wird. Deshalb bezeichnet man sie häufig auch als Bereitschaftskosten.

Nutzkosten sind Fixkosten, die für die Bereitstellung der tatsächlich durch die Produktion in Anspruch genommenen Kapazität entstehen.

Leerkosten sind abzubauende, aber noch nicht abgebaute Fixkosten, die für die Bereitstellung nicht in Anspruch genommener Kapazität entstehen.

Variable Kosten (bewegliche Kosten) ändern sich im Gegensatz zu den fixen Kosten in Abhängigkeit der Beschäftigung bzw. der ausgebrachten Menge. Im Vergleich zur prozentualen Veränderung der Beschäftigung können sich die variablen Kosten im gleichen prozentualen Verhältnis, prozentual stärker oder prozentual geringer verändern. Man unterscheidet daher proportionale, progressive und degressive Kosten. Wir werden im Rahmen der Wirtschaftsmathematik nur proportionale Kosten behandeln.

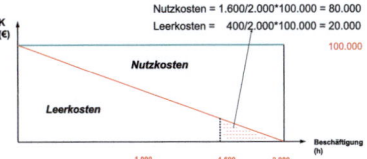

Abb. 2.11.: Nutz- und Leerkosten

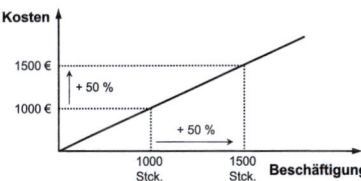

Abb. 2.12.:
Proportional variable Kosten

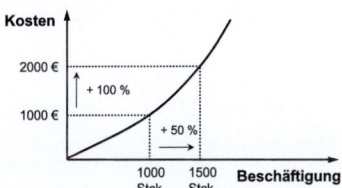

Abb. 2.13.:
Progressiv variable Kosten

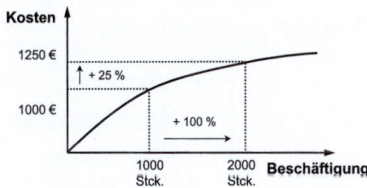

Abb. 2.14.:
Degressiv variable Kosten

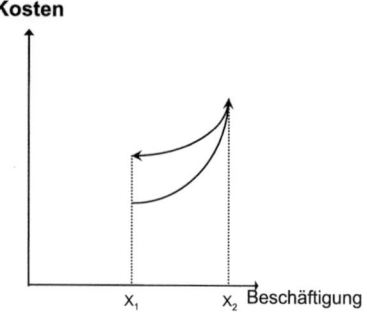

Abb. 2.15.: Kostenremanenz

2.7.3. Besondere Kostenverläufe

Kosten, die einmal veranlasst sind, lassen sich bei Produktionsein-schränkungen nicht so schnell abbauen, wie sie zugenommen haben. Sie verharren, vor allem infolge vertraglicher Bindungen, auf wirt-schaftlich unvertretbarer Höhe und verschlechtern das Ergebnis. So treffen beispielsweise noch Waren ein, obwohl sie nicht mehr be-nötigt werden und binden damit Kapital, kosten ggf. Zinsen und müssen unter Umständen mit Verlust verwertet werden.

Die Kosten sind remanent, d. h. sie bleiben zurück und folgen dem Produktionsrückgang nicht gleich.

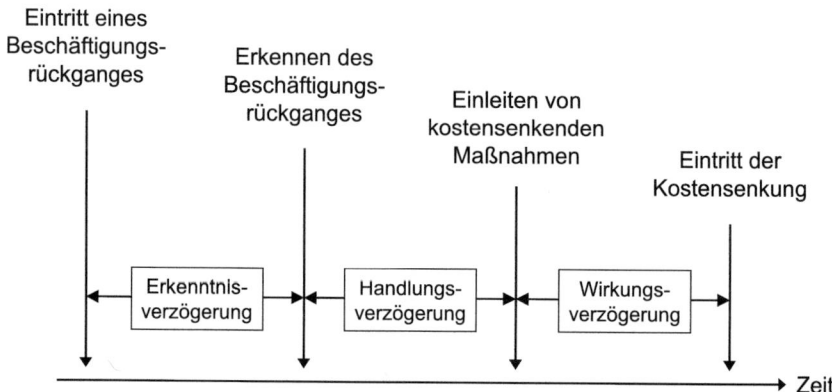

Abb. 2.16.: Zeitliche Verzögerung als Ursache für Kostenremanenz

Mischkosten sind Kostenarten, die für eine Abrechnungsperiode teils fixen und teils variablen Charakter haben. Also eine Mischform aus fixen und variablen Kosten. Typische Beispiele sind hier Strom-, Gas-, Wasser- und Telekommunikationskosten.

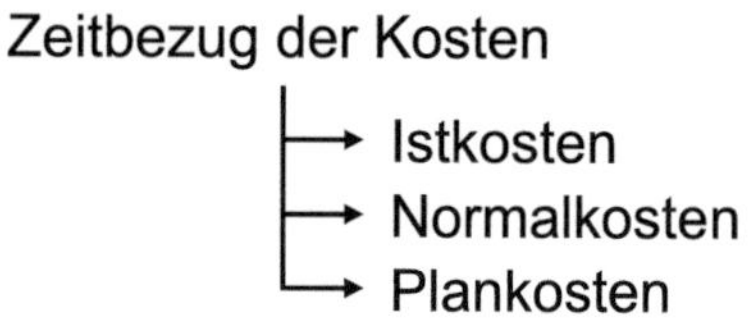

Zeitbezug der Kosten
↳ Istkosten
↳ Normalkosten
↳ Plankosten

Abb. 2.17.:
Zeitbezug der Kosten

2.7.4. Gliederung nach Zeitbezug

Istkosten sind innerhalb einer Periode für einen Kostenträger tatsächlich angefallene Kosten. Sie lassen sich nur vergangenheits-orientiert feststellen. Dabei werden auch alle zufälligen Preisschwan-kungen (Extremwerte) berücksichtigt.

Normalkosten sind Kosten, die sich auf statistische oder ak-tualisierte Mittelwerte gründen. D. h. es werden Durchschnittswerte der vergangenen Rechnungsperioden unter Ausschaltung atypischer Kosteneinflüsse verwendet.

Plankosten sind die im Voraus für eine geplante Beschäftigung methodisch gemittelten, bei ordnungsgemäßem Betriebsablauf und unter gegebenen Produktionsverhältnissen als erreichbar betrachte-ten Kosten. Sie werden nach folgender Formel berechnet:

$$Plankosten = Planmenge \cdot Planpreis \qquad (2.1)$$

2.8. Zins- und Rentenrechnung

In diesem Abschnitt geht es um ökonomische Fragestellungen, die auftreten, wenn ein Anleger einen bestimmten Geldbetrag leihweise einem anderen Wirtschaftssubjekt überlässt. Dieses Wirtschaftsobjekt zahlt dem Anleger für die leihweise Überlassung des Anlagebetrages üblicherweise ein Entgelt.

Zinsen, die zu Beginn einer Periode fällig sind, werden vorschüssige Zinsen genannt; Zinsen, die am Ende einer Periode fällig sind, werden nachschüssige Zinsen genannt.

Typische Anwendungsgebiete sind:

- Verzinsung eines angelegten Kapitals über eine bestimmte Laufzeit

- Regelmäßige Ratenzahlungen

- Tilgung von Krediten und Darlehen

- Abzinsung[1] d. h. Rückrechnung vom Auszahlungsbetrag zum ursprünglichen Anlagebetrag

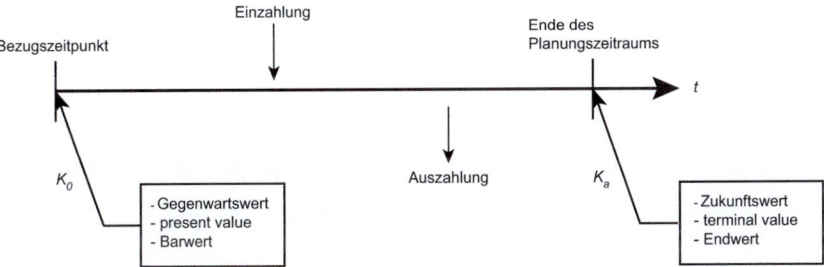

Abb. 2.18.: Übersicht

Es gelten nachstehende Bezeichnungen:

- K_0: *Kapital zu Beginn der Laufzeit*

- K_n: *Kapital am Ende der n-ten Periode*

- *p: Zinssatz* (z. B. p = 0,04 oder p = 4%)

- *q: Zinsfaktor* $(q = 1 + p)$

- *n: Laufzeit*

Weiterhin gelten folgende Vereinbarungen:

- 1 Zinsjahr hat 360 Tage

- 1 Zinsmonat hat 30 Tage (jeder Monat)

---

[1]Rückrechnung vom Auszahlungsbetrag zum ursprünglichen Anlagebetrag

2.8.1. Einfache Verzinsung

Bei einer einfachen Verzinsung wird der anfallende Zins jährlich ausgezahlt (z. B. bei festverzinsten Wertpapieren).

Periode	„Einzahlung"	1	2	3	4	$\cdots$	n
	K_0	$K_0 \cdot p$	$K_0 \cdot p$	$K_0 \cdot p$	$K_0 \cdot p$	$\cdots$	$K_0 \cdot p$

$\leftarrow$Zinszahlungen in den Perioden 1 bis n$\rightarrow$

$\leftarrow$ Endkapital = Anfangskapital plus Zinsen $\rightarrow$

Tab. 2.11.: Einfache Verzinsung

Wenn wir wissen wollen, auf welches Endkapital unser Anfangskapital zuzüglich der Zinsen je Periode angewachsen ist, nutzen wir folgende Formel:

$$K_n = K_0 + n \cdot p \cdot K_0 \tag{2.2}$$

Klammern wir jetzt noch K_0 aus, erhalten wir als Grundgleichung:

$$K_n = K_0 \left(1 + n \cdot p\right) \text{(Grundgleichung)} \tag{2.3}$$

Weitere Fragestellungen und damit verbundene Umstellungen:

- Wie viele Perioden n muss ein Kapital K_0 bei einem Zinssatz p angelegt werden, um ein Endkapital K_n zu erhalten?

$$n = \frac{K_n - K_0}{p \cdot K_0} \tag{2.4}$$

- Bei welchem Zinssatz p muss ein Kapital K_0 über eine Anzahl von n Perioden angelegt werden, um ein Endkapital von K_n zu erreichen?

$$p = \frac{K_n - K_0}{n \cdot K_0} \tag{2.5}$$

- Welches Anfangskapital K_0 muss bei einem Zinssatz p und einer Laufzeit n angelegt werden, um ein Endkapital K_n zu erreichen?

$$K_0 = \frac{K_n}{1 + n \cdot p} \tag{2.6}$$

- Das Kapital wird nicht am 1.1. eines Jahres (360 Tage) bei einem Zinssatz p (pro Jahr, p. a.) angelegt, sondern einige Tage später. Welches Endkapital liegt dann am Ende des Jahres vor?

$$p_{Restjahr} = \frac{\text{verbleibende Tage des Jahres}}{360} \cdot p \qquad (2.7)$$

Beispiel: Einzahltag ist der 6.11., Zinssatz = 5% p. a., das Kapital beträgt 1.000 EUR

$K_1 = 1000 \left(1 + \frac{54}{360} \cdot \frac{5}{100}\right) = 1007,50 \, \text{EUR}$

2.8.2. Jährliche Verzinsung

Wenn die Zinsen nicht entnommen, sondern dem Kapital wieder zugeschlagen werden und dadurch wieder verzinst werden, spricht man von Zinseszinsen. Das Anlagekapital erhöht sich damit nach dem 1. Jahr um die Zinsen und dieses Gesamtkapital im nächsten Jahr wieder um die Zinsen, usw.

Einzahlung	Periode 1	Periode 2	Periode 3	. . .
K_0	$Z_1 = K_0 \cdot p$	$Z_2 = (K_0 + Z_1) \cdot p$	$Z_3 = (K_0 + Z_1 + Z_2) \cdot p$	. . .

Tab. 2.12.: Zinsentwicklung

Einzahlung	Periode 1	Periode 2	Periode 3	. . .
K_0	$K_1 = K_0 \cdot (1+p)$	$K_2 = K_1 \cdot (1+p)$	$K_3 = K_2 \cdot (1+p)$	. . .

Tab. 2.13.: Entwicklung des Gesamtkapitals

Zur Berechnung nutzen wir folgende Formel:

$$K_n = K_0 \cdot (1+p)^n \text{ oder } K_n = K_0 \cdot q^n \text{ mit } q = 1 + p \qquad (2.8)$$

Beispiel: (einpcriodig) $K_0 = 4300 \, \text{EUR}$, $p - 10\%$; gesucht sind $q \text{ und}^2 K_1$.

$$q = 1 + p \Longrightarrow q = 1 + \frac{10}{100} = 1,1$$

$$K_1 = K_0 \cdot q^1 \Longrightarrow K_1 = 4300 \cdot 1,1 = 4730 \, EUR$$

$^2 q$ nennt man den Aufzinsungsfaktor

Barwert

Als Barwert (der Jetztwert) bezeichnen wir einen Geldbetrag, der zu Beginn einer Zeitperiode (n Jahre, Monate, Tage, etc.) bzw. dem Zeitpunkt $t = 0$ zur Verfügung steht. Dieser wird über die Laufzeit der Anlage entsprechend verzinst. (z. B. abgezinste Rentenpapiere, Sparkassenbrief, etc.).

Beispiel: Sparkassenbrief

- Laufzeit: 5 Jahre

- Zinssatz: 7%

- Nach 5 Jahren werden 10.000 EUR zurückgezahlt

- Was kostet der Sparkassenbrief heute?

Wert in 5 Jahren: $10.000 = K_0 \left(1,07\right)^5 \Rightarrow K_0 = \frac{10.000}{(1,07)^5} = 7129,86 \, \text{EUR}$

Allgemein:

$$K_0 = K_n \cdot \left(\frac{1}{q}\right)^n = K_n \cdot v^n \; mit \; \frac{1}{q} = v \qquad (2.9)$$

Gelöste Beispielaufgaben

Aufgabe 1:

Ein Vater legt für seine Tochter bei deren Geburt ein Sparbuch mit 180 EUR an. Er bestimmt, dass sie nach 21 Jahren über das Sparbuch verfügen kann. Auf welchen Wert ist das angelegte Kapitel bei einem Zinssatz von 3,5 % p. a. angewachsen?

Lösung:

$K_n = K_0 \cdot q^n$

$K_{21} = 180 \cdot (1 + 0,035)^{21}$

$K_{21} = 180 \cdot 1,035^{21}$

$K_n = 370,70$

Das Kapital wuchs in 21 Jahren auf 370,70 EUR an.

Aufgabe 2:

Welches Anfangskapital muss bei einem Zinssatz von 4% p. a. angelegt werden, um am Ende des 5. Kalenderjahres 1.500 EUR zu erhalten?

Lösung:

$K_n = K_0 \cdot q^n$

$K_0 = \frac{K_n}{q^n}$

$K_0 = \frac{1500}{1,04^5}$

$K_0 = 1232, 89$

Es muss ein Anfangskapital von 1.232,89 EUR angelegt werden.

Der Zinssatz

Zur Berechnung des Zinssatzes p aus Laufzeit sowie Anfangs- und Endkapital setzen wir entsprechende Wert in untenstehende Formel ein

$$K_n = K_0 \cdot q^n \iff q^n = \frac{K_n}{K_0} \iff q = (1+p) = \sqrt[n]{\frac{K_n}{K_0}} \qquad (2.10)$$

$$\implies p = \sqrt[n]{\frac{K_n}{K_0}} - 1 \qquad (2.11)$$

Beispiel: Laufzeit: n = 6 Jahre, Anfangskapital: K_0= 6.000 EUR, Endkapital nach 6 Jahren: K_6= 9.000 EUR

$$q = \sqrt[6]{\frac{9000}{6000}} = \sqrt[6]{1,5} = 1,0699 \Rightarrow p = 0,0699 \simeq 6,99\%$$

Gelöste Beispielaufgabe

Aufgabe 3:

Ein Anleger kauft Wertpapiere bei einem Zinssatz von 14% p.a. mit einer zehnjährigen Laufzeit zu einem abgezinsten Kurs. Nach drei Jahren ist der Kurs auf einen neuen Wert von 11% gefallen.

Berechnen Sie, welche Jahresverzinsung des eingesetzten Kapitals der Anleger erzielt, wenn er seine Wertpapiere nach drei Jahren zum Marktwert verkauft.

Lösung:

Kaufpreis: $K_p = \frac{K}{1,14^{10}}$ (Wert zum Zeitpunkt $t = 0$)

Verkaufspreis: $K_V = \frac{K}{1,11^7}$ (Wert z. Zeitpunkt $t = 3$)

Rendite in drei Jahren: (Vergleich K_P und K_V)

$$K_p \cdot q^3 = K_v \qquad (2.12)$$

bzw.

$$\frac{K}{1,14^{10}} \cdot q^3 = \frac{K}{1,11^7} \rightsquigarrow q = \sqrt[3]{\frac{1,14^{10}}{1,11^7}} = 1,213 \simeq 21,3\%$$
$$(2.13)$$

Der Anleger erzielt eine Jahresverzinsung von 21,3%.

Die Laufzeit

Die Berechnung der Laufzeit erfolgt nach:

$$K_n = K_0 \cdot q^n \Longleftrightarrow q^n = \frac{K_n}{K_0} \qquad (2.14)$$

$$\Longleftrightarrow n \ln q = \ln \frac{K_n}{K_0} = \ln K_n - \ln K_0 \qquad (2.15)$$

$$\Longrightarrow n = \frac{\ln K_n - \ln K_0}{\ln q} \qquad (2.16)$$

Beispiel:

In welchem Jahr verdoppelt sich bei einem Zinssatz von 4,5% das eingesetzte Kapital?

$$2 = 1 \cdot 1,045^n \rightsquigarrow n = \frac{\ln 2}{\ln 1,045} = \frac{0,69314}{0,0440} = 15,7473 \text{ d.h. im 16. Jahr}$$

2.8.3. Unterjährige Verzinsung

Im Bankwesen ist es üblich, dass Zinszuschlag oder Zinsabschlag vierteljährlich, monatlich oder manchmal auch täglich erfolgt.
Hierzu gelten nachstehende Formeln:

Vierteljährliche Verzinsung: $K_n = K_0 \cdot \left(1 + \frac{p}{4}\right)^{n \cdot 4}$

Monatliche Verzinsung: $K_n = K_0 \cdot \left(1 + \frac{p}{12}\right)^{n \cdot 12}$

Tägliche Verzinsung: $K_n = K_0 \cdot \left(1 + \frac{p}{360}\right)^{n \cdot 360}$

Beispiel:

Kapital von 1.000 EUR wird mit 3% p. a. über 3 Jahre verzinst. Die Zinsfeststellung und -gutschrift soll quartalsweise unter Berücksichtigung des Zinseszinseffektes erfolgen.
Wie hoch ist das Kapital am Ende?

$$K_n = 1000 \cdot \left(1 + \frac{0{,}03}{4}\right)^{3 \cdot 4} = 1093{,}18$$

Das Kapital ist am Ende auf 1.093,81 EUR angewachsen.

Gelöste Beispielaufgabe

Aufgabe 4:

Herr Fuchs will 150.000 EUR für 5 Jahre anlegen.
Er erhält zwei Angebote:
- Bank A bietet ihm 6,5% p. a. Zinsen bei jährlichem Zinstermin. Zinsen werden nicht ausbezahlt.
- Bank B zahlt nach 5 Jahren 200.000 EUR aus.
Welches Angebot ist günstiger? Vergleichen Sie Endkapital und Zinssatz.

Lösung: Bank A
$K_5 = 150000 \cdot (1 + 0{,}065)^5 = 150000 \cdot 1{,}065^5 = 205513$
Lösung: Bank B
$q = \sqrt[5]{\frac{200000}{150000}} = 1{,}0592 \implies p = 5{,}92\%$
Angebot Bank A ist günstiger

Aufgaben

Zinsen

1. Frau Barner legt 4.000,00 EUR für 10 Jahre an und erhält am Ende der Laufzeit 6.850,00 EUR ausbezahlt.
   (a) Wie hoch war der Zinssatz?
   (b) Nach wie viel Jahren hätte sich ihr Anfangsvermögen bei dem Zinssatz von 6% verdreifacht?
   (c) Frau Barner strebt eine Verdopplung ihres Vermögens bereits nach 10 Jahren an. Wie hoch müsste ihre jährliche Verzinsung sein, damit sie ihr Sparziel erreicht?

2. Ein Sparer eröffnet am 17.04. ein mit 1,5% p. a. verzinstes Sparkonto und zahlt 5.000,00 EUR ein.
   Wie hoch ist das Endvermögen am 31.12. nach Zinsgutschrift, wenn ansonsten keine weiteren Bewegungen zu verzeichnen sind?

3. Herr Hubert legt für 36 Monate einen Betrag in Höhe von 10.000,00 EUR zu 6% p. a. an, wobei die Zinsen monatlich gutgeschrieben werden.
   (a) Wie hoch ist sein Endvermögen?
   (b) Welcher Jahresverzinsung entspricht die unterjährige Verzinsung?

4. Frau Sonntag legt 7.500,00 EUR zu 3,25% über 7 Jahre an. Sie lässt sich die jährlich anfallenden Zinsen jeweils zum Jahresende auszahlen.
   (a) Wie viel Zinsen bekommt sie über die 7 Jahre ausbezahlt?
   (b) Wie hoch sind die Zinsen, wenn sie sich diese erst am Ende der Laufzeit auszahlen lassen würde?

5. Zu welchem Zinssatz müssen 3.325,29 EUR für 7 Jahre angelegt werden, damit am Ende des 7. Jahres 5.000,00 EUR zur Verfügung stehen?

6. Für einen Autokauf sollen in 5 Jahren 20.000,00 EUR zur Verfügung stehen. Welchen Betrag müsste man dafür jetzt zu 7% anlegen?

2.8.4. Raten

Wir unterscheiden:

1. Vorschüssige Raten: Einzahlungen immer am Anfang einer Periode.

2. Nachschüssige Raten: Einzahlungen immer am Ende einer Periode.
   Wir werden uns nur mit den *vorschüssigen* Raten beschäftigen.

Es gelten nachstehende Bezeichnungen:

- K_0 : Anfangskapital

- K_n : Endkapital nach n Zinsperioden

- p: Zinssatz (z. B. p = 0,04 oder p = 4%)

- n : Laufzeit (Zinsperioden)

- r : Ratenhöhe

- q: Aufzinsungsfaktor $q = 1 + p$

Zu vorschüssigen Raten: Einzahlungen finden immer am Anfang einer Periode statt. Die Bank zahlt die Zinsen bereits auf die erste Rate, da sie am Anfang der ersten Periode auf das Konto eingezahlt wurde.

Die erste Rate wird also n-mal verzinst.

Die zweite Rate wird $(n-1)$-mal verzinst.

Die dritte Rate wird $(n-2)$-mal verzinst.

. . .

Die letzte Rate wird einmal verzinst.

Wir veranschaulichen uns dies anhand der nachfolgenden Tabelle:

Periode	1	2	3	· · ·	n
	Rate 1				$r \cdot (1+p)^n$
		Rate 2			$r \cdot (1+p)^{n-1}$
			Rate 3		$r \cdot (1+p)^{n-2}$
				· · ·	$r \cdot (1+p)$

Tab. 2.14.: Raten

Herleitung des formelmäßigen Zusammenhangs für die Berechnung des Kapitals:

Raten

Raten sind periodische Einzahlungen von Beträgen auf ein Konto.

Aus obiger Tabelle 2.14 ergibt sich somit:

$$K_n = r \cdot (1+p)^n + r \cdot (1+p)^{n-1} + \cdots + r \cdot 1 + p$$

mit $q = 1 + p$ schreiben wir:

$$K_n = r \cdot q^n + r \cdot q^{n-1} + \cdots + r \cdot q$$

Durch Ausklammern ergibt sich:

$$K_n = r \cdot q \cdot \left(q^n + q^{n-1} + \cdots + 1 \right)$$

Die Reihe

$$q^{n-1} + q^{n-2} + \cdots + 1$$

lässt sich geschlossen schreiben als:

$$\frac{1 - q^n}{1 - q}$$

Somit ergibt sich:

$$K_n = r \cdot q \cdot \frac{1 - q^n}{1 - q} \tag{2.17}$$

und umgestellt die folgende Formel:

$$r = \frac{K_n}{q} \cdot \frac{1 - q}{1 - q^n} \tag{2.18}$$

Die Rate r ist dabei über die gesamte Laufzeit konstant.

Beispiel 1: Ein Sparvertrag mit einer Laufzeit von 3 Jahren und einem festen Zins von 3% p. a. sieht jedes Jahr eine Einzahlung von 1000 EUR vor. Wie hoch ist das Endkapital am Ende der Laufzeit?
$$K_3 = 1000 \cdot 1,03 \cdot \frac{1 - 1,03^3}{1 - 1,03} = 3183,63$$
Der Sparvertrag wächst auf ein Kapital von 3.183,63 EUR an.

Beispiel 2: Ein Sparvertrag mit einer Laufzeit von 3 Jahren und einem festen Zins von 3% p. a. sieht jedes Jahr eine Verdopplung des Einzahlungsbetrages vor. Die erste Einzahlung beträgt 2000 EUR. Wie hoch ist das Endkapital am Ende der Laufzeit?
Mit $r_1 = 2000$ EUR; $r_2 = 4000$ EUR; $r_3 = 8000$ EUR erhalten wir
$$K_3 = 2000 \cdot 1,03^3 + 4000 \cdot 1,03^2 + 8000 \cdot 1,03 = 14669,05$$
Nach drei Jahren beträgt das angesparte Kapital 14.669,05 EUR

2.8.5. Renten

Auch hier sind zu unterscheiden:

1. Vorschüssige Rente: Die Auszahlung findet immer am Anfang einer Periode statt.

2. Nachschüssige Rente: Die Auszahlung findet immer am Ende einer Periode statt.
   Wir werden uns nur mit den ***vorschüssigen*** Renten beschäftigen.

Folgende Bezeichnungen werden bei Renten verwendet:

- R_0 : Anfangskapital (Barwert)

- R_n : Restkapital nach n Rentenzahlungen

- p: Zinssatz

- n: Laufzeit (Zinsperioden)

- r : Rentenauszahlung

- q : Aufzinsungsfaktor ($q = 1 + p$)

- v : Diskontierungsfaktor (Abzinsungsfaktor) $v = \frac{1}{q} = \frac{1}{(1+p)}$

Zu vorschüssigen Renten:

Eine Auszahlung findet immer am Anfang einer Periode statt. Die Bank zahlt für diesen Betrag keine Zinsen mehr, da er am Anfang der Periode von dem Betrag auf dem Konto ausgezahlt wurde.

Der Betrag der ersten Rente wird nicht mehr verzinst.

Der Betrag der zweiten Rente wird einmal verzinst.

Der Betrag der dritten Rente wird zweimal verzinst.

. . .

Der Betrag der letzten Rente wird $(n-1)$ mal verzinst.

Wir veranschaulichen uns dies anhand der nachfolgenden Tabelle:

Barwert R_0	Periode	1	2	3	. . .	n
r	keine Abzinsung	Rente 1				
$r \cdot v^1$	Abzinsung 1 Periode		Rente 2			
$r \cdot v^2$	Abzinsung 2 Perioden			Rente 3		
$r \cdot v^{n-1}$	Abzinsung n-1 Perioden				. . .	Rente n

Tab. 2.15.: Renten

Was bedeutet „Abzinsen"? Da der Betrag für die Rente$_k$ erst k Perioden später ausgezahlt wird, kann die Bank mit dem Geld „arbeiten" (der Bank steht der komplette Betrag für die Rentenzahlungen bereits zum Zeitpunkt Null zur Verfügung). Wollen wir nun den Wert eines Rentenbetrags zum Zeitpunkt Null bestimmen, so müssen wir diesen Betrag nur um k Perioden mit dem vereinbarten Zinssatz abzinsen. Also: Welchen Betrag müssen wir zum Zeitpunkt Null haben, damit wir nach k Perioden den Betrag für die auszubezahlende Rente „angespart" haben?

Der Faktor für das „Abzinsen" ist: $v = \frac{1}{q} = \frac{1}{(1-p)}$

Aus der obigen Tabelle ergibt sich somit für eine vorschüssige Rente (Herleitung wie bei der Ratenrechnung) folgende Formel:

$$R_0 = r + r \cdot v + r \cdot v^2 + r \cdot v^3 + \cdots + r \cdot v^{n-1} \qquad (2.19)$$

$$R_0 = r \cdot \frac{1 - v^n}{1 - v} \qquad (2.20)$$

Es gilt weiterhin:

$$R_n = R_0 \cdot q^n - r \cdot q \cdot \frac{1 - q^n}{1 - q} \qquad (2.21)$$

Durch Umstellungen erhalten wir:

$$r = R_0 \cdot \frac{1 - v}{1 - v^n} \qquad (2.22)$$

$$n = \frac{\ln\left(1 - \frac{R_0 \cdot (1-v)}{r}\right)}{\ln v} \qquad (2.23)$$

Die Rente r ist dabei über die gesamte Laufzeit konstant!

In der Praxis handelt es sich häufig um monatliche oder vierteljährliche Raten oder Renten, die Jahreszinssätze müssen entsprechend umgerechnet werden. Weiteres im Abschnitt 2.8.6.

Beispiel 1: Franz erhält über einen Zeitraum von 15 Jahren eine jährliche Rente in Höhe von 10.000 EUR ausgezahlt. Welcher Betrag (Barwert) muss hierfür zum Beginn der Rentenzahlungen vorhanden sein? Für die Rente wird ein Zinssatz von 4% p.a. vereinbart.

Formel: $R_0 = r \cdot \frac{1-v^n}{1-v}$

Einsetzen: $R_0 = 10000 \cdot \frac{1-\left(\frac{1}{1,04}\right)^{15}}{1-\left(\frac{1}{1,04}\right)}$

Ergebnis: $R_0 = 115631,23$ EUR

Beispiel 2: Wie lange kann eine vorschüssige jährliche Rente in Höhe von 5.000 EUR gezahlt werden, wenn hierfür ein Barwert in Höhe von 60.000 EUR, bei einem vereinbarten Zinssatz von 4% p.a.

zur Verfügung steht?

Formel: $n = \dfrac{\ln\left(1 - \frac{R_0 \cdot (1-v)}{r}\right)}{\ln v}$

Einsetzen: $n = \dfrac{\ln\left(1 - \frac{60000 \cdot \left(1 - \frac{1}{1,04}\right)}{5000}\right)}{\ln \frac{1}{1,04}}$

Ergebnis: $n = 15,78\,\text{Jahre}$

Erweiterung: Welcher Betrag bleibt im Beispiel 2 nach der 15-ten Rentenzahlung übrig?

Formel: $R_n = R_0 \cdot q^n - r \cdot q \cdot \frac{1 - q^n}{1 - q}$

Einsetzen: $R_{15} = 60000 \cdot 1,04^{15} - 5000 \cdot 1,04 \cdot \frac{1 - 1,04^{15}}{1 - 1,04}$

Ergebnis: $R_{15} = 3933,95\,\text{EUR}$

Zusammenfassung

- Eine Folge von Zahlungen, die *regelmäßig* und *in konstanter Höhe* gezahlt werden, heißt in der Wirtschaftsmathematik *Rente*.

- Hierbei kann es sich sowohl um Einzahlungen („Sparen") als auch um Auszahlungen (z. B. Zinsen eines Rentenpapiers) handeln.

- Der Wert einer Rente wird berechnet, indem man die Zahlungen auf einen Zeitpunkt aufzinst (Endwert) oder abzinst (Barwert) – je nachdem, zu welchem Zeitpunkt man den Wert bestimmen möchte.

- Dabei haben wir jede Zahlung einzeln betrachtet und über die End- bzw. Barwerte der einzelnen Zahlungen summiert.

2.8.6. Unterjährige Raten und Renten

Bisher haben wir Raten und Renten als periodische Einzahlungen von Beträgen auf ein Konto mit der Periode von einem Jahr betrachtet. Die Wertstellung der Zinsen wird hier jährlich am Anfang (vorschüssig) oder am Ende (nachschüssig) eines Jahres vollzogen. Oft werden aber Beträge in einen Ratenvertrag oder aus einem Rentenvertrag monatlich, vierteljährlich oder halbjährlich eingezahlt bzw. ausgezahlt. Nun muss die Wertstellung entsprechend der Periode erfolgen. Es kommt noch darauf an, ob der Zinssatz zur entsprechenden Periode (z. B. monatlich, p. m.) vorliegt oder ob der Zinssatz als jährlicher Zinsfuß (p. a.) vorliegt. Die Vorgehensweise bei der Ratenrechnung soll an Hand von zwei Beispielen aufgezeigt werden:

Beispiel 1: (monatlicher Zinssatz, vorschüssige Raten) Hierbei kann die bekannte Formel $K_m = r \cdot q \cdot \frac{1-q^m}{1-q}$ verwendet werden, für m werden die Anzahl der Monate eingesetzt und bei q wird der Monatszinssatz verwendet.

Also: Ute zahlt in eine Ratensparvertrag monatlich 100,00 EUR ein, die Bank schreibt die Zinsen monatlich bei einem Zinssatz von 0,35% p. m. gut. Wie hoch ist das Guthaben nach 2 Jahren?

Lösung: $K_m = r \cdot q \cdot \frac{1-q^m}{1-q}$

Einsetzen: $K_{24} = 100 \cdot 1,0035 \cdot \frac{1-1,0035^{24}}{1-1,0035}$

Ergebnis: $K_{24} = 2507,87$

Ute hat nach 2 Jahren ein Guthaben in Höhe von 2.507,87 EUR.

Beispiel 2: (jährlicher Zinssatz, vorschüssige Raten) Vorüberlegungen: Die 1. Rate wird ein ganzes Jahr verzinst, die 2. Rate nur 11 Monate, ..., die letzte Rate nur einen Monat. Dies gilt für das erste Jahr, das zweite Jahr, ..., das letzte Jahr. Hieraus ergibt sich für ein Jahr folgende Formel:

$$K_1 = r \cdot \left(1 + 12 \cdot \frac{p}{12}\right) + r \cdot \left(1 + 11 \cdot \frac{p}{12}\right) + r \cdot \left(1 + 10 \cdot \frac{p}{12}\right) +$$
$$\cdots + r \cdot \left(1 + 1 \cdot \frac{p}{12}\right)$$

$$K_1 = 12 \cdot r + \frac{r \cdot p}{12}(1 + 2 + 3 + \cdots + 12)$$

$$K_1 = 12 \cdot r + \frac{r \cdot p}{12}\left(\frac{13 \cdot 12}{2}\right)$$

$$K_1 = 12 \cdot r + \frac{13 \cdot r \cdot p}{2}$$

Dies ist nun die Summe der Raten in einem Jahr (unterjährig verzinst). Diese Summe wird nun als Jahressumme über die gesamte Laufzeit genommen (mit Zinseszinseffekt):

$$K_n = K_1 \cdot q^{n-1} + K_1 \cdot q^{n-2} + \cdots + K_1$$

$$K_n = K_1 \cdot \left(q^{n-1} + q^{n-2} \cdots + 1\right)$$

$$K_n = K_1 \cdot \frac{1-q^n}{1-q}$$

Ute zahlt wieder monatlich vorschüssig 100 EUR auf einen Ratenvertrag ein. Es wird auch wieder monatlich Zins gutgeschrieben, aber mit einem Jahreszinssatz in Höhe von 4,5%. Welches Kapital steht Ute nun nach zwei Jahren zur Verfügung?

1. Jahressumme der monatlichen Raten:

$$K_1 = 12 \cdot r + \frac{13 \cdot r \cdot p}{2}$$

$$K_1 = 12 \cdot 100 \cdot \frac{13 \cdot 100 \cdot 0,045}{2} = 1229,25$$

2. Kapital nach zwei Jahren:

$$K_n = K_1 \cdot \frac{1 - q^n}{1 - q}$$

$$K_2 = K_1 \cdot \frac{1 - 1,045^2}{1 - 1,045} = 2513,82$$

Ute hat nach 2 Jahren ein Guthaben in Höhe von 2.513,82 EUR.

Bei unterjährigen Renten wird der Zinsfaktor $q_k = \sqrt[k]{q}$ entsprechend der Periode gebildet, k steht hierbei für die Anzahl der Perioden innerhalb eines Jahres (12 → monatlich, 4 → vierteljährlich, etc.). Mit diesem neuen Zinsfaktor wird die normale Rentenrechnung durchgeführt.

Beispiel 3: Von einem Kapital in Höhe von 80.000,00 EUR soll bei einem Zinssatz von 4% eine monatliche Rente über einen Zeitraum von 4 Jahren gezahlt werden. Wie hoch ist die monatliche (vorschüssige) Rente?

$$q = 1,04 \rightarrow q_m = \sqrt[12]{1,04} \rightarrow v_m \frac{1}{\sqrt[12]{1,04}} qr = R_0 \cdot \frac{1 - v_m}{1 - v_m^{12-n}}$$

$$r = 80000 \cdot \frac{1 - \frac{1}{\sqrt[12]{1,04}}}{1 - \frac{1}{\sqrt[12]{1,04}}^{4 \cdot 12}}$$

$$r = 80000 \cdot \frac{1 - \frac{1}{\sqrt[12]{1,04}}}{1 - \frac{1}{\sqrt[12]{1,04}}^{4 \cdot 12}}$$

$$r = 1797,88$$

Die monatliche Rente beträgt 1.797,88 EUR.

Aufgaben

Raten- und Rentenrechnung

1. Ein Zielsparvertrag setzt eine vorschüssige, monatliche Einzahlung von 75 EUR voraus. Die Bank bietet einen Zins von 5% p. a. bei einer Laufzeit von 4 Jahren. Wie hoch ist das Kapital nach 4 Jahren?

2. Wie viele Jahre muss in einen Ratensparvertrag eingezahlt werden, um bei einem Zinssatz von 4,5% p. a. ein Endkapital von 18.000 EUR zu erreichen? Es werden zum Jahresende jeweils 600 EUR eingezahlt.

3. Ein Vater will zur Geburt seines Kindes einen Betrag zu 6% p. a. so anlegen, dass dem Kind in 18 Jahren 20.000 EUR zur Ausbildungsfinanzierung zur Verfügung stehen. Welchen Betrag muss der Vater heute anlegen?

4. Auf welchen Wert wächst ein Betrag von 100 EUR bei 10% p. a. Verzinsung in drei Jahren bei
   a) jährlicher Verzinsung
   b) monatlicher Verzinsung

5. Auf einen Ratensparvertrag werden jährlich 1.000 EUR zum Beginn des Jahres eingezahlt. Der Zinssatz für den Vertrag ist 4% p. a. Wie hoch ist das Guthaben nach dem 6. Jahr?

6. Welcher Betrag muss am Anfang eines jeden Jahres auf einen Ratensparvertrag eingezahlt werden, wenn nach 10 Jahren mindestens ein Betrag von 15.000 EUR vorhanden sein soll? Der Ratensparvertrag soll mit einem Zinssatz von 4,5% p. a. angelegt werden.

7. Sie überlegen sich, entweder einmal einen Betrag in Höhe von 10.000 EUR zu 5% in einen Sparvertrag oder jedes Jahr jeweils zum Jahresanfang einen Betrag in Höhe von 2.000 EUR in einen Ratenvertrag anzulegen. Beide Verträge sollen über 10 Jahre gehen. Bei welchem Vertrag bekämen Sie am Ende das größere Kapital ausgezahlt?

2.8.7. Tilgungsrechnung

a (Annuität) $= z$ (Schuldzinsen) $+ t$ (Tilgung)

Am Ende der Laufzeit ist die Schuld getilgt, so dass also die Anfangsschuld gleich der Summe der Tilgungen sein muss.

$$S_0 = \sum_{i=1}^{n} t_i$$

Die Restschuld nach k Jahren ergibt sich als Differenz aus der Anfangsschuld und den bis dahin geleisteten Tilgungen.

$$S_k = S_0 - \sum_{i=0}^{k} t_i$$

Man unterscheidet in der Praxis häufig zwei Tilgungsarten:
– die Abzahlungstilgung
– die Annuitätentilgung

Tilgungsrechnung

Bei der Tilgungsrechnung handelt es sich um die mathematische Behandlung der Begleichung einer Schuld durch regelmäßige Zahlungen (Raten) über einen bestimmten Zeitraum. Die Rate (Annuität) a setzt sich zusammen aus den Schuldzinsen (für den ausgeliehenen Betrag) und der Schuldtilgung (Rückzahlung).

Abzahlungstilgung

Die Zinsen werden jeweils von der Restschuld berechnet, die Annuität ergibt sich aus der Summe von Zins (nimmt ab) und Tilgungsbetrag (bleibt gleich). Damit verändert sich der Betrag der Annuität.

Aufstellung eines Tilgungsplans: Anfangsschuld 40.000 EUR, Laufzeit 4 Jahre, Schuldzins 9% p.a., Tilgungsbetrag 10.000 EUR

Jahr	Restschuld	Zinsen	Tilgung	Annuität
1	40.000,--	3.600,--	10.000,--	13.600,--
2	30.000,--	2.700,--	10.000,--	12.700,--
3	20.000,--	1.800,--	10.000,--	11.800,--
4	10.000,--	900,--	10.000,--	10.900,--
Summe	100.000,--	9.000,--	40.000,--	49.000,--

Tab. 2.16.: Abzahlungstilgung

Die effektive Verzinsung eines Darlehens kann mithilfe des Tilgungsplans ermittelt werden:

$$i_{eff} = \frac{\sum Zinsen}{\sum Restschuld} \qquad (2.24)$$

Für das obige Beispiel gilt also:

$$i_{eff} = \frac{9000}{100000} = 0,09$$

Annuitätische Tilgung

Die Zinsen werden jeweils von der Restschuld berechnet, die Annuität wird einmal am Anfang berechnet und bleibt über die gesamte Laufzeit immer gleich. Die annuitätische Tilgung besteht am Anfang aus einem hohen Zinsanteil und einem geringen Tilgungsanteil, das Verhältnis verändert sich im Laufe der Rückzahlung.

Aufstellung eines Tilgungsplans (allgemein):

Jahr	Restschuld	Zinsen	Tilgung	Annuität
1	S_0	$z_1 = S_0 \cdot p$	t_1	
2	$S_1 = S_0 - t_1$	$z_2 = S_1 \cdot p$ $z_2 = (S_0 - t_1) \cdot p$ $z_2 = z_1 - t_1 \cdot p$	$t_2 = a - z_2$ $t_2 = (z_1 + t_1) - (z_1 - t_1 \cdot p)$ $t_2 t_1 \cdot (1-p)$	
3	$S_2 = S_1 - t_2$	$z_3 = S_2 \cdot p = z_2 - t_2 \cdot p$	$t_3 = a - z_3 = t_1 \cdot (1+p)^2$	
...	...	...	...	
n	$S_n = S_{n-1} - t_n$	$z_n - z_{n-1} - t_{n-1} \cdot p$	$t_n = t_1 \cdot (1+p)^{n-1}$	

Tab. 2.17.: Annuitätische Tilgung

Daraus erhalten wir nachstehende Formeln:

Anfangsschuld:

$$S_0 = \frac{a}{q^n} \cdot \frac{1 - q^n}{1 - q}$$

Restschuld nach n Jahren:

$$S_n = S_0 - t_1 \cdot \frac{1 - q^n}{1 - q}$$

$$S_n = S_0 \cdot q^n - a \cdot \frac{1 - q^n}{1 - q}$$

Tilgung im n-ten Jahr:

$$t_n = t_1 \cdot (1 + p)^{n-1}$$

Summe der Teilzahlungen bis zum n-ten Jahr:

$$\sum t_n = t_1 \cdot \frac{1 - q^n}{1 - q}$$

Tilgungszeit:

$$n = \frac{ln\left(1 - \frac{S_0(1-q)}{t_1}\right)}{lnq}$$

Aufgaben

Tilgungsrechnung

1. Ein Darlehen von 50.000 EUR wird jährlich mit 7,5% verzinst. Am Ende jeden Jahres wird eine gleichbleibende Annuität von 7.000 EUR gezahlt.
   a) Berechnen Sie die Restschuld nach 10 Jahren.
   b) Welche Annuität müsste 10 Jahre lang gezahlt werden, damit das Darlehen dann getilgt wäre?

2. Eine Schuld in Höhe von 150.000 EUR soll in 10 Jahren annuitätisch getilgt werden. Der Zinssatz beträgt 6,5%. Ermitteln Sie:
   a) die Annuität
   b) die Tilgung im letzten Jahr
   c) die Restschuld nach 5 Jahren

3. Zur Tilgung eines Darlehens in Höhe von 15.000 EUR mit einem jährlichen Zinssatz von 11% werden jeweils zum Jahresende 750 EUR zuzüglich anfallender Zinsen bezahlt.
   a) Welcher Geldbetrag muss insgesamt für Zinszahlungen während der gesamten Laufzeit aufgewendet werden?
   b) Mit welchem konstanten Betrag zum jeweiligen Jahresende könnte das Darlehen innerhalb der gleichen Laufzeit auch getilgt werden?

4. Eine Schuld von 10.000 EUR soll mit 5% verzinst und innerhalb von 5 Jahren durch gleichgroße Raten getilgt zu werden.
   a) Geben Sie die Restschuld am Ende des 4. Jahres und den im 4. Jahr fälligen Zins- und Tilgungsbetrag an!
   b) Wie hoch ist die gesamte Zinsbelastung?

2.8.8. Investitionsrechnung

In der Investitionsrechnung gelten folgende Bezeichnungen:

- J = vorhandene Investitionssumme

- R_k = Rückfluss (Gewinn) durch die Investition im k-ten Jahr

- E = Überschuss

- Für J gibt es zwei Möglichkeiten:

1. man legt J für n Jahre (z. B. auf einem Sparbuch) an oder

2. man investiert den Betrag J in ein Projekt. Der Wert des Projektes errechnet sich aus der Summe der Rückflüsse R; einschließlich der Verzinsung. (Nicht für die Investition benötigtes Geld kann auf einem Sparbuch angelegt werden).

Für die Investitionsentscheidung gilt es die Frage „Was ist günstiger¿‘ zu beantworten.

Es gilt die Annahme: der Zinssatz ist konstant.

Damit gilt – bezogen für beide Alternativen – auf das Ende des Zeitraums:

- $K = J \cdot q^n$

- $\hat{R} = R_1 \cdot q^{n-1} + R_2 \cdot q^{n-2} + \cdots + R_{n-1} \cdot q + R$

Daraus folgt: Eine Investition ist dann lohnend, wenn die Anlage auf einem Sparbuch weniger Gewinn erzielt als die Investition in ein Projekt;
also: $K < \hat{R}$
Sofern die Rückflüsse konstant sind, lassen sich diese wie eine Rente behandeln und $\hat{R}$ berechnen:

$$\hat{R} = R \cdot q^{n-1} + R \cdot q^{n-2} + \cdots + R \cdot q + R \tag{2.25}$$

$$= R \left(1 + q + q^2 + \cdots + q^{n-1} \right) \tag{2.26}$$

$$= R \cdot \frac{q^n - 1}{q - 1} \tag{2.27}$$

Beispiel: In den ersten fünf Jahren erbringt eine Investition J in Höhe von 1 Mio. EUR zum jeweiligen Jahresende einen jährlichen Überschuss von 150.000 EUR.
Wie hoch muss in den nächsten fünf Jahren der konstante jährliche Überschuss E mindestens sein, damit sich die Investition bei einem Zinssatz von 8% lohnt?

Hier hilft der Vergleich der Endwerte der beiden Anlagemöglichkeiten.

Endwert, wenn das Kapital auf ein Sparbuch eingezahlt wird:

Formel: $K = q^n$

eingesetzt: $1000000 \cdot 1,08^{10} = 2158925$

Ergebnis: Der Endwert auf dem Sparbuch beträgt 2.158.925 EUR

Welchen Beitrag am Endwert erwirtschaftet man in den ersten fünf Jahren bezogen auf das Ende des Investitionszeitraums (nach 10 Jahren)?

Formel: $R_1 = R \cdot \frac{q^n - 1}{q-1} \cdot q^n$

eingesetzt: $R_1 = 150000 \cdot \frac{1,08^5 - 1}{1,08 - 1} \cdot 1,08^5 = 1292994,23$

Ergebnis: In den ersten fünf Jahren bringt die Investition 1.292.994,23 EUR

Für die zweite Hälfte der Investitionsdauer von 10 Jahren muss jährlich R erwirtschaftet werden.

Der Endwert der Jahre 6 bis 10 der Höhe R ergibt sich aus:

Formel: $R_2 = R \cdot \frac{q^5 - 1}{q-1}$

eingesetzt: $R_2 = R \frac{1,08^5 - 1}{1,08 - 1}$

$1000000 \cdot 1,08^{10} = R_1 + R_2$

Vergleich der Endwerte:

$2158925 - R_1 = R \cdot \frac{1,08^5 - 1}{1,08 - 1} \implies R = 147603,49$

2.8.9. Abschreibungen

Merksatz

Als Abschreibung bezeichnet man eine Methode, welche die Wertminderung langlebiger Güter des Anlagevermögens berücksichtigt. Hierbei wird die bilanzielle Abschreibung und die kalkulatorische Abschreibung unterschieden. Für bilanzielle Abschreibungen gibt es verschiedene Abschreibungsmethoden, wie u.a. die lineare Abschreibung und die degressive Abschreibung.[a]

[a]Die degressive Abschreibung ist in der Bilanz seit 2010 nicht mehr zulässig.

Bilanzielle Abschreibungen setzen für die Berechnung die Anschaffungskosten sowie eine Nutzungsdauer, die in den AfA-Tabellen des Finanzamtes vorgeschrieben ist oder eine eigene längere Nutzungsdauer ein. Sie stellen Aufwendungen in der Gewinn-und Verlustrechnung des Unternehmens dar, welche den Gewinn mindern.

Im Gegensatz dazu versuchen die kalkulatorischen Abschreibungen den tatsächlichen Verschleiß von Anlagegütern im Unternehmen darzustellen. Für die Berechnung der Abschreibungen werden die voraussichtlichen Wiederbeschaffungskosten des Anlageguts angesetzt. Außerdem wird die reale Nutzungsdauer angesetzt, anstatt einer steuerlich vorgeschriebenen Nutzungsdauer. Kalkulatorischen Abschreibungen fließen nicht in die handels- und steuerrechtliche Gewinn- und Verlustrechnung ein, sondern werden für die Ermittlung in der Selbstkostenkalkulation verwendet.

Es werden nachstehende Abschreibungsarten unterschieden:[3]

- Lineare Abschreibung

- Arithmetisch-degressive Abschreibung

- Geometrisch-degressive Abschreibung

Es gelten folgende Bezeichnungen:

K = Anschaffungswert oder Kaufpreis

N = Nutzungsdauer in Jahren

R = Restwert am Ende der Nutzungsdauer (meist: $R = 0$)

Lineare Abschreibung

Es gilt: die jährlichen Abschreibungsbeträge sind konstant.

Beispiel: Für eine Maschine, deren Kaufpreis 180.000 EUR beträgt, soll ein Abschreibungsplan für eine Nutzungsdauer von 7 Jahren erstellt werden. Der Restbuchwert wird mit 5.000 EUR angenommen.

$K = 180000;\ R = 15000;\ N = 7\,Jahre$

Konstante Abschreibungsrate: $\frac{K-R}{N} \implies \frac{180000-5000}{7} = 25000$

---

[3]Weitere Abschreibungsmethoden werden hier nicht beachtet.

Jahr	Abschreibung in EUR	Restbuchwert in EUR
0	–	180.000,--
1	25.000,--	155.000,--
2	25.000,--	130.000,--
3	25.000,--	105.000,--
4	25.000,--	80.000,--
5	25.000,--	55.000,--
6	25.000,--	30.000,--
7	25.000,--	5.000,--

Tab. 2.18.: Lineare Abschreibung

Arithmetisch-degressive Abschreibung

Kennzeichnend für die arithmetisch-degressive Abschreibung ist der gleichmäßig fallende Abschreibungsbetrag je Nutzungsjahr. Dieser Betrag wird Degressionsbetrag genannt. Zur Berechnung des Degressionsbetrags wird eine arithmetische Reihe gebildet, aus der sich der jährliche Abschreibungsbetrag bestimmen lässt.

Der Degressionsfaktor d wird aus dem Quotienten aus Anschaffungwert oder Wiederbeschaffungsneuwert A abzüglich des Restwertes L und der Summe der geplanten Nutzungsjahre gebildet.

Die erforderliche Formel leiten wir folgendermaßen her:

$$d = \frac{A - L}{S_J}$$

Dabei kann die Summe der Jahresziffern für n Perioden wie folgt berechnet werden (Arithmetische Folge):

$$S_J = \frac{n \cdot (n + 1)}{2}$$

Somit ergibt sich der Degressionsbetrag:

$$d = \frac{A - L}{\frac{n \cdot (n+1)}{2}} \tag{2.28}$$

Daran anschließend werden die Abschreibungsbeträge a_t pro Jahr für die Perioden t ermittelt. Dazu wird der Degressionsbetrag mit den Jahresziffern in umgekehrter Reihenfolge multipliziert.

$$a_t = d \cdot (n - t + 1)$$

Beispiel: Eine Anlage mit einem Wiederbeschaffungsneuwert von 180.000 EUR und einer Laufzeit von 6 Jahren soll arithmetisch degressiv abgeschrieben werden. Der Restwert nach der geplanten Nutzungsdauer wird mit 15.000 EUR angenommen.

1. Schritt: Berechnung des Degressionsbetrages d

$$d = \frac{180000 - 15000}{1 + 2 + 3 + 4 + 5 + 6}$$

$$d = 7857,14$$

oder

$$d = \frac{180000 - 15000}{\frac{6 \cdot (6+1)}{2}}$$

$$d = 7857,14$$

2. Schritt: Bestimmung der Abschreibungsbeträge a_t für die erste Periode:

$$a_1 = 7857,14 \cdot (6 - 1 + 1) = 7857,14 \cdot 6 = 47142,84$$

$$R_1 = 180000 - 47142,84 = 132857,16$$

Für die zweite Periode gilt:

$$a_2 = 7857,14 \cdot (5 - 1 + 1) = 7857,14 \cdot 5 = 39285,70$$

$$R_2 = 132857,16 - 39285,70 = 93571,46$$

Die weiteren Ergebnisse lassen sich Abb. 2.19 entnehmen.

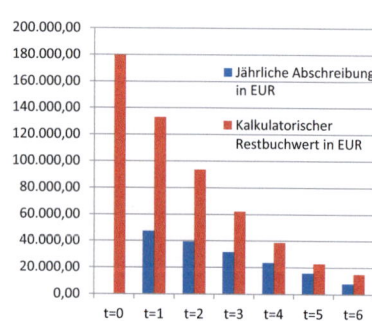

Abb. 2.19.: Arithmetisch-degressive Abschreibung

Geometrisch-degressive Abschreibung

Bei der geometrisch-degressiven Abschreibung werden die Anschaffungs- oder Wiederbeschaffungskosten eines Anlagegutes mittels einer jährlichen Abschreibungsquote auf die Nutzungsdauer verteilt. Im Gegensatz zur linearen Abschreibung wird die Abschreibungsquote bei der degressiven Abschreibung mit jedem vergangenen Jahr der Nutzungsdauer kleiner. Damit werden die aus den wirtschaftlichen oder technischen Entwicklungen resultierenden außergewöhnlichen Wertminderungen stärker berücksichtigt. Die geometrisch degressive Abschreibung entspricht oftmals dem tatsächlichen Wertverzehr des Wirtschaftsgutes eher als die lineare Abschreibung.

Bei der degressiven Abschreibung werden die Abschreibungsbeträge vom Restbuchwert des jeweiligen Jahres berechnet. Hierdurch entsteht ein jährlich fallender Abschreibungsbetrag. Für die Berechnung wird ein festgesetzter Abschreibungssatz verwendet.

Formel:

$$a_t = R_{t-1} \cdot p$$

mit

a_t Abschreibungsbetrag der Periode

R_{t-1} Restbuchwert der Vorperiode

p Abschreibungsquote

Die Abschreibungsquote p lässt sich mithilfe folgender Formel berechnen:

$$p = \left(1 - \sqrt[n]{\frac{K_t}{K_0}}\right) \cdot 100\% \qquad (2.29)$$

wobei K_0 Neuwert, K_t Restwert, n Nutzungsdauer bezeichnen. Der neue Restbuchwert ergibt sich aus:

$$R_t = R_{t-1} - a_t$$

Beispiel: Eine Anlage mit einem Wiederbeschaffungsneuwert von 180.000 EUR und einer Laufzeit von 6 Jahren soll geometrisch degressiv abgeschrieben werden. Der Restwert nach der geplanten Nutzungsdauer wird mit 15.000 EUR angenommen.

1. Schritt: Berechnung der Abschreibungsquote p

$$p = \left(1 - \sqrt[6]{\frac{15000}{180000}}\right) \cdot 100\%$$

$$p = 33,91\%$$

2. Schritt: Bestimmung der Abschreibungsbeträge a_t
Der a_t sowie der Restwert R_t ergibt sich aus:
$$a_1 = 180000 \cdot 0,3391 = 61038,00$$

$$R_1 = 180000 - 61038,00 = 118962,00$$

Für die zweite Periode gilt:
$$a_2 = 118962,00 \cdot 0,3391 = 40340,01$$

$$R_2 = 118962,00 - 40340,01 = 78621,99$$

Weitere Ergebnisse lassen sich Abb. 2.20 entnehmen.

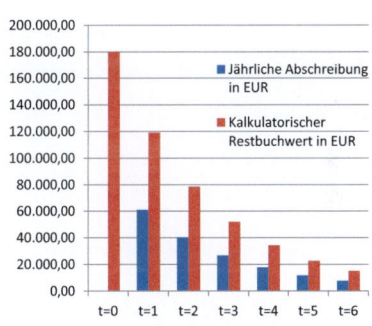

Abb. 2.20.: Geometrisch degressive Abschreibung

3. Wirtschaftliche Anwendungen der Analysis

Der Importeur einer überseeischen Automarke will immer möglichst früh im Monat wissen, wie viele Autos er diesen Monat absetzen wird (z. B. um die Logistikkosten niedrig zu halten). Er weiß, dass sich der Absatz innerhalb eines Monats immer wie

$$N = \sqrt{at}$$

verhält. t ist die Zeit in Tagen, a ist eine Zahl, die jeden Monat anders ist. Er kann aus den Verkaufszahlen der ersten Tage ein Gesetz für den Absatz des kommenden Monats machen (indem er eine Ausgleichskurve durch die Verkaufszahlen legt und er kann aus dem so gefundenen Gesetz den Absatz am Ende des Monats vorhersagen).[a] Hier schlägt die Stunde der Modellierung (und damit eines Teilgebiets der Analysis).

---

[a] *Versuchen Sie nicht, mit dem Wissen, dass der Autoabsatz mit der Wurzel der Zeit geht, zu prahlen. Das ist frei erfunden. Aber es klingt plausibel, oder?*

© Springer-Verlag GmbH Deutschland, ein Teil von Springer Nature 2018
J. Kircher und D. Hitzler, *Wirtschaftsmathematik I*,
https://doi.org/10.1007/978-3-662-46152-5_3

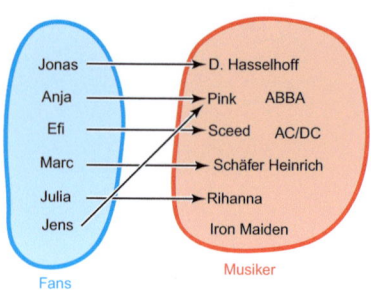

Abb. 3.1.: Diese Zuordnung ordnet jedem Fan einen Musiker zu.

Definition des Funktionsbegriffs

Eine Funktion ist eine Zuordnung, bei welcher jedem Element einer ersten Menge (der Definitionsmenge) genau ein Element einer zweiten Menge (des Wertevorrats) zugeordnet wird.

3.1. Der Funktionsbegriff

3.1.1. Einführung

In Abbildung 3.1 sehen Sie das Ergebnis einer Befragung von Studenten (und einem Dozenten, zusammen Klasse genannt) zu ihren Lieblingsmusikern. Sie erkennen sofort: Jedes Klassenmitglied ist Fan eines Musikers und jedem Fan wird ein Musiker zugeordnet. Der Mathematiker nennt diese spezielle Zuordnung, bei welcher jedem Fan genau ein Musiker zugeordnet wird, eine Funktion.[1]

$$f : Fan \rightarrow Musiker \tag{3.1}$$

Jens, der eigentlich lieber AC/DC mag, hat aus didaktischen Gründen Pink als Lieblingsmusiker angegeben. Würde man nämlich die Pfeile andersherum zeichnen und jedem Musiker seinen Fan zuordnen, so würden in diesem Beispiel Pink zwei Fans zugeordnet. Das ist zwar immer noch eine Zuordnung, aber eben keine Funktion mehr. Die blau gekennzeichnete Menge aller Fans nennt man die *Definitionsmenge* D. Die rot gezeichnete Menge aller Musiker nennt man den *Wertevorrat* W oder *Zielmenge*. ABBA und AC/DC haben leider keinen Fan in diesem Beispiel. Das ist nicht weiter schlimm. Sie gehören trotzdem zum Wertevorrat. Die Musiker, die tatsächlich einen Fan vorweisen können, bilden zusammen die *Wertemenge*[2].

Hätte ein Klassenmitglied (beispielsweise Albert, der in Abbildung 3.1 nicht vorkommt) erklärt, er habe keinen Lieblingsmusiker, dann müsste man zwischen der Menge der Fans und der Menge der Klassenmitglieder unterscheiden. Albert würde nicht zur Definitionsmenge gehören. Albert wäre eine *Definitionslücke*.

Lernkontrolle

1. Wenn Jens für Abb. 3.1 ACDC und Iron Maiden angibt, liegt dann immer noch eine Funktion vor?

2. Jonas mag keine Musik und hat keine Lieblingsmusiker. Wenn er keinen Lieblingsmusiker angibt, zeigt dann Abb. 3.1 immer noch eine Funktion?

---

[1]Oft werden in der Analysis die Begrifflichkeiten etwas durcheinandergewirbelt. Eine Funktion ist keine Kurve und keine mathematische Gleichung und kein Term. Eine Funktion ist etwas ganz Abstraktes: nämlich eine Zuordnung, und zwar eben eine ganz bestimmte Zuordnung wie oben definiert.

[2]Beachten Sie also den Unterschied zwischen Werte*menge* und Werte*vorrat*!

3.1.2. Darstellung von Funktionen

Funkionen kann man auf die verschiedensten Arten darstellen. Und mit diesen Arten wollen wir uns im Folgenden beschäftigen. Bevor wir dies tun, verabreden wir jedoch eine Einschränkung: ab jetzt befassen wir uns nur noch mit Funktionen, bei welchen sowohl die Definitionsmenge als auch der Wertevorrat aus Zahlen besteht.

Mengendarstellung

Eine Art Funktionen darzustellen haben wir schon im Einführungsbeispiel kennen gelernt: die Mengendarstellung. Links wird die Definitionsmenge mit allen ihren Elementen gezeichnet, rechts wird der Wertevorrat mit allen seinen Elementen dargestellt und die Zuordnung wird mit Hilfe von Pfeilen deutlich gemacht. Weil man mit Musikern so schlecht rechnen kann, ist in Abbildung 3.2 nochmals eine Funktion dargestellt, bei welcher Definitionsmenge und Wertevorrat Zahlen als Elemente aufweisen.

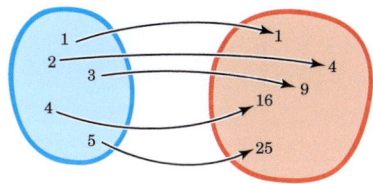

Abb. 3.2.: Mengendarstellung (oder Pfeildiagramm) einer Funktion.

Wertetafel

Die Mengendarstellung gerät mitunter etwas unübersichtlich und außerdem braucht sie relativ viel Platz. Etwas geordneter sieht die Zuordnung aus Abb. 3.2 aus, wenn man auf eine so genannte Wertetabelle oder Wertetafel zurückgreift, wie sie in Abbildung 3.3 gezeigt ist. Bei der Wertetabelle stehen die Elemente der Definitionsmenge (die meist x genannt werden) üblicherweise in der oberen Zeile und die jeweils zugeordneten Elemente aus dem Wertevorrat (die meist y genannt werden) in der Zeile darunter.[3]

$x \in D$	1	2	3	4	5
$y \in W$	1	4	9	16	25

Abb. 3.3.: Die Wertetafel der Funktion aus Abb. 3.2.

Lernkontrolle

Zeichnen Sie in Mengendarstellung und als Wertetafel

1. Oliver ist befreundet mit Janine, Eric mit Tabea, Marc mit Kevin.

2. Jedes Mitglied der Bauernfamilie hat ein Lieblingstier. Der Vater: Hund, Mutter: Kuh, Alina und Laura: die Katze, Max das Ferkel und Oma den Hahn.

---

[3]Sie erkennen: Auf die Elemente des Wertevorrats, die nicht zur Wertemenge gehören, haben wir in dieser Darstellung gleich verzichtet.

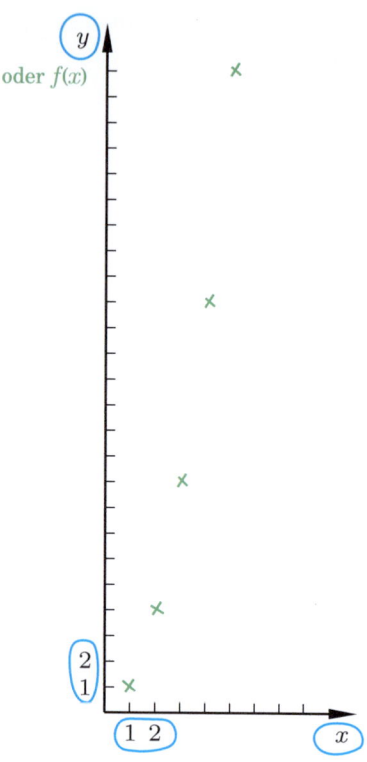

Abb. 3.4.: Das Schaubild der Funktion aus Abb. 3.3. Die blauen Kringel zeigen, was Sie für ein *Funktionsschaubild* auf gar keinen Fall vergessen dürfen: Die Bezeichnung der Achsen (also x und y) und eine Skala (mindestens zwei Zahlen auf jeder Achse). Für eine *Skizze* hingegen können Skala und/oder Achsenbezeichnung schon mal entfallen.

Schaubild

Schon der Volksmund sagt: *Ein Bild sagt mehr als 1000 Worte.* Und in diesem Fall hat der Volksmund recht. Die schon aus den Abbildungen 3.2 und 3.3 bekannte Funktion kann man auch graphisch darstellen, indem man die Wertepaare x, y in ein cartesisches Koordinatensystem[4] einzeichnet.

Die Vorteile dieser Darstellung liegen auf der Hand: Vor allem wenn die Definitionsmenge viele Elemente umfasst, ist diese Darstellung effizient, platzsparend, umfassend. Außerdem ist es möglicherweise sehr einfach, eine Gesetzmäßigkeit der Zuordnung zu erkennen.

Bei dieser Repräsentation der Funktion ist zu beachten:

- Auf der x-Achse müssen mindestens zwei Zahlen vorhanden sein, damit die Skalierung der Achse erkennbar ist. Dasselbe gilt für die y-Achse.

- Jede der beiden Achsen braucht einen Pfeil, so dass sofort erkennbar ist, in welche Richtung die Zahlen größer werden.

- Jede der beiden Achsen braucht einen Namen. In der Regel ist das einfach x oder y.

Das muss aber nicht so sein. Betrachten wir ein physikalisches Beispiel und zwar eine Bewegung. Mit den Augen eines Mathematikers betrachtet wird eine Bewegung durch eine Zuordnung vollständig beschrieben und zwar, indem jedem Zeitpunkt der Ort des sich bewegenden Objekts zu diesem Zeitpunkt zugeordnet wird. Dann steht auf der horizontalen Achse nicht mehr x sondern t für die Zeit, und auf der y-Achse steht nicht mehr y sondern x (für den Ort, falls die Bewegung entlang einer x-Achse im Raum verläuft) oder möglicherweise auch y (nämlich dann, wenn die Bewegung im Raum vertikal verläuft, beispielsweise bei einer Fallbewegung.[5] [6]

---

[4]Ein cartesisches Koordinatensystem (cKS) ist ein Koordinatensystem, dessen Achsen alle senkrecht aufeinander stehen. Es ist nach dem latinisierten Namen Cartesius des französischen Mathematikers René Descartes benannt. Es kann linkshändig oder rechtshändig sein (wobei wir nur letztere verwenden). Geht man von der mathematischen Rechtshändigkeit aus, so bezeichnet man die horizontale Achse des zweidimensionalen cKS als Abszissenachse (von lat. linea abscissa „abgeschnittene Linie"). Die vertikale Achse heißt Ordinatenachse (von lat. linea ordinata „geordnete Linie").

[5]Deshalb ist auch die angemessene Schreibweise für die Bewegungsgleichung $x(t)$ und nicht etwa $x - t$.

[6]In diesem Fall brauchen die Achsen nicht nur eine Beschriftung x und t. Man muss außerdem beachten, dass jetzt einer einheitenbehafteten Größe eine andere einheitenbehaftete Größe zugeordnet wird. Damit man auf der x-Achse weiterhin nur Zahlen für die Skala verwenden kann, ist es am einfachsten man schreibt x/m und t/s. Wenn man nämlich eine physikalische Größe durch ihre Einheit teilt, bleibt nur eine Zahl übrig.

Mithilfe einer Rechenvorschrift

In Worten Für die Zuordnung in Abb. 3.2 bis 3.4 könnte man eine Rechenvorschrift angeben, wie y aus x berechnet werden kann: y ist nämlich gerade das Quadrat von x. Diese Vorschrift könnte man in Worte fassen:

Merke!

$$\textbf{Jedem x-Wert zw. 1 und 5 wird sein Quadrat zugeordnet} \quad (3.2)$$

Mithilfe eines Funktionsterms Diese verbale Rechenvorschrift 3.2 kann man mit Hilfe mathematischer Symbole fassen. Das schreibt der Mathematiker so:

Merke!

$$\underbrace{f : x \to f(x)}_{\substack{\text{Definition} \\ \text{der Funktion}}} \text{ mit } \underbrace{f(x) = x^2}_{\substack{\text{Funktions-} \\ \text{gleichung}}} \quad \underbrace{D = \{1;2;3;4;5\}}_{\substack{\text{Festlegung der} \\ \text{Definitionsmenge}}} \quad (3.3)$$

Was dann wie folgt gesprochen wird:

$$\text{Die Funktion f, mit f von x gleich x Quadrat} \quad (3.4)$$

Der mittlere Teil dieses Ausdrucks ($f(x) = x^2$) wird *Funktionsgleichung* genannt, die rechte Seite der Funktionsgleichung wird *Funktionsterm* genannt.[7]

Im vorhergehenden Abschnitt hatten wir verabredet, uns nur noch mit Funktionen zu befassen, welche Zahlen Zahlen zuordnen. Diese Einschränkung wollen wir jetzt noch etwas weiter treiben: wir wollen uns im Folgenden nur noch mit Funktionen beschäftigen, bei welchen der y-Wert durch eine Rechenvorschrift (nämlich eben die Funktionsgleichung) aus dem x-Wert gewonnen werden kann. Als Definitionsbereich wählen wir – sofern nicht etwas anderes explizit erwähnt wird – immer den größtmöglichen Definitionsbereich, den wir schon kennen: die reellen Zahlen oder eine Teilmenge hiervon. Das Schaubild einer solchen Funktion besteht nicht mehr einfach aus einigen Punkten wie in Abb. 3.4 sondern aus einer Kurve.[8]

---

[7]Hier gilt es, Vorsicht walten zu lassen: zwar wird im alltäglichen Sprachgebrauch des Mathematik-Anwenders oder des Ingenieurs die Funktionsgleichung oftmals als Funktion bezeichnet, aber es ist eben nicht ganz korrekt.

[8]Auch hier muss man auf die korrekte Benutzung der Fachsprache achten:

- im Sprachgebrauch des Mathematikers ist eine Gerade eine Kurve.

- Eine Kurve ist keinesfalls eine Funktion. Eine Funktion ist etwas Abstraktes: eine Zuordnung. Eine Kurve ist die Repräsentation einer Funktion. Deshalb bekommen die beiden unterschiedliche Symbole: Die Funktion wird mit Kleinbuchstaben bezeichnet: f, g oder h. Das Schaubild der Funktion f wird mit K_f bezeichnet. Im Folgenden werden wir uns mit der Frage befassen, ob eine Kurve die Koordinatenachse schneidet. So ist die Frage fachsprachlich korrekt formuliert. Keinesfalls kann eine **Funktion** die Koordinatenachsen schneiden!

Aufgaben

Funktionen

1. Geben Sie die größtmögliche Definitionsmenge folgender Funktionen an:

   a) $f(x) = x^2$
   b) $f(x) = \sqrt{x}$
   c) $f(x) = \frac{1}{x}$
   d) $f(x) = (x-1)^2$
   e) $f(x) = e^x$
   f) $f(x) = \sqrt{x^2}$
   g) $f(x) = \sqrt{x-3}$
   h) $f(x) = \frac{1}{x+2}$
   i) $f(x) = \frac{1}{x^2-2}$
   j) $f(x) = \frac{1}{\sqrt{x-2}}$

   k) * Warum lautet die Aufgabenstellung „Geben Sie die *größtmögliche* Definitionsmenge an"?

2. Der Punkt P liegt auf der Kurve K_f, welche das Schaubild der Funktion f ist. Geben Sie den y-Wert von P an:

   a) $P(2|?)$; $f(x) = 3x$
   b) $P(3|?)$; $f(x) = -2x$
   c) $P(-1|?)$; $f(x) = \frac{3}{2}x^2$
   d) $P(4|?)$; $f(x) = \sqrt{4x}$
   e) $P(2|?)$; $f(x) = e^x$
   f) $P(-2|?)$; $f(x) = e^x x$

3. Richtig oder falsch? Verbessern Sie ggf. den Satz so, dass er richtig wird.

   a) Es gibt Funktionen, deren Schaubild zweimal die x-Achse schneidet.

   b) Es gibt Funktionen, deren Schaubild zweimal die y-Achse schneidet.

   c) Eine Funktionsschaubild kann keine vertikalen Strecken enthalten.

   d) Es gibt Funktionen, deren Schaubilder schneiden keine Koordinatenachse (Nennen Sie ein Beispiel).

4. Ergänzen Sie die Sätze:

   a) Wenn man den Funktionswert zu einem bestimmten x-Wert ausrechnen will, muss man ....

   b) Eine Funktion ist eine Zuordnung, bei welcher ....

   c) Die Wertemenge ist eine .... der Zielmenge.

3.2. Funktionsschaubilder

3.2.1. Funktionsschaubilder ohne Graphikrechner

Die einfachste Art (einfach im Sinne von „mit den geringsten Hilfsmitteln"), ein Funktionsschaubild zu erstellen, besteht darin,

- zuerst eine Wertetafel zu erstellen,

- dann die (x, y)-Paare in ein cartesisches Koordinatensystem einzutragen

- und schließlich (falls die Definitionsmenge nicht nur aus einzelnen Punkten besteht) die Punkte möglichst elegant miteinander zu verbinden.

3.2.2. Funktionsschaubilder erstellen mit elektronischen Hilfsmitteln

Die einfachste Art (einfach im Sinne von „mit dem geringsten Aufwand"), ein Funktionsschaubild zu erstellen, besteht in der Nutzung eines Graphik-Programms.

Mit dem Tablet: FreeGEO

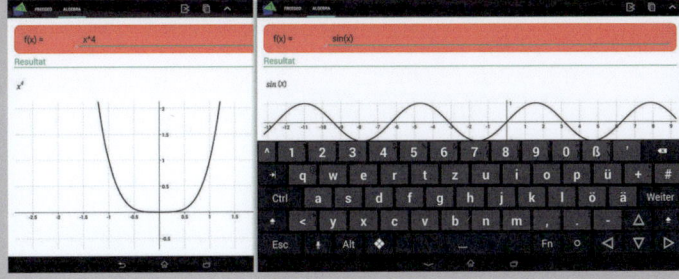

Abb. 3.5.: Mit der Android-App FreeGEO sind Funktionen einfach graphisch darzustellen.

Eine Möglichkeit bietet die App FreeGEO, die darüber hinaus auch andere Funktionalitäten bietet. Um ein Funktionsschaubild darzustellen, wählen Sie in der Menüleiste oben Algebra und geben Sie den Funktionsterm ein.

Mit dem PC: mathegrafix

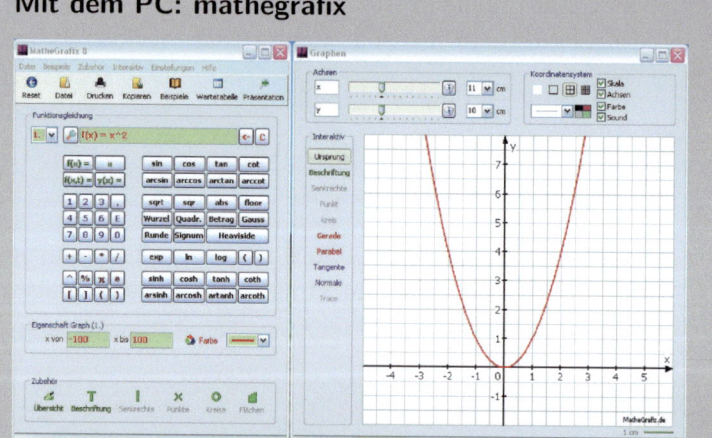

Abb. 3.6.: Mit mathegrafix auf dem PC sind Funktionsschaubilder mit wenigen Mausklicks darzustellen.

Ein Funktionsschaubild ist besonders einfach auf dem PC darzustellen mit dem Programm mathegrafix (das in einer eingeschränkten Freeware-Version unter http://mathegrafix.de/ verfügbar ist). Die Bedienung erkennen Sie in der Graphik: Im linken Panel wird die Funktion eingegeben, im rechten Panel ist die Funktionsgraphik sofort sichtbar. Links neben dem Eingabefenster für den Funktionsterm sind Funktionsnummern eingebbar. Sie können damit bis zu 10 Kurven in eine Graphik einzeichnen. Im linken Panel unten sind die Kurven formatierbar.

Mit dem PC: Excel

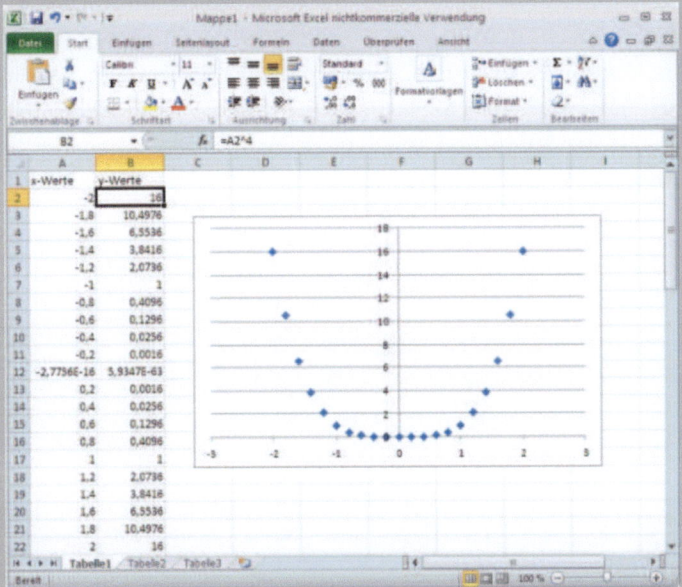

Abb. 3.7.: Mit einer Tabellenkalkulation wie Microsoft Excel sind auf dem PC Funktionsschaubilder mit wenigen Mausklicks darzustellen. Hier wird der Graph von $f(x) = x^4$ erstellt.

Eine einfache Anwendung, um ein Funktionsschaubild auf dem PC darzustellen, ist die Tabellenkalkulation Microsoft Excel, deren Funktionsweise im Anhang erklärt wird. Kostenlose Alternativen zu Excel sind OpenOffice oder LibreOffice, die außerdem den Vorteil bieten, auch unter Linux zu funktionieren.

Man erstellt eine Spalte mit x-Werten (Spalte A in Abb. 3.7). In Spalte B berechnet man aus den x-Werten die Funktionswerte (siehe auch die Formel in der Eingabezeile oben in Abb. 3.2.3). Man markiert die Spalten A und B und wählt `Einfügen/Diagramme/Punkt(x,y)`.

Damit erhält man das in Abb. 3.7 dargestellte Schaubild.

3.2.3. Funktionsschaubilder elementarer Funktionen

Als erstes verschaffen wir uns einen Überblick über die verschiedenen Funktionen, die uns in diesem Kurs begegnen könnten. Diesen Überblick verschaffen wir uns, indem wir einfach Schaubilder der verschiedensten Funktionen anfertigen. Auch wenn wir über manche der Rechenoperationen noch nichts wissen, so ist es doch instruktiv, sich einmal ihr Schaubild vor Augen zu halten. Sehen Sie dazu die Abbildung 3.8.

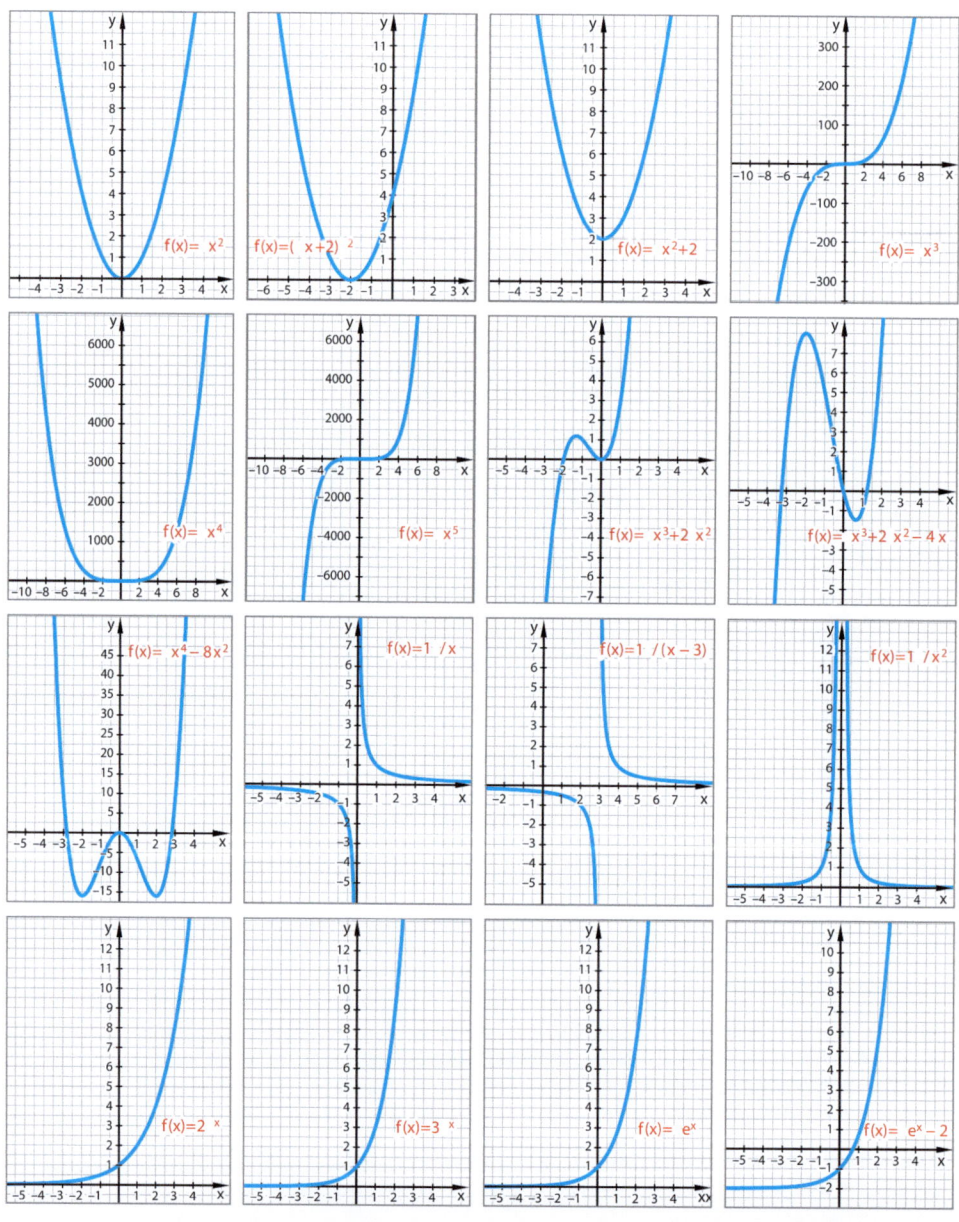

Abb. 3.8.: Übersicht über verschiedene Funktionsschaubilder.

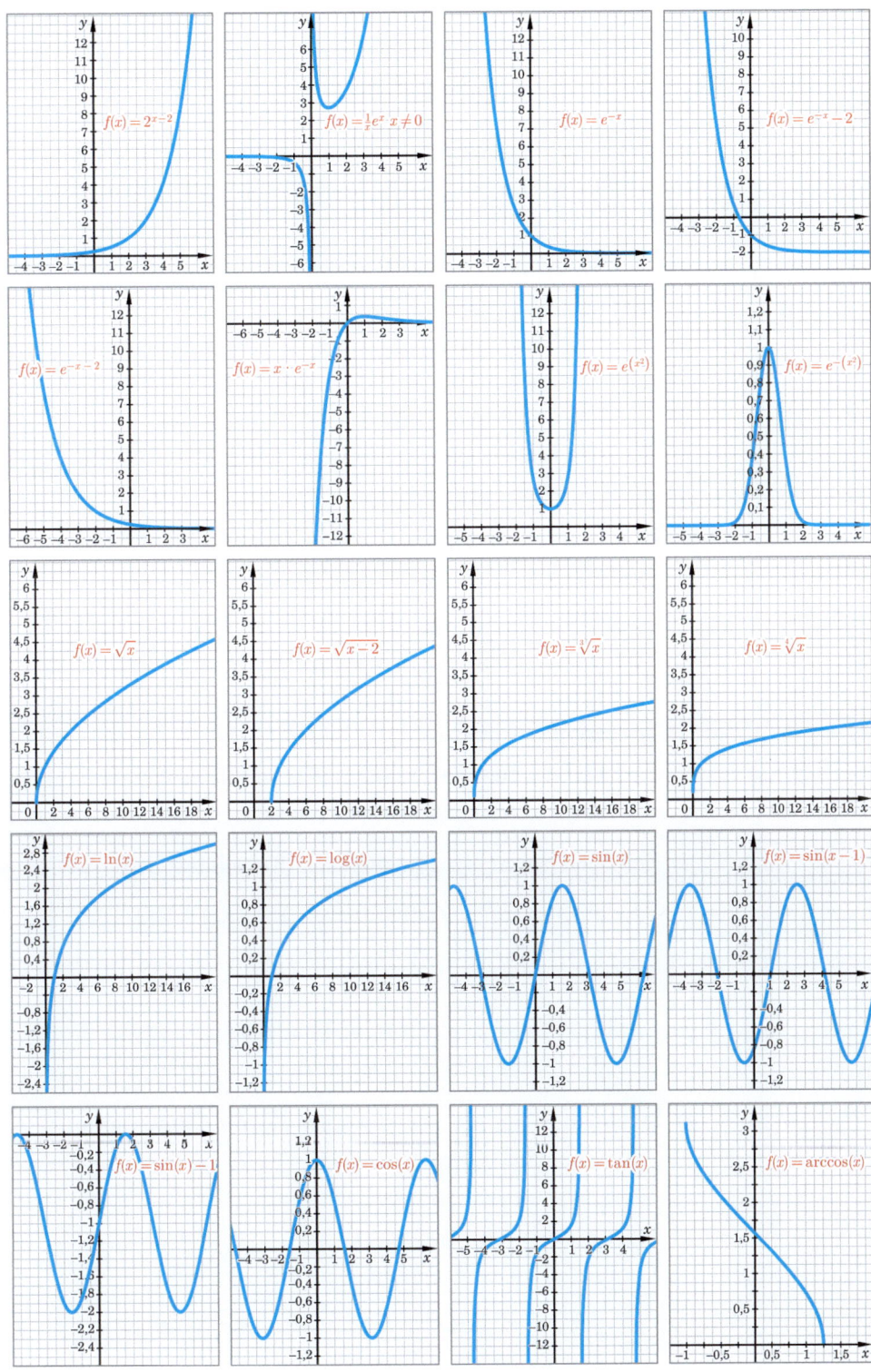

Funktionen in Schaubildern

1. Gegeben sei die Funktion $f : x \to f(x)$ mit der Funktionsgleichung $f(x) = (x-1)^2 + x - 1$ mit dem Schaubild K_f

   a) Erstellen Sie eine Wertetafel von f für $-1 \leq x \leq 3$

   b) Zeichnen Sie das Schaubild K_f in ein cartesisches Koordinatensystem unter Zuhilfenahme einer geeigneten Skala.

   c) Geben Sie die maximale Definitionsmenge von $f(x)$ in Mengenschreibweise an.

2. Gegeben sei die Funktion $f : x \to f(x)$ mit der Funktionsgleichung $f(x) = \sqrt{x}$ mit dem Schaubild K_f

   a) Erstellen Sie eine Werctetafel von f für $-1 \leq x \leq 3$

   b) Zeichnen Sie das Schaubild K_f in ein cartesisches Koordinatensystem unter Zuhilfenahme einer geeigneten Skala.

   c) Geben Sie die maximale Definitionsmenge von $f(x)$ in Mengenschreibweise an.

3. Zeichnen Sie in ein gemeinsames Koordinatensystem:

   a) $f(x) = x^2$, $f(x) = x^2 + 3$, $f(x) = (x+1)^2$, $f(x) = x^2 - 3$

   b) $f(x) = x^3$, $f(x) = x^4$, $f(x) = (x)^5$, $f(x) = x^6$

   c) $f(x) = x^3 - 2$, $f(x) = x^3 + 2$, $f(x) = (x-1)^3$, $f(x) = (x+1)^3$

4. Zeichnen Sie in ein gemeinsames Koordinatensystem:

   a) $f(x) = 2^x$, $f(x) = 3^x$, $f(x) = e^x$, $f(x) = (e+1)^x$, $f(x) = e^x + 3$

   b) $f(x) = \sqrt{x}$, $f(x) = \frac{1}{x}$, $f(x) = \sqrt{x+2}$, $f(x) = -\frac{1}{x}$

   c) $f(x) = x^3 - 3x^2$, $f(x) = x^3 - 3x^2 + 4x$, $f(x) = x^3 - 3x^2 + 4x - 1$

3.2.4. Schaubilder zusammengesetzter Funktionen

In Abbildung 3.8 sehen Sie vorwiegend die Schaubilder einfacher Funktionen oder elementarer Funktionen. Aus diesen elementaren Funktionen lassen sich durch Kombination kompliziertere Funktionsterme basteln.

Beispiel: Der Funktionsterm der Funktion $f(x) = x + e^x$ besteht aus den Funktionstermen der elementaren Funktionen[9] $g(x) = x$ und $h(x) = e^x$.

Das Schaubild einer Summe von Funktionen findet man recht einfach:

- Man zeichnet beide Schaubilder in ein Koordinatensystem.

- An jedem x-Wert berechnet man die Summe der y-Werte der beiden Kurvenpunkte.

- Das ist der y-Wert der Summenfunktion.

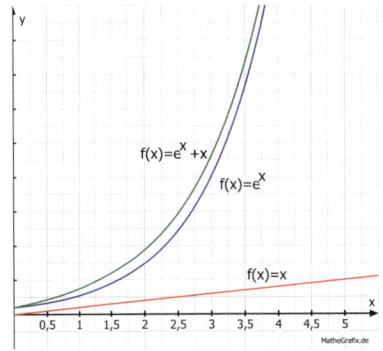

Abb. 3.9.: So geht das mit dem Schaubild der Funktion
$f(x) = x + e^x$

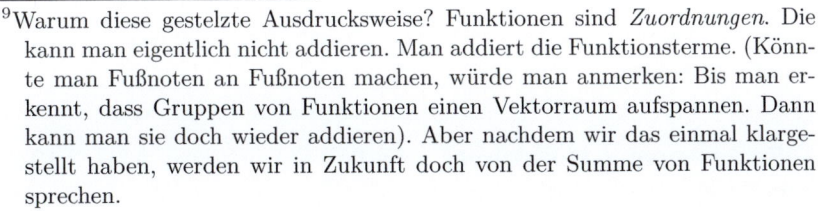

Aufgaben

Schaubilder zusammengesetzter Funktionen

1. Gegeben sei die Funktion $f : x \to f(x)$ mit der Funktionsgleichung $f(x) = x + \sqrt{x}$ mit dem Schaubild K_f

   a) Zeichnen Sie das Schaubild K_f in ein cartesisches Koordinatensystem, indem Sie $f(x)$ in elementare Funktionen zerlegen und dann die Schaubilder graphisch addieren.

   b) Geben Sie die maximale Definitionsmenge von $f(x)$ in Mengenschreibweise an.

2. Zeichnen Sie das Schaubild K_f in ein cartesisches Koordinatensystem, indem Sie $f(x)$ in elementare Funktionen zerlegen

   a) $f(x) = 2x + \sin(x)$ b) $f(x) = 2x \cdot \sin(x)$
   c) $f(x) = 2x \cdot \sqrt{x}$ d) $f(x) = x^2 - \frac{3}{8}x^3$
   e) $f(x) = x^2 + \frac{3}{8}x^3$ f) $f(x) = x + e^x$

---

[9]Warum diese gestelzte Ausdrucksweise? Funktionen sind *Zuordnungen*. Die kann man eigentlich nicht addieren. Man addiert die Funktionsterme. (Könnte man Fußnoten an Fußnoten machen, würde man anmerken: Bis man erkennt, dass Gruppen von Funktionen einen Vektorraum aufspannen. Dann kann man sie doch wieder addieren). Aber nachdem wir das einmal klargestellt haben, werden wir in Zukunft doch von der Summe von Funktionen sprechen.

3.2.5. Eigenschaften von Funktionen und ihren Schaubildern

Partnerarbeit!

In Abb. 3.10 sehen Sie eine Kurve. Versuchen Sie jemandem, der die Kurve nicht sieht, die Kurve zu schildern und halten Sie ihn/sie an, die Kurve aufgrund der Beschreibung zu zeichnen: Sie werden erkennen, dass diese Aufgabe gar nicht so einfach ist – für beide Seiten! Und hier schlägt die Stunde der Analysis:

Als erstes stellt die Analysis eine Reihe von Fachbegriffen zur Verfügung, mit deren Hilfe sich Mathematiker, Physiker, Betriebswirte besser über Kurven unterhalten können. Die Mathematik beschreibt diese Eigenschaften natürlich nicht nur verbal, sondern anhand von quantitativen (rechenbaren) Kriterien. Aber letzteres heben wir uns für später auf.

Funktionsdiktat: Fachbegriffe für Schaubilder

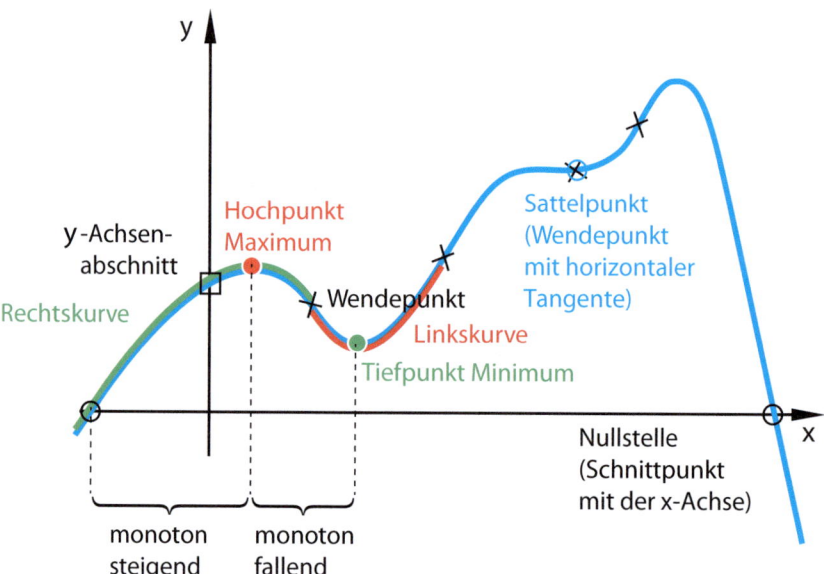

Abb. 3.10.: Eine Kurve mit einigen typischen Bezeichnungen

Monotonie: Wenn die Kurve für wachsendes x steigt (d. h. zu größeren y-Werten strebt), nennt man sie monoton steigend, andernfalls monoton fallend. Diese Eigenschaft kann für die ganze Kurve oder auch für ein Intervall gelten. Es wird weiter unterschieden zwischen streng monoton und monoton: für monoton steigend reicht es aus, dass sie nicht fällt (also auch waagerechte Segmente haben kann). Um streng monoton steigend zu sein, muss die Kurve wirklich immer ansteigen.

Rechtskurve / Linkskurve: Stellen Sie sich vor, Abb. 3.10 sei eine Landkarte und die Kurve sei eine Straße. Sie fahren mit dem

Fahrrad entlang. Im ersten (linken) Teil der Straße würde die Fahrbahn leicht nach rechts abbiegen. Die Kurve ist eine Rechtskurve (alternative Ausdrucksweise: die Kurve ist rechtsgekrümmt). Danach folgt eine Linkskurve. Rechtskrümmung und Linkskrümmung sind Eigenschaften einer Kurve in einem Punkt oder eines ganzen Kurvenabschnitts.

Hochpunkte/Tiefpunkte: Zwischen den Bereichen, in denen die Kurve streng monoton steigend ist, und den Bereichen, in denen die Kurve streng monoton fallend ist, liegt ein Punkt, an dem der Funktionswert höher ist als in der unmittelbaren Nachbarschaft. Diesen Punkt nennt man Hochpunkt oder Maximum. Und weil es davon mehrere geben kann, spricht man von einem lokalen Maximum.

Ebenso gibt es Punkte, in denen die Kurve von streng monoton fallend zu streng monoton steigend wechselt. Die nennen wir lokales Minimum oder Tiefpunkt.

An lokalen Minima und Maxima muss die Kurve eine horizontale Tangente haben – wie man leicht sieht. Außerdem muss die Kurve im Maximum eine Rechtskurve sein und im Minimum eine Linkskurve – auch das kann man leicht sehen anhand von Abb. 3.10.

Zusammengefasst werden Minimum und Maximum mit dem Begriff Extremwerte oder Extrema.

Wenn es ein lokales Minimum gibt, könnte man auch vermuten, dass es ein absolutes Minimum gibt.[10] Das ist der Punkt mit dem kleinsten Funktionswert über den gesamten Definitionsbereich. In unserem Beispiel ist der nicht in der Mitte, sondern am rechten Rand – zumindest, wenn man davon ausgeht, dass die Kurve sich nicht außerhalb des Zeichenbereichs fortsetzt.

Wir können schon sehen: Im Gegensatz zu den lokalen Extrema muss bei einem absoluten Extremwert keine horizontale Tangente vorliegen – zumindest, wenn er sich am Rand des Definitionsbereichs befindet.

Wendepunkte: Zwischen der Rechts- und der Linkskurve liegt ein Punkt, in welchem die Fahrbahn kurz geradeaus zu gehen scheint. Diesen Punkt nennt man Wendepunkt.

Horizontale Tangenten: An mehreren Stellen hat das Schaubild horizontale Tangenten: erstens in allen (lokalen) Extrema. Aber auch einer der Wendepunkte in Abb. 3.10 hat eine horizontale Tangente. Diesen speziellen Wendepunkt nennt man Sattelpunkt.

---

[10]das manchmal auch unter dem Begriff globales Minimum geführt wird.

Aufgaben

Funktionen

1. Zeichnen Sie eine Kurve

    a) mit einem Hochpunkt

    b) mit genau einem Hochpunkt

    c) mit genau einem Hochpunkt und zwei Tiefpunkten

    d) mit einem Wendepunkt und zwei Extremwerten

    e) welche monoton steigend ist

    f) welche monoton fallend ist und mindestens einen Wendepunkt aufweist

    g) mit genau einem Tiefpunkt und genau drei Hochpunkten.

    h) 2 Nullstellen

    i) vor einer doppelten Nullstelle

    j) einer doppelten Nullstelle und einer dreifachen Nullstelle

2. Handelt es sich bei den folgenden Zuordnungen um Funktionen? Begründen Sie jeweils.

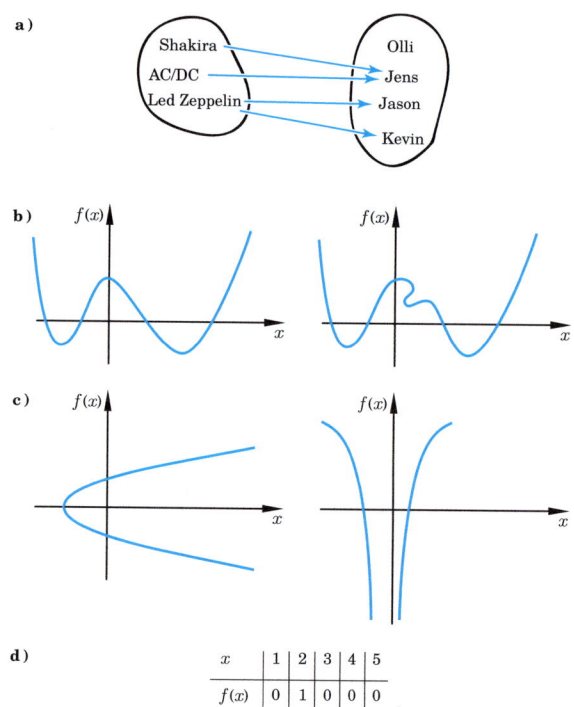

Funktionen *(Fortsetzung)*

3. Markieren Sie in folgenden Kurven die Bereiche, in denen die Kurve monoton steigend ist, grün und die Bereiche, in denen die Kurve monoton fallend ist, blau:

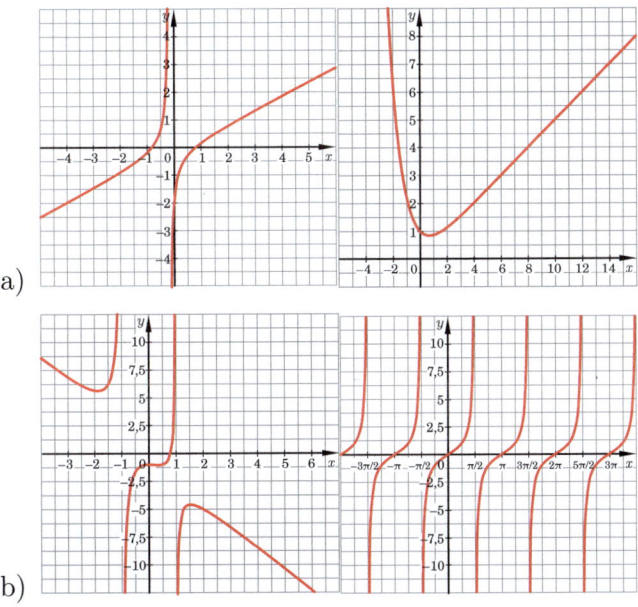

a)

b)

4. Markieren Sie in folgenden Kurven Hoch- Tief- und Wendepunkte:

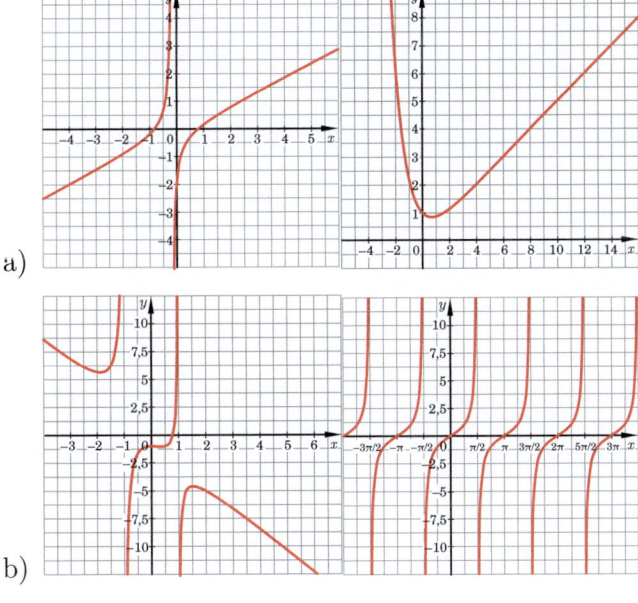

a)

b)

3.3. Anwendungen von Funktionen

Funktionen findet man überall:

- In der Betriebswirtschaft sind die Größen Gewinn, Umsatz oder Kosten von besonderem Interesse. Die hängen zwar von allen möglichen Faktoren ab, aber als Funktion hängen sie oft von der Zeit oder von der Produktionszahl (oder in ähnlicher Weise von der Kundenzahl) ab.

- In der Volkswirtschaft werden viele Größen in Abhängigkeit von der Zeit registriert: Goldpreis, Aktienindices, Schuldenstände, Arbeitslosenzahl, Bruttosozialprodukt und vieles mehr. Aber es werden auch andere funktionale Zusammenhänge betrachtet, wie Aktienkurs in Abhängigkeit von der Umlaufrendite von Schuldscheinen oder Optionspreis in Abhängigkeit von der Volatilität, uvm.

- In der Physik hängen viele physikalische Größen von einer anderen physikalischen Größe ab[11]. Diese Abhängigkeit wird mit Hilfe einer Funktion ausgedrückt. Einige Beispiele:

  - Der Ort x eines bewegten Objekts hängt in der Bewegungslehre von der Zeit ab. $x(t)$-Funktionen und $x(t)$-Diagramme haben Sie bestimmt schon im Physikunterricht gesehen.

  - Die Spannung oder die Stromstärke in einem Stromkreis hängen von der Zeit ab. Das wird mit Hilfe von $U(t)$- oder $I(t)$-Funktionen beschrieben.

- In der Kfz-Technik hängen die Leistung und das Drehmoment eines Motors von der Drehzahl ab, ebenso der spezifische Verbrauch.

- In der Geographie werden beispielsweise Niederschlagsmenge oder durchschnittliche Tagestemperatur als Funktion der Zeit aufgenommen.

---

[11]Manchmal sogar von mehreren. Die Temperatur im Klassenzimmer ist vermutlich sowohl eine Funktion der Zeit (nachts ist es bestimmt kühler als tagsüber) als auch vom Ort (in der Nähe des Fensters ist es vermutlich kühler und an der Decke ist es wärmer als am Boden, weil die warme Luft ja nach oben steigt).

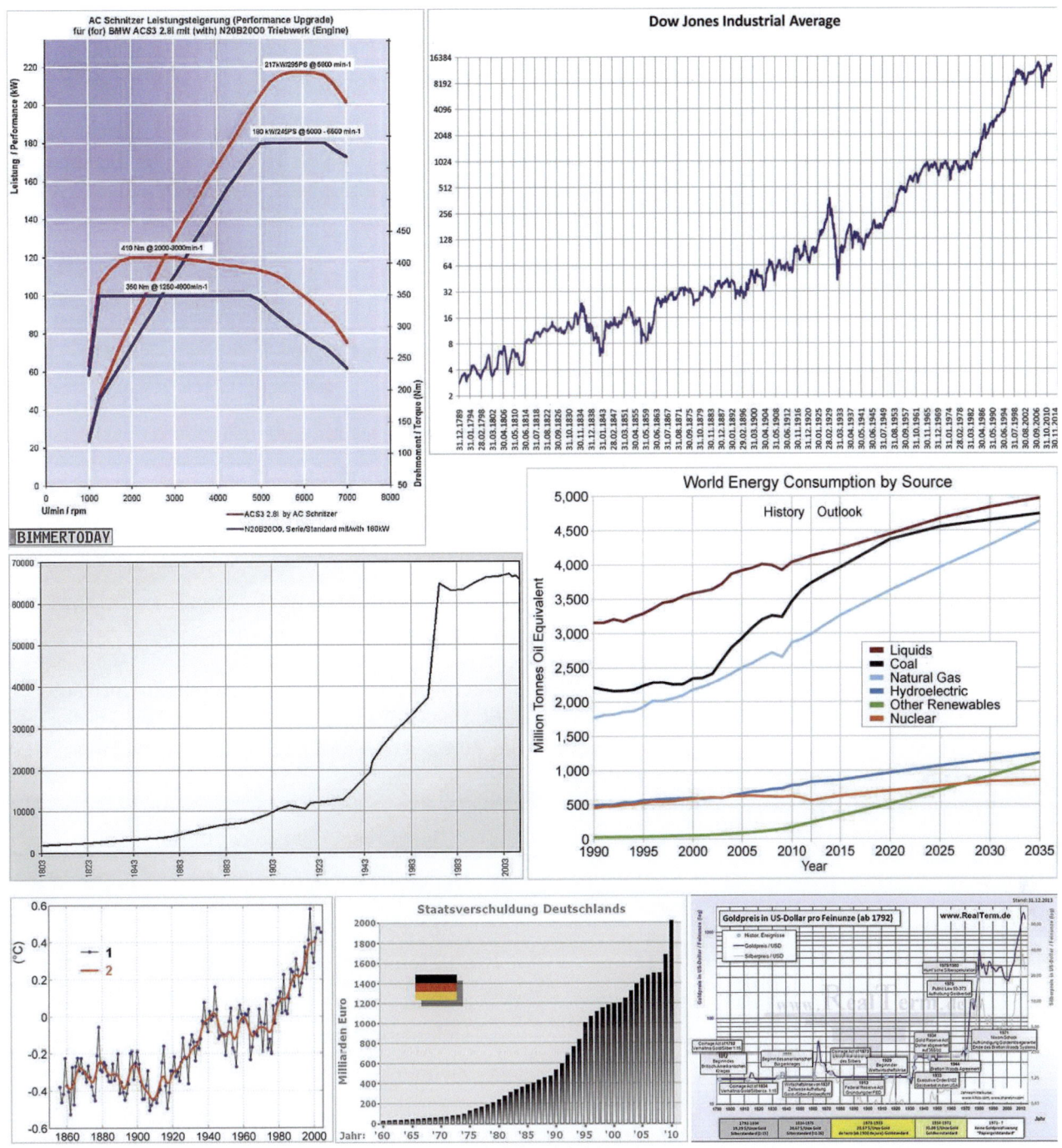

Abb. 3.11.: Funktionen überall! Von links nach rechts, von oben
 nach unten:

Leistungs- und Drehmomentkurve eines Motors [1]

Der amerikanische Aktienindex Dow Jones von 1789 bis 2014 [2]

Bevölkerung der Stadt Aalen von 1803 bis 2004 [3]

Energieverbrauch der Menschheit (das sind gleich mehrere Funktionen, nämlich für verschiedene Energieträger [4]

Erdtemperatur der letzten 150 Jahre [5]

Schuldenstand Deutschlands [6]

Goldpreis der letzten 200 Jahre [7]

Aufgaben

Funktionen in Anwendungen

1. Der Gewinn G eines Unternehmens wird durch die Funktion $G(t) = 3.000.000 + 1.000.000\sqrt[3]{t}$ angegeben, wobei t die Zeit in Jahren seit der Einführung eines Produkts ist.

   a) Ordnen Sie zu:

   i. „Zeit" beschreibt die Elemente der

   A. Definitionsmenge

   B. Zielmenge

   ii. „Gewinn" beschreibt die Elemente der

   A. Definitionsmenge

   B. Zielmenge

   b) Wie groß ist der Gewinn

   i. im Jahr der Produkteinführung?

   ii. 10 Jahre nach Produkteinführung?

2. Die Körpertemperatur T eines Patienten kann durch die Funktion $T(t) = 37,7 - 0,2(t-3)^2$ beschrieben werden, wobei t die Zeit seit Behandlungsbeginn in Tagen ist.

   a) Ordnen Sie zu:

   i. „Zeit" beschreibt die Elemente der

   A. Definitionsmenge

   B. Zielmenge

   ii. „Körpertemperatur" beschreibt die Elemente der

   A. Definitionsmenge

   B. Zielmenge

   b) Wie hoch ist die Körpertemperatur des Patienten

   i. zu Beginn der Behandlung?

   ii. 1 Tag nach Beginn der Behandlung?

   iii. 5 Tage nach Beginn der Behandlung?

Aufgaben

Funktionen in Anwendungen *(Fortsetzung)*

3. Manche glauben, dass die Leistungsfähigkeit und auch das Wohlgefühl eines Menschen mit Hilfe verschiedener Biorhythmen vorausberechnet werden kann. Beispielsweise lautet die Gleichung für die intellektuelle Leistungsfähigkeit $I(t) = sin(\frac{2\pi}{33}t)$, wobei t die Zeit seit der Geburt in Tagen ist. Wie hoch war Ihre intellektuelle Leistungsfähigkeit

   a) gestern

   b) an Ihrem 14. Geburtstag

   c) am Tag Ihrer Geburt?

4. Geben Sie für alle Funktionsschaubilder in Abb. 3.11 den Gattungsbegriff von Definitionsmenge und Zielmenge an. Beispiel: „Die Definitionsmenge der Funktion, die in Zeile 2, Mitte dargestellt ist, ist die Zeit, gemessen als Jahreszahl".

5. Geben Sie für alle Funktionsschaubilder in Abb. 3.11 Definitionsmenge und Zielmenge an. Begründen Sie Ihre Aussage.

   Beispiel: „Die Definitionsmenge der Funktion, die in Zeile 2, Mitte dargestellt ist, ist $\mathbb{Z}$". Als Begründung könnte man anführen, dass Jahreszahlen nur ganze Zahlen sind.

   Anmerkung: Es wären auch andere Begründungen denkbar, die dann möglicherweise zu einer anderen Definitionsmenge führen.

6. Betrachten Sie Abb. 3.11.

   a) Wie hoch waren die Staatsschulden der Bundesrepublik Deutschland im Jahr 1988?

   b) Welche Leistung erbringt der ungetunte Motor bei 4000/min?

   c) Wie hoch war der Gasverbrauch weltweit im Jahr 2000?

   d) Wie viele Menschen lebten in Aalen im Jahr 2003?

   e) Wo stand der amerikanische Aktienindex *Dow Jones* am 30.6.1994?

   f) Wann wird mehr Energie aus Wasserkraftwerken als aus Kernreaktoren gewonnen?

   g) Wann stand der Dow Jones erstmals bei 8 Punkten?

   h) Bei wievielen Umdrehungen pro Minute leistet der getunte Motor 140 kW?

3.4. Kaufmännische Funktionen: „It's easier to sell cheaper"

Der Mathematiker sortiert Funktionen nach ihren mathematischen Eigenschaften, der Betriebswirt eher nach ihrem Aussagewert.

Einige der Funktionen adressieren das Unternehmen in der Innenschau, andere das Unternehmen in seiner Wechselwirkung mit dem Markt.

3.4.1. Kosten- Erlös- und Gewinnfunktion

Kostenfunktion(en)

Eine Kostenfunktion ordnet einer unabhängigen Variablen die damit verbundenen Kosten zu. Meist ist die unabhängige Variable die Produktionszahl, mitunter findet man aber auch die Mitarbeiterzahl, die Zahl der Produktionsstandorte, die Zeit ...

Gesamtkosten / Stückkosten
Durchschnittskosten / Grenzkosten

Eine der meistverbreiteten Kostenfunktionen ist die Funktion Gesamtkosten K als Funktion der Produktionszahl x: $K(x)$, welche auch noch eine „kleine Schwester" hat: die *Stückkosten* $k(x)$ als Funktion der Produktionszahl x. Der Terminus Stückkosten ist – auch wenn er oft benutzt wird – eigentlich zweideutig. Man sollte unterscheiden zwischen

- Durchschnittskosten $k(x)$: die Kosten, die bei einer Produktionsmenge x pro Stück entstehen, wenn man die Kosten gleichmäßig auf die produzierten Einheiten umlegt. Zwischen $K(x)$ und $k(x)$ herrscht ein einfacher Zusammenhang:

$$k(x) = \frac{K(x)}{x} \qquad (3.5)$$

und

- Grenzkosten K_G: die Kosten, die bei einer Produktionsmenge x für das $x + 1$-te Stück entstehen. Wie man die Grenzkosten $K_G(x)$ bei gegebener Kostenfunktion $K(x)$ oder $k(x)$ berechnet, werden wir noch lernen.

Im täglichen Sprachgebrauch sind die Durchschnittskosten gemeint, wenn von Stückkosten die Rede ist.

Erlösfunktion oder Umsatzfunktion

Die Erlösfunktion ordnet einer unabhängigen Variablen (meist die Menge der verkauften Güter, s. o.) die damit verbundenen Verkaufserlöse zu.

Merke:
Im täglichen Sprachgebrauch sind Durchschnittskosten gemeint, wenn von Stückkosten die Rede ist.

Merke:
Umsatz U und Erlös E ist dasselbe.

Wie bei der Kostenfunktion $K(x)$ kann man den Gesamterlös $E(x)$ oder den Erlös pro verkauftem Stück $p(x)$ (oder verkaufter Einheitsmenge, Beispiel: Ölpreis pro Barrel, Preis eines Steaks pro kg) angeben. [12] Zwischen $E(x)$ und $p(x)$ herrscht ein einfacher Zusammenhang:

$$E(x) = p(x) \cdot x$$

Gewinnfunktion

Der Gewinn ist die Differenz zwischen Erlös und Kosten.

$$G(x) = E(x) - K(x) \tag{3.6}$$

Damit ist die Gewinnfunktion nicht ganz eigenständig. Kennt man Kosten- und Erlösfunktion, ist die Gewinnfunktion eindeutig festgelegt.[13]

Ist der Gewinn negativ, hat man ein Problem. Es heißt Verlust. Ein Punkt der Gewinnfunktion hat einen speziellen Namen: Ändert der Funktionswert der Gewinnfunktion das Vorzeichen von negativ zu positiv, so nennt man diesen Punkt den *Break-even-point*. Das ist also eine Nullstelle der Funktion, die dort gleichzeitig eine positive Steigung haben muss.

Die vorgehend erwähnten Funktionen beschreiben ein Unternehmen, wie es im Innern funktioniert. Die folgenden Funktionen beschreiben, wie sich das Unternehmen in der Wechselwirkung mit anderen Marktteilnehmern verhält.

3.4.2. Angebotsfunktion

Die *Angebotsfunktion* beschreibt, wie viele Marktteilnehmer mit ihrem Angebot auf dem Markt in Erscheinung treten als Funktion des auf dem Markt erzielbaren Preises. Sie gibt die Anbietersicht auf das Marktgeschehen wieder.

Klar: Ein Unternehmen will den erzielten Gewinn maximieren. Bei feststehender Kostenstruktur ist es daher attraktiver, teurer zu verkaufen und höhere Erlöse locken daher mehr Anbieter an (oder sorgen dafür, dass ein Anbieter sein Angebot ausweitet). Man erwartet daher, dass das Schaubild der Angebotsfunktion eine monoton steigende Kurve ist.[14]

Auf Englisch

Erlösfunktion
=Revenue function (R)

Gewinnfunktion
=Profit function (P)

Angebotsfunktion
=Supply function (S)

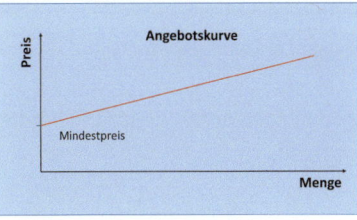

Abb. 3.12.: Angebotskurve

---

[12] Achtung! Um keine Verwechslungen mit der Euler'schen Zahl zu erlauben, sollte man etwas anderes als $e(x)$ verwenden, hier also p für Preis

[13] Hinweis: Lesen Sie nochmals den Abschnitt über Schaubilder von Summen und Differenzen zweier Funktionen!

[14] Leider können wir zum derzeitigen Zeitpunkt nicht viel mehr sagen. Ob die Kurve gekrümmt ist und wie, hängt von den Gegebenheiten des Markts ab. Um nur ein Beispiel willkürlich herauszugreifen: Die Markteintrittsschranken für Friseursalons sind nicht nennenswert hoch. Man muss also damit rechnen, dass schon eine Preissteigerung um 10% für Föhnwellen dafür sorgt, dass neue

Der Schnittpunkt der Angebotskurve mit der y-Achse ist der *Mindestpreis*. Er gibt an, welchen Preis ein Angebot mindestens erzielen muss, damit wenigstens ein Anbieter auf den Markt gelockt wird. (strenggenommen, damit wenigstens ein Anbieter darüber nachdenkt, ein Angebot zu machen)

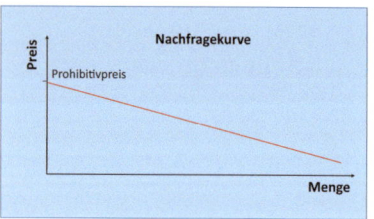

Abb. 3.13.: Nachfragekurve

Auf Englisch

Nachfragefunktion
=Demand function (D)

3.4.3. Nachfragefunktion

„Als Nachfragefunktion bezeichnet man in den Wirtschaftswissenschaften eine mathematische Funktion, die für einen gegebenen Preis eines Gutes die Menge angibt, welche zu diesem Preis nachgefragt wird. Graphisch dargestellt wird sie üblicherweise mit vertauschten Koordinatenachsen: Auf der vertikalen Achse wird der Preis, auf der horizontalen die Menge abgetragen. Es wird unterschieden zwischen individuellen und aggregierten Nachfragefunktionen. Erstere erfassen das Nachfrageverhalten einer Person, letztere erfassen das Nachfrageverhalten aller Marktteilnehmer". (https://de.wikipedia.org/wiki/Nachfragefunktion)

Eine Binsenweisheit des Verkäufers sagt „It is easier to sell cheaper".[15] Auf „mathematisch" bedeutet das, dass die Nachfragefunktion (in der üblichen Darstellung) eine monoton fallende Funktion sein wird. Wie sie genau aussieht, müssen wir vorerst offen lassen.

Bei einem bestimmten Preis verschwindet die Nachfrage komplett (weil das Angebot zu teuer ist). Diesen Preis nennt man den *Prohibitivpreis* oder Mindestpreis. Der Prohibitivpreis ist der y-Achsenabschnitt der Nachfragekurve.

Selbst bei einem Preis von Null gibt es keine unendliche Nachfrage.[16] Die bei einem Preis von Null absetzbare Menge nennt man die *Sättigungsmenge*.

Mancher wundert sich, weil die Nachfragekurve irgendwie Ursache und Wirkung zu vertauschen scheint, denn man wäre doch geneigt zu glauben, dass der Preis die Ursache für eine bestimmte Wirkung (i. e. die Nachfrage) ist. Damit wäre es doch naheliegend, den Preis auf der x-Achse aufzutragen. Der Grund, die Funktion „falsch herum" darzustellen, liegt darin, dass man die Nachfragekurve und die Angebotskurve in ein gemeinsames Koordinatensystem zeichnen will und dass diese gemeinsame Darstellung zum Erkenntnisgewinn beiträgt.

Friseure den Markt betreten. Der Markt für Dieseleinspritzungen hingegen ist mit exorbitanten Eintrittsschwellen versehen. Aus der Tatsache, dass die Preise für Einspritzungen um 10% steigen, wird vermutlich trotzdem kein neuer Hersteller die Idylle der Zulieferer stören. Was hier eine Fußnote ist, füllt Bücherregale. Wenn es Sie interessiert, lesen Sie Corporate Strategy von M. Porter.[8]

[15]Und wie das so ist mit Binsenweisheiten: sie stimmen nicht immer.

[16]Es ist unklar, ob diese Aussage auch im Schwabenland gilt.

3.4.4. Marktgleichgewicht

Die Nachfragefunktion und die Angebotsfunktion beschreiben gewissermaßen die Sicht von Marktteilnehmern mit unterschiedlicher Interessenlage: Der eine will möglichst billig kaufen, der andere möglichst teuer verkaufen.

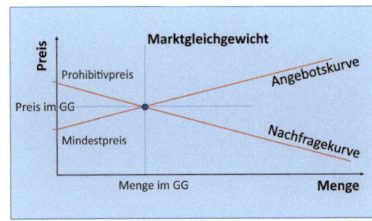

Abb. 3.14.: Marktgleichgewicht

Man kann beide Funktionsschaubilder in ein gemeinsames Schaubild einzeichnen. Damit ist zumindest einmal die Interessenlage klar visualisiert.

Wie der Markt auf diese Lage reagiert, hängt jetzt von den Machtverhältnissen ab.

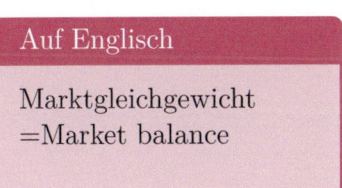

Gibt es auf Anbieter- oder auf Nachfragerseite eine starke Machtposition (z. B., weil es nur einen gibt – das nennt man ein Monopol), dann kann dieser dem Markt seine Konditionen diktieren.

Herrscht zwischen Anbietern und Nachfragern Kräftegleichgewicht (z. B., weil es auf beiden Seiten viele Marktteilnehmer gibt, ein sogenanntes Polypol) und agieren alle Marktteilnehmer rational, so wird sich ein Angebot einpendeln, das in Menge und Preis dem Schnittpunkt der Kurven von Angebots- und Nachfragefunktion entspricht. In diesem Punkt wird jedes Angebot auch vom Markt angenommen.

Merke:
Abweichungen vom Gleichgewicht beantwortet der Markt, indem er sich zum Gleichgewicht hin bewegt.

Die Angebotsmenge ist **niedriger** als die Nachfragemenge. Die Anbieter erhöhen die Preise; die höheren Preise locken mehr Anbieter an. (Wie schnell das geht, hängt auch von der Möglichkeit ab, das Angebot auszuweiten. Kabelfernsehen ist schwieriger als Bratpfannen oder Dosenwurst. Und ob die Nachfrage von existierenden Playern oder von neuen Playern befriedigt wird, das ist eine ganz andere Geschichte. Und ein anderes Buch: Porter beispielsweise [8]).

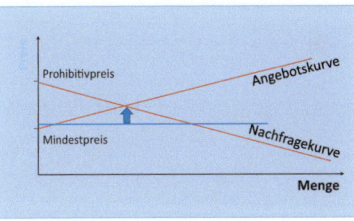

Abb. 3.15.: Angebotsmenge niedriger als nachgefragte Menge

Die angebotene Menge ist **höher** als die nachgefragte Menge. Der Preis sinkt. Das Angebot wird knapper, weil Anbieter verschwinden. Aktuelles Beispiel: Der sinkende Ölpreis hat zur Folge, dass Fracking-Förderaktivitäten stillgelegt werden.

Der Satz „Die Sättigungsmenge ist der Schnittpunkt der Nachfragekurve mit der x-Achse" formuliert sich zwar flott, lässt aber eine wesentliche Frage offen: „Was ist denn die Funktionsgleichung der Nachfragefunktion"? Mit dieser Frage werden wir uns als Nächstes beschäftigen. Bevor wir das tun, beginnen wir ein Projekt: Wir fertigen eine Übersetzungstabelle „kaufmännisch-mathematisch" an, die uns im weiteren Verlauf des Kurses begleiten wird.

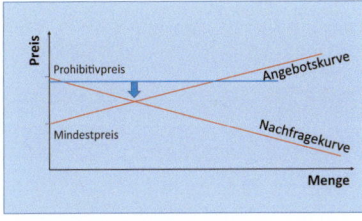

Abb. 3.16.: Angebotene Menge höher als Nachfragemenge

Der / Die / Das ...	*ist ...*	*der ...*
Marktgleichgewicht	*der Schnittpunkt*	*Angebotskurve und der Nachfragekurve*
Mindestpreis	*der y-Achsenabschnitt*	*Angebotskurve*
Prohibitivpreis (Höchstpreis)	*der y-Achsenabschnitt*	*Nachfragekurve*
Sättigungsmenge	*der x-Achsenabschnitt*	*Nachfragekurve*
Break-Even-Point	*der Vorzeichenwechsel von – nach +*	*Gewinnfunktion*

Tab. 3.1.: Version 1 der Übersetzungstabelle „kaufmännisch – mathematisch"

Lernkontrolle

1. Gegeben sei die Nachfragefunktion $p_D(x) = 500 \cdot \frac{1}{x+1} - 25$ und die Angebotsfunktion $p_O(x) = 200 + 0,1x$.

   a) Berechnen Sie den Mindestpreis.

   b) Berechnen Sie die Sättigungsmenge

   c) Bei welchem Preis ergibt das Marktgleichgewicht?

2. Gegeben seien folgende Angebots- und Nachfragefunktionen.
   Angebotsfunktion: $p_O(x) = -40 + 2,5x$;
   Nachfragefunktion: $p_D(x) = 300 - 1,5x$

   a) Berechnen Sie die Sättigungsmenge

   b) Berechnen Sie den Prohibitivpreis

   c) Berechenen Sie den Mindestpreis

   d) Berechnen Sie den Punkt des Marktgleichgewichts

3.5. Aufstellen der Funktionsterme

Im vorherigen Abschnitt haben wir kaufmännische Funktionen vorgestellt. Dabei haben wir diese über ihren Aussagewert beschrieben. Über den Funktionsterm ist damit noch nichts ausgesagt und wir werden sehen: Es kann aus nahezu jeder Mathematiker-Schublade eine Funktion in nahezu jeder Kaufmann-Schublade auftauchen. Ein einfaches Beispiel mag das illustrieren: Der **Lebkuchen-Absatz** als Funktion der Zeit wird wohl eher eine sinusförmige Gesetzmäßigkeit aufweisen, während der **Mobiltelefon-Absatz** zwischen 1995 und 2005 eher durch eine Polynomfunktion beschrieben wird. Und über größere Zeiträume wird man für das selbe Produkt eine **logistische Funktion** zur Beschreibung der Absatzentwicklung wählen. Die Letztere ist Ihnen möglicherweise neu, wird aber bald besprochen werden.

Unsere Aufgabe wird es im Folgenden sein, zu lernen, wie man den Funktionsterm zu einer bestimmten kaufmännischen Funktion in einem bestimmten Markt oder für ein bestimmtes Produkt tatsächlich findet.

3.5.1. ab-initio vs Empirie

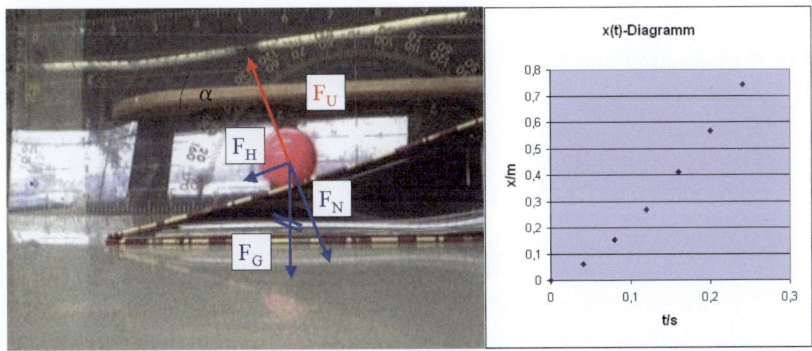

Abb. 3.17.: Eine physikalische Messung (links) ergab die rechts dargestellten $x(t)$-Daten für den Ball, der eine schiefe Ebene runterkullerte.

Wie findet man nun die kaufmännische Funktionen in geschlossener Form?[17] Hier ist es hilfreich, einen Blick über den Tellerrand in die Physik zu wagen. Betrachten wir die gleichmäßig beschleunigte Bewegung.[18]

Der **Experimentalphysiker** macht ein Experiment. Deshalb heißt er ja auch so. In unserem Beispiel könnte er einen Ball eine schiefe Ebene runterkullern lassen und die Position des Balls als Funktion der Zeit zuerst in einer Wertetabelle eintragen und dann graphisch darstellen. Wenn er die Datenpunkte in eine Zeichnung einträgt, erkennt er:

---

[17] *„In geschlossener Form"* heißt, dass ein Funktionsterm angegeben ist, der im Wesentlichen die elementaren Funktionen aus Abb. 3.8 beinhaltet.

[18] Wir hoffen, Sie erinnern sich: Ein Objekt, z. B. ein Ball führt eine gleichmäßig beschleunigte Bewegung (kurz gbB) durch, wenn an dem Ball eine konstante Kraft von außen angreift. Das Ort(Zeit)-Gesetz für den Ball lautet:

$$x(t) = \frac{1}{2}at^2$$

Das Geschwindigkeit(Zeit)-Gesetz lautet:

$$v(t) = at$$

Das sind übrigens auch Funktionen – physikalische Funktionen.

> Das Ort(Zeit)-Schaubild für eine gleichmäßig beschleunigte Bewegung ist eine Parabel.

Die Herangehensweise, mit der der Experimentalphysiker zu seiner Erkenntnis kam, nennt man *Empirie*.

Der **Theoretische Physiker** versucht die Gesetzmäßigkeit aus etablierten (und vielfach geprüften) Gesetzmäßigkeiten abzuleiten. In unserem Beispiel könnte seine Gedankenkette wie folgt aussehen:

1. Auf der schiefen Ebene wirkt nur eine einzige Kraft, die Hangabtriebskraft.[19]

2. Die Beschleunigung ist proportional zur angreifenden Kraft: $a \propto F$. Weil die Kraft konstant ist, ist auch die Beschleunigung konstant.

3. Die Geschwindigkeit ist die Stammfunktion zur Beschleunigung: $v(t) = \int a\, dt = at$

4. Der Ort ist die Stammfunktion zur Geschwindigkeit : $x(t) = \int v\, dt = \int at\, dt = \frac{1}{2}at^2$ Das Schaubild, das zu dieser $x(t)$-Funktion gehört, ist eine Parabel.

Und so kam auch der theoretische Physiker zum gleichen Schluss:

> Das Ort(Zeit)-Schaubild für eine gleichmäßig beschleunigte Bewegung ist eine Parabel.

Die Herangehensweise des Theoretischen Physikers nennen wir *ab initio* (lat. = von Anfang an).[20] Natürlich freuen sich beide Physiker, wenn Theorie und Experiment zur selben Erkenntnis führen, aber in manchen Wissengebieten gibt es eben nur die eine oder nur die andere Route zur Erkenntnis.[21] Dann muss man sich damit (vorläufig) bescheiden.

Man kann eine Anwendungsfunktion aus theoretischen Überlegungen ableiten (Induktion) oder aus der Anpassung an experimentelle Datenpunkte gewinnen (Deduktion).

In der kaufmännischen Praxis ist die Gewinnung der Funktionen (die wir dem Namen nach oben schon kennengelernt haben) nicht immer so trennscharf wie wir es gerade anhand des physikalischen Beispiels gelernt haben. Die Funktionen zu bestimmen ist ein oft aufwendiges Unterfangen, dem sich ganze Abteilungen widmen (bspw. das Controlling für die Kostenfunktion und die Marktforschung für die Nachfragefunktion).

---

[19]Was natürlich schon ein wenig idealisiert ist.

[20]In der englischen Literatur finden Sie den Ausdruck „derived from first principles"

[21]Oder mal die eine und mal die andere.

3.5.2. Einfache Kostenfunktionen

Fixkosten (engl. Fixed Costs C_f)

Es gibt Kostenarten,[22] die hängen gar nicht von der Produktionszahl ab. Die nennen wir Fixkosten.

Sprungfixe Kosten (Fixed-step costs C_f)

Je länger man nachdenkt, desto schwieriger wird es, echte Fixkosten zu finden.

Beispiel:

Die Anschaffungskosten für ein Fabrikgebäude werden über 40 Jahre abgeschrieben.[23] Damit wäre die jährliche **AfA (Abschreibung für Abnutzung)** den Fixkosten zuzurechnen. Aber: wenn das Fabrikgebäude nur die Produktion von 500 Kfz pro Tag erlaubt, wäre bei bei einer Produktion von 510 Kfz pro Tag eine zweite Halle fällig. Damit wäre die AfA für die Kostenrechnung des einen Gebäudes den Fixkosten zuzurechnen, für eine unternehmensweite Kostenrechnung würde die AfA aller Produktionsgebäude zu den sprungfixen Kosten zählen.

Ein weiteres Beispiel:

Eine Schule teilt bei 30 Schülern eine Klasse auf in 2 Klassen. Damit sind die Lohnkosten der Lehrer sprungfixe Kosten für den Betrieb der Schule.

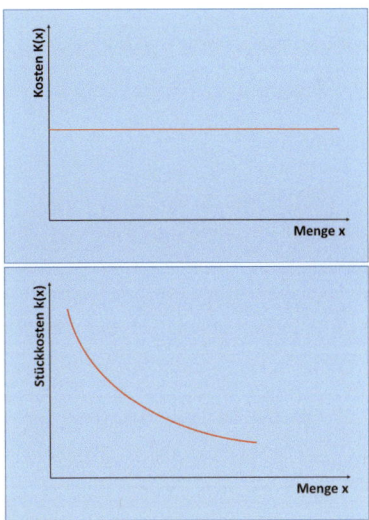

Abb. 3.18.: Fixkosten
oben: Gesamtkosten $K(x)$
unten: Durchschnittskosten $k(x)$

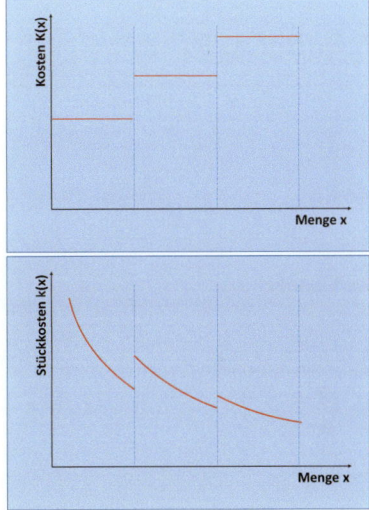

Abb. 3.19.: Sprungfixe Kosten
oben: Gesamtkosten $K(x)$
unten: Durchschnittskosten $k(x)$

---

[22]Gesamtkosten, nicht Stückkosten!

[23]Das ist keine betriebswirtschaftliche Wahrheit, die Sie hier lernen, sondern eine Annahme für das Beispiel. Wohngebäude werden derzeit über 40 oder 50 Jahre abgeschrieben (je nach Datum der Fertigstellung). Aber bei einer Produktionsimmobilie ist die Nutzungszeit zu betrachten. Die haben wir hier eben mit 40 Jahren angenommen.

Auf Englisch

Fixkosten
=Fixed costs C_f

Sprungfixe Kosten
=Fixes-step costs C_f

Variable Kosten
=Variable costs C_v

Proportionale Kosten
=Proportional costs C_v

Progressive Kosten
=Progressive costs C_v

Degressive Kosten
=Degressive costs C_v

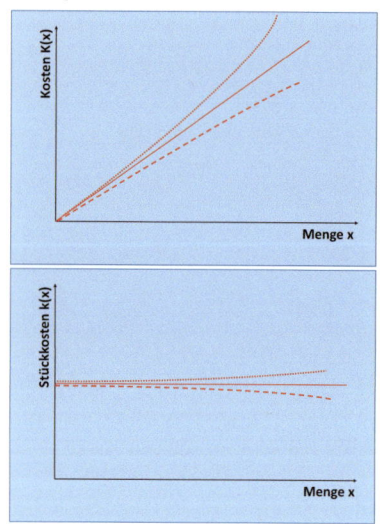

Abb. 3.20.: Variable Kosten
oben: Gesamtkosten $K(x)$
unten: Durchschnittskosten $k(x)$
durchgezogen:
proportionale Kosten
gestrichelt: degressive Kosten
gepunktet: progressive Kosten

Variable Kosten (engl. Variable costs C_v): proportionale Kosten / progressive Kosten / degressive Kosten

Ändern sich die Kosten[24] für jede produzierte oder verkaufte Einheit, so sprechen wir von variablen Kosten, die wiederum in verschiedenen Spielarten vorkommen können.

Proportionale Kosten (engl. Proportional costs)

- Der schon bei den Fixkosten bemühte Autohersteller braucht pro produziertem Auto 785 kg Stahl.

- Die ebenfalls schon im vorhergehenden Text als Beispiel herangezogene Schule zahlt für jeden Schüler einen gleichen Betrag für Software-Lizenzen.

Diese Kosten sind streng proportional, man nennt sie daher Proportionalkosten. Wichtig: Wenn die Gesamtkosten proportional sind, sind die Stückkosten konstant!

Degressive Kosten (engl. Degressive costs)
Räumt der Software-Hersteller der Schule einen Mengenrabatt ein, so fallen die Kosten pro Schüler leicht. Die Gesamtkosten steigen zwar immer noch mit steigenden Schülerzahlen, aber das Schaubild der Kostenfunktion $K(x)$ weicht von der Geraden ab. Es ist eine Rechtskurve.

Progressive Kosten (engl. Progressive costs) oder überproportionale Kosten
Im Land Ökotopia kostet jede verbrauchte kWh 0,01 Cent mehr als die vorhergehende. Es ist eine Linkskurve.

Regressive Kosten (engl. Regressive costs)
Die Gesamtkosten sinken mit der Produktionszahl. Ein Beispiel für diese seltene Kostenart: Die Heizkosten sinken, je mehr Personen sich in einem Raum aufhalten und an einem Computer arbeiten.

		Gesamtkosten K(x)	Stückkosten k(x)
Fixkosten		Horizontale	Hyperbel
Sprungfixe Kosten		Heavyside-Funktion	Sägezahn
Variable Kosten	progressive	monoton steigende Linkskurve	monoton steigende Kurve
	proportional	Ursprungsgerade	Horizontale
	degressiv	monoton steigende Rechtskurve	monoton fallende Kurve

---

[24]Gesamtkosten, nicht Stückkosten!

Aufgaben

Kosten

1. Ordnen Sie jedem Element der rechten Spalte ein Element der linken Spalte zu

1 Die Stückkosten sind konstant	
2 Für jede produzierte Einheit entstehen die gleichen Zusatzkosten	
3 Pro Hundert produzierte Einheiten wird ein Kostenblock fällig	a sprungfixe Kosten
4 Das Schaubild der Gesamtkosten ist treppenförmig	b Fixkosten
5 Das Schaubild der Gesamtkosten ist eine Ursprungsgerade	c variable Kosten
6 Die Grenzkosten sind ab der zweiten Einheit Null	
7 Das Schaubild der Stückkosten ist eine Hyperbel	

2. Welcher der Graphen beschreibt

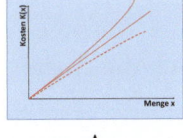   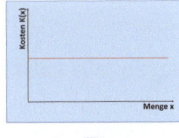   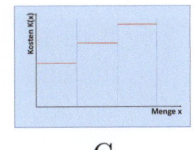

A   B   C

   a) sprungfixe Kosten

   b) Fixkosten

   c) variable Kosten

3. Skizzieren Sie die Kostenfunktion der Hochschule (Gesamt- und Stückkosten in zwei getrennten Graphen), für Studentenzahlen zwischen 0 und 100 Studenten, wie sie aus folgendem Text hervorgeht:

   a) Die Hochschule hat folgende Kosten:

   i. Die Miete beläuft sich auf 25.000 EUR; das Gebäude ist groß genug, um alle zu erwartenden Studentenzahlen zu verkraften.

   ii. Der Kopierer ist geleast. Die Leasingrate ist proportional zur Zahl der Kopien. Man rechnet, dass alle Studenten gleich viel kopieren.

   iii. Man rechnet, dass immer für 15 Studenten ein neuer Professor eingestellt werden muss.

   iv. Ein Verwaltungsangestellter kann 50 Studenten betreuen.

   v. Jeder Student erhält einen Laptop

Aufgaben

Kosten *(Fortsetzung)*

4. Ordnen Sie jeder Aussage der rechten Spalte eine Kostenart aus der linken Spalte zu. Hinweis: Es ist möglich, dass keiner der Begriffe aus der rechten Seite passt.

1 Die Stückkosten sind für jedes Teil 2% niedriger als für das vorhergehende.	
2 Für jede produzierte Einheit entstehen die gleichen Zusatzkosten.	
3 Die Gesamtkosten steigen exponentiell.	a progressive Kosten
4 Die Gesamtkosten verhalten sich wie $K(x) = \sqrt{x}$.	b degressive Kosten
5 Das Schaubild der Stückkosten ist monoton fallend	c proportionale Kosten
6 Das Schaubild der Stückkosten ist monoton steigend	
7 Das Schaubild der Stückkosten ist eine Parallele zur x-Achse	

5. Richtig oder falsch? Wenn Sie die Aussage für falsch halten, korrigieren Sie bitte einfach die Aussage. Keine trivialen Korrekturen (durch einfaches Einfügen eines „kein" oder „nicht") bitte.

   a) Eigentlich ist der Begriff Stückkosten unscharf. Aber wenn er nicht näher definiert ist, bezeichnet er die Duchschnittskosten.

   b) Eigentlich ist der Begriff Stückkosten unscharf. Aber wenn er nicht näher definiert ist, bezeichnet er die Grenzkosten.

   c) Begriffe wie Fixkosten, Proportionalkosten variable Kosten beziehen sich immer auf die *Ge-samt*kosten.

   d) Proportionale Kosten sind in $K(x)$ der Term, der mit x geht. Und stellt die Zahl vor dem x die *Proportionalkosten pro Stück* dar.

   e) Proportionale Kosten sind in $k(x)$ der Term, der mit x geht.

   f) Proportionale Kosten sind gegeben durch den Absolutterm in $K(x)$.

Kosten *(Fortsetzung)*

6. Die Stückkostenfunktion einer Firma lautet

$$k(x) = 300$$

   a) Handelt es sich dabei jetzt um Fixkosten? Oder um Proportionalkosten?

   b) Welche der Kostenfunktionen $K(x)$ passt zur vorgegebenen Stückkostenfunktion $k(x)$:

      i. $K(x) = 300x + 1200$

      ii. $K(x) = 300x$

      iii. $K(x) = \frac{300}{x}$

7. Die Kostenfunktion einer Firma lautet

$$K(x) = 54 \cdot x + 1100$$

   a) Unterstreichen Sie im Funktionsterm

      i. die Fixkosten

      ii. die variablen Kosten

   b) Fertigen Sie eine Graphik an, in der $K(x)$, der Fixkostenanteil von $K(x)$ und der variable Anteil an $K(x)$ dargestellt sind.

   c) Geben Sie die Durchschnittskosten $k(x)$ für beliebige Stückzahlen an.

   d) Unterstreichen Sie in der Funktionsgleichung $k(x)$ aus der vorhergehenden Teilaufgabe die Terme, die *in den Gesamtkosten K(x)* zu

      i. Fixkosten

      ii. variablen Kosten

      führen. Fällt Ihnen eine Gesetzmäßigkeit auf?

8. Die Durchschnittskostenfunktion einer Firma lautet

$$k(x) = 3 \cdot x + 153 + \frac{10.000}{x}$$

   a) Unterstreichen Sie im Funktionsterm

      i. die fixen Durchschnittskosten

      ii. die variablen Durchschnittskosten

3.5.3. Komplexe Kostenfunktionen

Management-Studentin Aylin macht ein Praktikum bei einem Autozulieferer. Hoch motiviert beginnt sie etwa zur Halbzeit mit einem Konzept ihres Praktikumsberichts:

Praktikumsbericht Firma B

Die Firma B produziert Kraftstoffpumpen. Sie plant, zirka 100.000 Geräte pro Monat herzustellen. Allerdings könnte es sein, dass die Kunden mehr Geräte verlangen. Bis zu 200.000 Stück müssen ohne Lieferverzug geliefert werden. Bei geringerer Nachfrage muss die Produktion gedrosselt werden.

Kosten

Betrachten wir die Fakten, welche die Kostenseite beeinflussen:

- Die Miete für das Geschäftsgebäude (Verwaltung und Produktion) beträgt 900.000 EUR pro Monat

- Der Energieverbrauch für das Geschäftsgebäude (Verwaltung und Produktion) beträgt 90.000 EUR pro Monat. Dazu kommen 10.000 EUR/Monat für jede Produktionsstunde (Bsp.: 1 Monat mit 8h/Tag).

- In der Verwaltung arbeiten 20 Mitarbeiter, die insgesamt 4.000.000 EUR pro Jahr kosten. Wenn die Produktion Mehrschichtbetrieb arbeitet, muss die Verwaltung Überstunden machen. Das kostet 3.000 EUR für jede Woche Mehrschichtbetrieb.

- In der Produktion arbeiten 100 Mitarbeiter, die in einer Schicht (8 bezahlte Stunden) 100.000 Geräte herstellen können. Die Lohnsumme hierfür beträgt 400.000 EUR pro Monat.

  - Bis zu 4000 Geräte mehr pro Monat können in der regulären Arbeitszeit hergestellt werden. Dafür bekommen die Mitarbeiter dann 2% Prämie am Ende des Jahres.

  - 10.000 Geräte mehr pro Monat können in einer Überstunde hergestellt werden (die aber nur 50 min dauert, denn zwischen regulärer Schicht und Mehrarbeitszeit hat der Betriebsrat 10 Min Pause vereinbart). Dafür sind 20% Mehrarbeitszuschlag zu zahlen. Mehrarbeit wird immer wöchentlich angeordnet.

  - Mehr als 2 Überstunden pro Tag sind unmöglich. Dann muss Zweischichtbetrieb eingeführt werden (Wie das auf die Schnelle gehen soll, haben wir auch nicht kapiert. Nachfragen!!!).

- Die Elektronik, die Gehäuse und die Pumpen sind Zulieferteile

  - Die Elektronik kostet 100 EUR/Stck für die ersten 100.000, dann 94,50 EUR/Stck

  - Die Gehäuse kosten 23,50 EUR/Stck. Bei mehr als 80.000 Liefermenge gibt es 4% Rabatt auf die Gesamtrechnung, bei mehr als 120.000 Liefermenge gibt es weitere 6% Rabatt, aber nur auf die Mehrlieferung über 120.000,

  - Die Pumpen kosten 40 EUR/Stck.

Sie erkennen: die echte Kostenfunktion im echten Leben besteht aus einem Mix von fixen, sprungfixen und proportionalen Anteilen.

Aylin schwirrt der Kopf, als sie versucht, den Text in eine Formel zu fassen. Mithilfe einer Tabelle berechnet sie für einige ausgewählte Stückzahlen n die Gesamtkosten $K(n)$ und die Stückkosten $k(n)$ (siehe Abb. 3.21). Auch das ist eine Funktion: Jeder Produktionszahl n werden bestimmte Stückkosten $k(n)$ zugeordnet.

Lieferung/Monat	Stückkosten
70 000	189,26
80 000	185,10
90 000	182,60
100 000	180,59
101 000	180,44
105 000	175,53
110 000	170,51
120 000	162,09
140 000	149,00

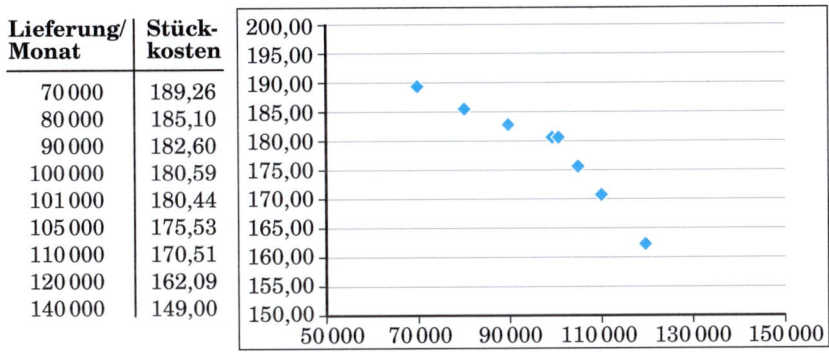

Abb. 3.21.: Die Stückkosten k der Firma B für Einspritzungen für verschiedene monatliche Stückzahlen n.

links: die Kosten als Tabelle,

rechts: die Kosten als Schaubild

3.5.4. Einfache Erlös- und Preisfunktionen

Beschäftigen wir uns mit dem Preis $p(x)$ *einer* Einheit eines Wirtschaftsguts. Wenn wir hierfür einfache Modelle entwickeln können, dann ist der Weg zum Erlös $E(x)$ trivial, denn der Erlös ist immer der Preis pro Einheit mal die Zahl der Einheiten:

$$E(x) = p(x) \cdot x \tag{3.7}$$

Preis im Polypol

Ein Markt, in dem mehrere rational agierende Anbieter im Wettbewerb stehen, verleiht den Anbietern wenig Kontrolle über den Preis. Würde ein Anbieter den Preis erhöhen, so „grätscht" ein Wettbewerber mit einem niedrigeren Preis dazwischen und der Preis als Funktion der Stückzahl x sinkt wieder. Damit ist der Preis fest und kann als Konstante betrachtet werden:[25]

$$p(x) = p \tag{3.8}$$

Und der Erlös ist damit leicht berechenbar:[26]

$$E(x) = p \cdot x \tag{3.9}$$

> **Merksatz**
>
> Erlös=Preis x Menge.

Achtung!
Zwei Bedeutungen von x:

- Stückzahl, die ein Unternehmen verkauft

- Stückzahl, die am Markt unterzubringen ist.

---

[25] Diese Gleichung scheint nichtssagend. Aber sie ist wichtig. Denn in Worten sagt sie uns: „Die Variable p, von der Du angenommen hast, sie sei von x abhängig, ist gar nicht von x abhängig. Sie ist eine Konstante".

[26] Achtung: $p(x)$ und $p \cdot x$ ist nicht dasselbe. Aber das haben Sie bestimmt auch schon gewusst …

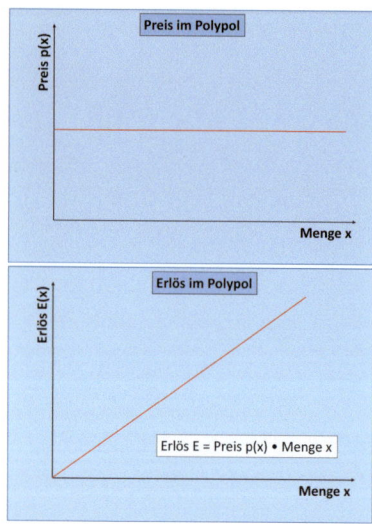

Abb. 3.22.: Die Schaubilder von $p(x)$ (die Preiskurve) und $E(x)$ (die Erlöskurve) im *Polypol*

Merksatz

Die Preisfunktion ist die Umkehrfunktion der Nachfragefunktion.

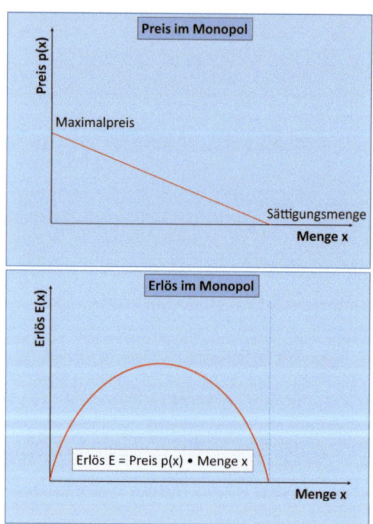

Abb. 3.23.: Die Schaubilder von $p(x)$ (die Preiskurve) und $E(x)$ (die Erlöskurve) im *Monopol*

Das Schaubild von $p(x)$ (die Preiskurve) ist also eine Parallele zur x-Achse, das Schaubild von $E(x)$ (die Erlöskurve) ist also eine Ursprungsgerade. Die Situation, in der mehrere Anbieter am Markt auftreten, wird *Polypol* genannt.

Preis im Monopol

Im Monopol (eine Situation, in der nur ein Anbieter am Markt auftritt) ist der Anbieter freier in der Preisbildung. Aber der Anbieter ist nicht völlig frei, denn er muss zwar nicht auf Wettbewerber, aber immer noch auf die Kunden und deren Zahlungsbereitschaft Rücksicht nehmen. Es stellt sich also die Frage: „Welchen Preis kann ich bei welcher Produktionsmenge verlangen"? Die Antwort darauf haben wir schon gesehen: sie war in Abb. 3.13 wiedergegeben.[27] Wir merken uns also: Im Monopol ist die Preisfunktion die Umkehrfunktion der Nachfragefunktion! Und weil wir (immer noch) nicht wissen, welche funktionale Form die Nachfragefunktion aufweist, machen wir für den Moment die einfachstmögliche Annahme:[28] Das Schaubild von $p(x)$ sei eine abfallende Gerade mit einem positiven y-Achsenabschnitt. Ihre Gleichung lautet:

$$p(x) = mx + c \qquad (3.10)$$

Beachten Sie: die Steigung m ist immer eine negative Zahl und der y-Achsenabschnitt c ist der schon bekannte *Prohibitivpreis*.

Der Erlös $E(x)$ ist damit leicht berechenbar:

$$
\begin{aligned}
E(x) &= p(x) \cdot x & (3.11) \\
&= (mx + c) \cdot x & (3.12) \\
&= mx^2 + cx & (3.13)
\end{aligned}
$$

Das Schaubild von $E(x)$ (die Erlöskurve) ist also eine Parabel. Und weil m eine negative Zahl ist, ist die Parabel nach unten geöffnet.

Zusammenfassung: Einfache Preisfunktionen

Die kaufmännischen und die mathematischen Zusammenhänge für die Preisfunktion formulieren wir nochmals in zwei Merksätzen:

---

[27] Achtung: Die Nachfragefunktion ist die Antwort auf die Frage „Welcher Preis generiert welche Nachfrage"? Die Preisfunktion im Monopol ist die Antwort auf die Frage: „Welche Menge erlaubt welchen Preis"? Die Fragestellung ist also gerade andersherum. („Andersherum" ist auf mathematisch „Umkehrfunktion"). Weil wir aber die Nachfragefunktion in Abb. 3.13 mit vertauschten Achsen gezeichnet haben, ist die Kurve in Abb. 3.13 schon das Schaubild von $p(x)$.

[28] Aber man kann es nicht oft genug sagen: das ist das einfachste Modell für die Preisbildung im Monopol. $p(x)$ kann in der Realität alles Mögliche sein. Das hängt davon ab, wie sexy Ihr Produkt ist.

Preisbildung in Mono- und Polypol

Im *Polypol* ist der Preis fest. Er ist der Preis im Marktgleichgewicht (Schnittpunkt von Nachfrage- und Angebotskurve) Im *Monopol* kann sich der Preis auf der Nachfragekurve bewegen.

Preis- und Erlöskurven in Mono- und Polypol

Im *Polypol* ist das Schaubild des Preises $p(x)$ eine Parallele zur x-Achse, das Schaubild des Erlöses $E(x)$ eine Ursprungsgerade.

Im einfachsten Modell ist im *Monopol* das Schaubild des Preises $p(x)$ eine abfallende Gerade mit einem positiven y-Achsenabschnitt, das Schaubild des Erlöses $E(x)$ eine nach unten geöffnete Parabel.

Aufgaben

Preis und Erlös

1. Gegeben sind die folgenden Preis- bzw. Erlösfunktionen. Kennzeichnen Sie jeweils mit einem M oder P, ob ein Polypol oder ein Monopol vorliegt.

    a) $E(x) = -3x^2 + 1$

    b) $p(x) = 323$

    c) $p(x) = -12x + 8$

    d) $p(x) = e^{-2x} + 16$

    e) $E(x) = 7x$

    f) $p(x) = -323x^2$

    g) $p(x) = -8x + 114$

    h) $E(x) = -3x^2 + 16$

2. Zwei der folgenden Preis- bzw. Erlösfunktionen sind nicht möglich. Finden Sie diese.

    a) $E(x) = 5x^2 + 1$

    b) $p(x) = 63$

    c) $p(x) = -3x^2 + 1$

    d) $p(x) = -2x + 114$

    e) $E(x) = -4x^2 + 12$

    f) $p(x) = -6x - 4$

    g) $p(x) = e^{-2x} + 16$

    h) $E(x) = 4x$

3. Zeichnen Sie jeweils die Erlös- und die Gewinnfunktion. Handelt es sich um ein Monopol oder ein Polypol?

    a) Der erzielbare Preis pro Kochbuch liegt bei 34,80 EUR

    b) Der Prohibitivpreis liegt bei 12,80, die Sättigungsmenge bei 212.000 Stück.

    c) Der Erlös beträgt 22,80 EUR pro verkaufter Einheit.

    d) Der Erlös beträgt 2,20 EUR bei 1 verkauftem Stück, 550 EUR bei 250 verkauften Stück.

3.5.5. Komplexe Preisfunktionen

Sie haben gesehen: Kostenfunktionen gibt es als einfachere Modellfunktionen. Auch die echte Kostenfunktion einer echten Firma kann man meist ab initio aufstellen (eine Arbeit, die das Controlling erledigt), aber das Ergebnis kann in der Praxis kompliziert werden.

Auch Preisfunktionen kann man aufgrund von (extrem vereinfachten) Annahmen modellhaft aufstellen, aber in diesem Segment des wirtschaftlichen Geschehens spielt auch die Psychologie eine wichtige Rolle und so wird man die Preis(Absatz)-Funktion oft auch empirisch zu bestimmen versuchen. Dies ist eine der Aufgaben der Marktforschung.[29]

Marktforschung und Controlling sind beides hochspannende Angelegenheiten, aber nicht Gegenstand dieses Buches. Wenn Ihnen aber Marktforscher oder Controller komplizierte Tabellen geliefert haben, wo Sie doch gerne eine einfache Antwort hätten, dann schlägt wieder die Stunde der Wirtschaftsmathematik, und zwar der *Modellierung*.

Preisfunktion mit Absatzschwelle Über Jahre hinweg war die 1 DM-Schwelle (heute ca. 0,51 EUR) für 100g-Tafeln Marken-Schokolade unüberwindbar. Jeder Versuch, diese zu überwinden, führte zu einem signifikanten Absatzrückgang. Erst die EUR-Einführung erlaubte, diese zu überwinden. Nach Überwindung wiederum war „Luft nach oben". In den letzten 15 Jahren konnte sich der Preis fast verdoppeln.

Preis-Qualitäts-Effekt Bei besonders niedrigen Preisen vermutet der Käufer besonders minderwertige Ware (für manche Marktsegmente, z.B. Autos, Haushaltsgeräte) oder sorgt sich um mangelndes Sozialprestige (aktuelles Beispiel: Mobiltelefone, insbesondere bei jungen Kunden). Natürlich sind auch Kombinationen von Motiven denkbar („Ramsch"-Malus). In Einheit mit der klassischen Abnahme der Kaufbereitschaft bei höheren Preisen bildet sich eine parabelförmige Preiskurve aus.

Effekt mehrerer Zielgruppen Ist ein Produkt für mehrere Zielgruppen attraktiv, so bilden sich komplexere Preisfunktionen. In Abb. 3.26 spricht ein Produkt eine erste Zielgruppe an, die rein preissensitiv agiert (grün). Außerdem spricht es eine zweite (violett), kaufkräftigere (erkennbar an dem höheren Prohibitivpreis) statusbewusste (erkennbar am „Ramsch-Malus") Käufergruppe an. Somit ergibt sich die schwarz gezeichnete Preisfunktion.

---

[29]Lesestoff: http://www.marktforschung.de/hintergruende/fachartikel/
marktforschung/preisanalysen-conjoint-analyse

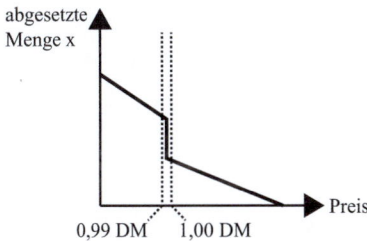

Abb. 3.24.: Absatzschwelle.

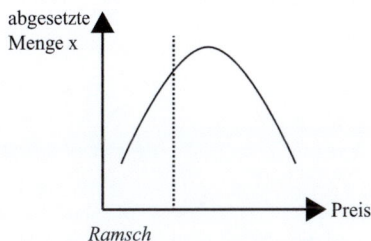

Abb. 3.25.: Preisfunktion für ein Wirtschaftsgut, bei dem niedrige Preise nicht verkaufsfördernd sind.

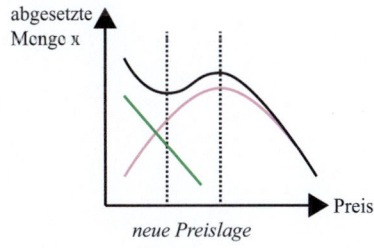

Abb. 3.26.: Kombinierte Preisfunktion

Empirisch ermittelte Preisfunktionen Aus Marktforschungsstudien, aus Auswertung von Auktionsportalen oder Wunschpreisportalen oder auch aus der Analyse von historischen Daten lassen sich Preisfunktionen aus empirischen Datenpunkten aufstellen.

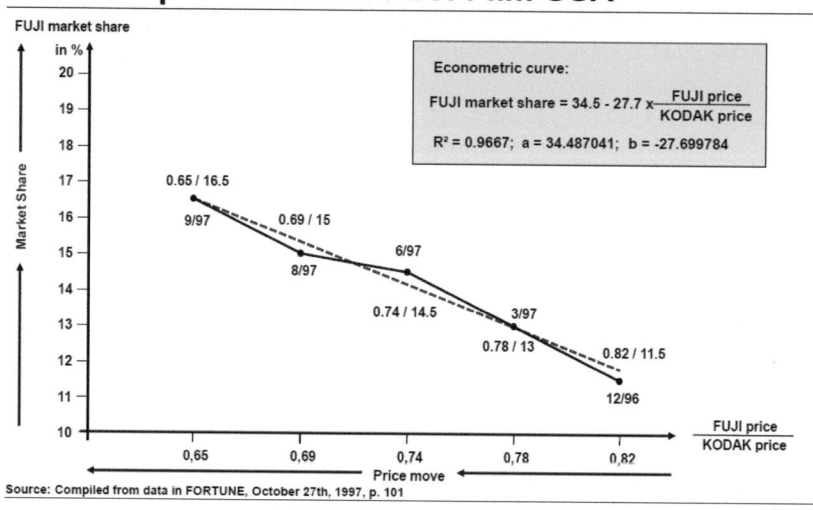

SIMON · KUCHER & PARTNERS

Abb. 3.27.: Eine Preisfunktion in einer für Sie noch ungewohnten Darstellung: aufgetragen ist der Marktanteil von Fuji-Filmen als Funktion des Preises, der wiederum in nicht absoluten Einheiten, sondern als Prozentsatz des Preises des Wettbewerbers angegeben ist.

3.6. Wachstumsfunktionen

3.6.1. Drei Arten des Wachstums

In der kaufmännischen Praxis sind der Zahl der denkbaren (und vorkommenden!) Wachstumsfunktionen keine Grenzen gesetzt. Aber drei von Ihnen sind besonders einfach in ihrer funktionalen Form und kommen in guter Näherung häufig vor. Daher wollen wir sie hier etwas detaillierter vorstellen.

3.6.2. Lineares und exponentielles Wachstum

Ein Vermieter stellt einem Mietinteressenten zwei Mietverträge zur Auswahl. In beiden Verträgen beträgt die monatliche Miete im ersten Jahr 1000 EUR. In beiden Verträgen ist eine jährliche Anhebung der Miete vereinbart: Im einen Vertrag wird die monatliche Miete immer am Jahresanfang um 40 EUR erhöht. Im anderen Vertrag wird die monatliche Miete immer am Jahresanfang um 2% erhöht.

Dass der Mieter im zweiten Jahr mit der prozentualen Mieterhöhung besser fahren würde, wird schnell klar.

Aber wie sieht es längerfristig aus?

Dieser Frage kann man auf mehrere Weisen auf den Grund gehen:

- Man kann die monatlichen Mieten in einer Tabelle für die nächsten Jahre ausrechnen und in einem zweiten Schritt den Inhalt der Tabelle graphisch darstellen (siehe Abb. 3.28). Für die ersten Jahre ist der Unterschied scheinbar gering, aber für viele Jahre (mehr als ein Mietvertrag üblicherweise dauert, aber das soll uns nicht beschweren) sieht man doch einen deutlichen Unterschied.

- Man kann auch durch Überlegung und Analyse von Gleichungen eine Lösung gewinnen:

  – Im Fall der Erhöhung um einen festen Betrag wird jedes Jahr zur Anfangsmiete von 1000 EUR 40 EUR mal Zahl der Jahre ab Mietbeginn (bezeichnen wir hier mit t) dazu gezählt. Also lautet die Gleichung für die Miete als Funktion der Zeit (ohne Einheiten):

$$M(t) = 1000 + t40 \qquad (3.14)$$

  Das ist eine Geradengleichung.

  – Im Fall der Erhöhung um einen festen Prozentsatz wird im zweiten Jahr die Vorjahresmiete von 1000 EUR mit 1,02 multipliziert. Im zweiten Jahr wird die die Vorjahresmiete (also $1,02 \cdot 1000$ EUR) erneut mit 1,02 multipliziert. Es ergibt sich also eine Miete von $1,02^2 \cdot 1000$ EUR. Im dritten Jahr ergibt sich aus den gleichen Gründen eine

Jahr	monatliche Miete	
	konstante Steigerung	prozentuale Steigerung
1	1000	1000,00
2	1040	1020,00
3	1080	1040,40
4	1120	1061,21
5	1160	1082,43
6	1200	1104,08
7	1240	1126,16
8	1280	1148,69
9	1320	1171,66
10	1360	1195,09
11	1400	1218,99
12	1440	1243,37
13	1480	1268,24

Abb. 3.28.: Vergleich lineares und prozentuales Wachstum

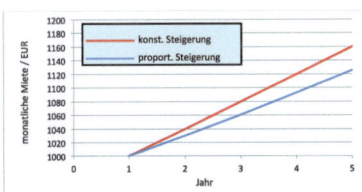

Abb. 3.29.: In den ersten Jahren unterscheiden sich die Mietpreise bei Steigerung um einen konstanten Betrag oder um einen konstanten Prozentsatz nicht so sehr …

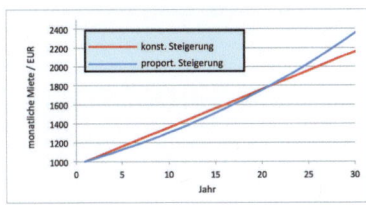

Abb. 3.30.: … aber später wendet sich das Bild.

> **Merke**
>
> Zinsformel führt zu exponentiellem Wachstum.

Miete von $1,02^3 \cdot 1000$ EUR. Und t Jahre nach Abschluss des Mietvertrags beträgt die Miete (ohne Einheiten):

$$M(t) = 1000 \cdot 1,02^t \qquad (3.15)$$

Das kennen Sie schon: die Zinsformel. Die Zinsformel kann man noch ein wenig umschreiben. Weil nämlich $1,02 = e^{\ln(1,02)}$ kann man die Miete auch schreiben als $M(t) = 1000 \cdot \left(e^{\ln(1,02)}\right)^t$. Erinnern Sie sich: Potenzen werden potenziert, indem man die Exponenten multipliziert. Und damit wird Gl. 3.15 schließlich zu einer Exponentialfunktion :

$$M(t) = 1000 \cdot e^{\ln(1,02) \cdot t} \qquad (3.16)$$

Zinsformel und Exponentialfunktion beschreiben also dasselbe!

Wir merken uns, dass das b in der exponentiellen Wachstumsfunktion $f(t) = a \cdot e^{bt}$ und der Zinssatz p in der Zinsformel $f(t) = a \cdot (1+p)^t$ zusammenhängen:

Merke

$$b = \ln(1+p) \qquad (3.17)$$

3.6.3. Logistisches Wachstum: Was haben Internetanschlüsse und Schmetterlinge gemeinsam?

Mieten, Preise, Gehälter wachsen unbegrenzt![30]

Oft jedoch koexistieren in der Natur wie in der Wirtschaft wachstumstreibende und wachstumshemmende Faktoren[31]. Beispiele:

- Der Zuwachs einer Population (Schmetterlinge, Bakterien, ...) ist größer, wenn die Population groß ist (mehr Eltern bewirken mehr Nachkommen,[32] gleichzeitig wird die Wachstumsrate aber verringert durch mehr Fressfeinde und mehr Wettbewerb um begrenzte Nahrung).

- Ein Produkt verkauft sich besser, je mehr Nachbarn es haben, aber schlechter, wenn viele, die das Produkt wollen, es schon besitzen.

Es zeigt sich,[33] dass viele solcher Wachstumsvorgänge mit der Funktion

$$f(x) = \frac{a}{1 + be^{-cx}} \qquad (3.18)$$

beschrieben werden können. Diese Funktion nennt man die logistische Funktion; a, b und c sind freie Parameter, mit denen man das Schaubild noch skalieren kann.[34]

> **Merke**
>
> Logistisches Wachstum beginnt schwach, steigert sich dann und flacht dann wieder in einem Sättigungsbereich ab.

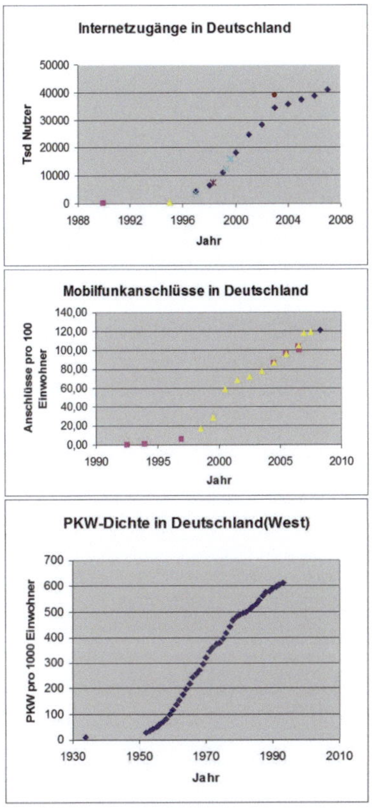

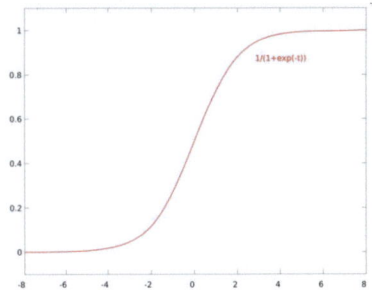

Abb. 3.31.: Internetanschlüsse, Mobilfunkanschlüsse und Pkw-Dichte: alle zeigen ein ähnliches Verhalten im zeitlichen Verlauf der Marktdurchdringung

Abb. 3.32.: Das Schaubild der logistischen Funktion

---

[30]Scheinbar unbegrenzt im täglichen Leben, echt unbegrenzt bei Betrachten der Modellfunktionen.

[31]Auch bei Mieten, Preisen und Gehältern gibt es diese hemmenden Faktoren, aber es gibt ein Ventil: die Inflation

[32]Dieser erste Halbsatz bedeutet exponentielles Wachstum, und in der Tat sind unendlich große Petrischalen mit Bakterien beliebter Stoff für Prüfungsaufgaben.

[33]Eine typische Einleitung, wenn man es nicht wirklich zeigen will! So auch in diesem Fall. Man müsste zur Herleitung eine Differentialgleichung lösen. Im Anhang holen wir die Herleitung nach.

[34]Auch hierzu mehr im Anhang

3.7. Aufstellen von kaufmännischen Funktionen

Wir haben jetzt viele Modellfunktionen kennengelernt, jetzt müssen wir uns damit befassen, wie diese an reale Verhältnisse angepasst werden können.

Es sind drei Fälle zu unterscheiden:

1. Es gibt genau so viele Datenpunkte, wie man braucht, um eine Modellfunktion exakt zu bestimmen. Wichtigste Beispiele:

   a) Zwei Datenpunkte bestimmen eine Geradengleichung $y = mx + b$ eindeutig.

   b) Zwei Punkte bestimmen auch eine exponentielle Zerfalls- oder Wachstumskurve (wenn die Asymptote Null ist).

   In beiden Fällen kann man die Modellfunktionen durch Rechnung exakt bestimmen und wir werden die Berechnung im Folgenden vorführen.

2. Gibt es mehr Datenpunkte als nötig oder will man eine kompliziertere Modellfunktion verwenden (denken Sie nur an eine Sigmoide), so liegt es nahe, dies numerisch zu tun.

   a) Man kann die Kurve durch manuelles Probieren an die Datenpunkte anpassen

   b) Man kann die Anpassung durch einen Rechner automatisch optimieren lassen.

Auch diese beiden Routen werden Sie in den folgenden Abschnitten kennenlernen und üben.

3.7.1. Gerade durch 2 vorgegebene Punkte

Gegeben seien die zwei verschiedenen Punkte $P(x_P|y_P)$ und $Q(x_Q|y_Q)$, welche beide auf einer Geraden g liegen sollen. Die Normalform der Geradengleichung lautet:

$$y = ax + b \qquad (3.19)$$

mit der Steigung[35] a und dem y-Achsenabschnitt b. Weil beide Punkte auf g liegen sollen, muss jeder die Punktprobe erfüllen:

$$y_P = ax_P + b \qquad (3.20)$$

$$y_Q = ax_Q + b \qquad (3.21)$$

Gleichungen 3.20 und 3.21 bilden ein lineares Gleichungssystem mit 2 Unbekannten (nämlich a, b). x_P, y_P und x_Q, y_Q sind die Koordinaten der vorgegebenen Punkte und daher bekannt. Sie nennt man die *Koeffizienten* des linearen Gleichungssystems.

---

[35]ja, wir wissen: bisher wurde die Steigung m genannt. Aber aus Gründen der Konsistenz mit den folgenden Abschnitten nennen wir sie hier a.

Zwei Gleichungen mit zwei Unbekannten sind für uns nichts Neues. Wir kennen verschiedene Verfahren zu ihrer Lösung.[36] Solange die Koeffizienten allgemein gegeben sind (und sich somit keines der speziellen Verfahren anbietet), ziehen wir Gl 3.21 von Gl 3.20 ab:

$$y_P - y_Q = ax_P - ax_Q \tag{3.22}$$

Nach Ausklammern von a kann man nach a auflösen:

$$a = \frac{y_P - y_Q}{x_P - x_Q} \tag{3.23}$$

was als Definition des Steigungsdreiecks ja bereits bekannt ist. Um b zu erhalten, multiplizieren wir Gl 3.20 mit x_Q , und Gl 3.21 mit x_P und ziehen die beiden von einander ab:

$$y_P x_Q - y_Q x_P = bx_Q - bx_P \tag{3.24}$$

was man nach b auflösen kann:

$$b = \frac{y_P x_Q - y_Q x_P}{x_Q - x_P} \tag{3.25}$$

Gelöste Musteraufgaben: Gerade durch 2 Punkte

Aufgabe 1

Für Tannenbäume gelten in Stuttgart am Wochenende vor Weihnachten die folgenden Erkenntnisse: Der Prohibitivpreis liegt bei 123 EUR. Geschenkt würden 10.000 Tannenbäume Abnehmer finden. Geben Sie die Preis(Nachfrage)-Funktion an.

---

[36]z. B. Additionsverfahren, Subtraktionsverfahren, Gleichsetzen, Einsetzen

Lösung

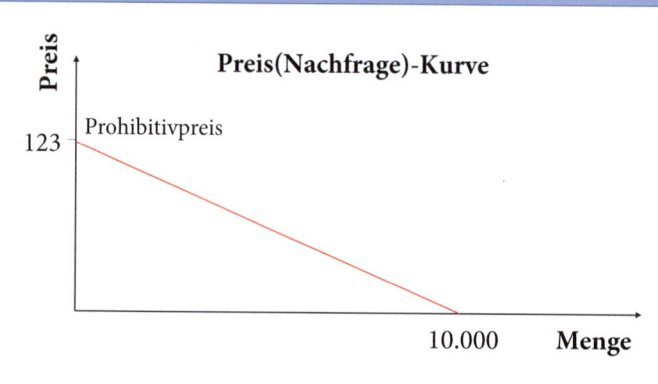

Abb. 3.33.

Am besten man veranschaulicht das in einer Skizze

Wir kennen zwei Datenpunkte $(0|123)$ und $(10.000|0)$ und wir wissen, dass die Normalform der Geradengleichung

$$y = \underset{\text{Steigung}}{m} \cdot x + \underset{\text{Achsenabschnitt}}{b} \tag{3.26}$$

lautet. Aus der Skizze kann man direkt die Steigung berechnen:

$$m = \frac{\Delta y}{\Delta x} \tag{3.27}$$

$$= \frac{0 - 123}{10.000 - 0} = -0,0123 \tag{3.28}$$

Die Steigung ist negativ, was man erwartet hat, denn die Gerade fällt ja. Weil der Prohibitivpreis gleichzeitig auch der y-Achsenabschnitt ist, kann man die 123 direkt in die Normalform der Geradengleichung einsetzen:

$$y = -0,0123x + 123 \tag{3.29}$$

Aufgabe 2

An Heiligabend haben sich die Spielregeln auf dem Tannenbaummarkt geändert. Der Prohibitivpreis ist nicht mehr feststellbar, aber am Stand mit dem Schild „Letzte Chance, wenn Ihre Kettensäge kaputt ist: Weihnachtsbäume für 250 EUR" hat sich eine Schlange mit 15 Leuten gebildet. Das ist auch der einzige Stand in Stuttgart. Eine Umfrage in der Königstraße ergibt: Geschenkt würden 800 Tannenbäume Abnehmer finden, denn eigentlich hat fast jeder einen Baum. Geben Sie die Preis(Nachfrage)-Funktion an.

Lösung

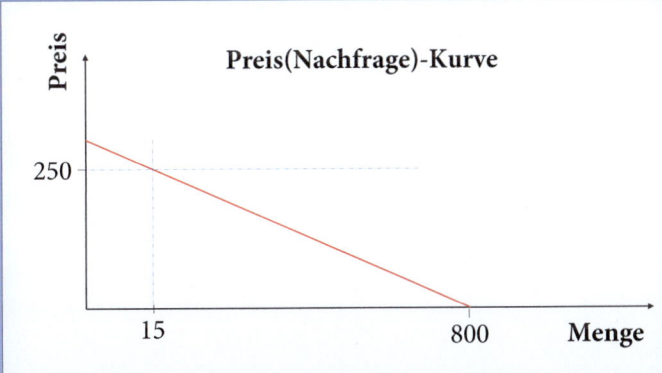

Abb. 3.34.

Am besten machen wir wieder zuerst eine Skizze

Aus den beiden Datenpunkten (250|15) und (800|0) kann man direkt die Steigung berechnen:

$$m = \frac{\Delta y}{\Delta x} \tag{3.30}$$

$$= \frac{0 - 15}{800 - 250} = -\frac{15}{550} = -0,0273 \tag{3.31}$$

Die negative Steigung war wieder zu erwarten. Weil der Prohibitivpreis (d. h. der y-Achsenabschnitt) hier nicht gegeben ist, klappt das Lösungsschema aus Aufgabe 1 nicht.

Entweder man setzt die Steigung und einen der beiden Datenpunkte (hier am besten den Punkt (800|0)) in die Punkt-Steigungs-Form der Geradengleichung

$$y = m(x - x_P) + y_P \qquad (3.32)$$

ein

$$y = -\frac{15}{550}(x - 800) + 0 \qquad (3.33)$$

oder man setzt die Steigung in die Normalform der Geradengleichung ein:

$$y = -\frac{15}{550}x + c \qquad (3.34)$$

Jetzt ist der Achsenabschnitt c noch unbekannt. Den erhalten wir, indem man die Punktprobe mit einem der beiden Punkte macht (d. h. Koordinaten einsetzen und nach c auflösen). Zwar wäre der Punkt $(800|0)$ hier die naheliegende Wahl, aber wir nutzen aus didaktischen Gründen $(250|15)$:

$$
\begin{aligned}
15 &= -\frac{15}{550} \cdot 250 + c & (3.35) \\
c &= 15 + \frac{15}{550} \cdot 250 & (3.36) \\
&= 15 + \frac{15 \cdot 5}{11} = \frac{240}{11} = 21,82 & (3.37)
\end{aligned}
$$

und damit ist die Preis(Nachfrage)-Funktion:

$$p = -\frac{15}{550}x + \frac{240}{11} \qquad (3.38)$$

3.7.2. Exponentialkurven durch 2 vorgegebene Punkte

Gegeben seien die Punkte $P(x_P|y_P)$ und $Q(x_Q|y_Q)$, welche beide auf einer Exponentialkurve K_f liegen sollen. Die allgemeine Form der Exponentialfunktion lautet:

$$y = ae^{bx} \tag{3.39}$$

Weil beide Punkte P und Q auf K_f liegen sollen, muss jeder die Punktprobe erfüllen:

$$y_P = ae^{bx_P} \tag{3.40}$$

$$y_Q = ae^{bx_Q} \tag{3.41}$$

Gleichungen 3.40 und 3.41 bilden ein Gleichungssystem mit 2 Unbekannten (nämlich a, b) – allerdings kein *lineares* Gleichungssystem!

Wir dividieren Gl 3.40 durch Gl 3.41 und erhalten:

$$\frac{y_P}{y_Q} = \frac{e^{bx_P}}{e^{bx_Q}} \tag{3.42}$$

Auf der linken Seite kann man die Division durch Subtraktion der Exponenten ersetzen:

$$\frac{y_P}{y_Q} = e^{b(x_P - x_Q)} \tag{3.43}$$

und jetzt kann man b durch Logarithmieren erhalten:

$$\ln\left(\frac{y_P}{y_Q}\right) = b(x_P - x_Q) \tag{3.44}$$

$$\frac{\ln\left(\frac{y_P}{y_Q}\right)}{x_P - x_Q} = b \tag{3.45}$$

Den berechneten Wert für b setzt man in Gl. 3.40 ein und kann nach a auflösen:

$$a = \frac{y_P}{e^{bx_P}} = \frac{y_P}{e^{\frac{\ln\left(\frac{y_P}{y_Q}\right)}{x_P - x_Q}x_P}} = \frac{y_P}{e^{\frac{\ln((y_P) - \ln(y_Q))}{x_P - x_Q}x_P}} \tag{3.46}$$

Gelöste Musteraufgaben: Exponentialfunktion durch 2 vorgegebene Wertepaare

Aufgabe 1

1520 kg Atommüll werden eingelagert. 1000 Jahre später findet man anlässlich einer Inspektion heraus, dass von dem urspünglich eingelagerten radioaktiven Material noch 1412 kg vorhanden sind.

a.) Geben Sie $m(t)$ – die Masse des eingelagerten Materials als Funktion der Zeit – an.

b.) Wie groß ist die Halbwertszeit des eingelagerten Materials?

c.) Konnten die Inspekteure die 1412 kg anhand einer Waage ermitteln?

Strategie

Schauen Sie zuerst, ob man a aus der Aufgabe ablesen kann.

Lösung

a.) Wir kennen zwei Datenpunkte (auf Einheiten verzichten wir in der Rechnung. Im Physikunterricht dürften Sie das nicht!):

$$m(0) = 1520 \qquad (3.47)$$
$$m(1000) = 1412 \qquad (3.48)$$

Weil der Funktionswert für $x = 0$ gegeben ist, ist die Modellfunktion einfacher als in Gl. 3.39 vorgegeben. Wir kennen nämlich a schon:

$$a = 1520 \qquad (3.49)$$

Punktprobe mit $m(1000)$ ergibt:

$$1412 = 1520 e^{b \cdot 1000} \qquad (3.50)$$

Man dividiert durch 1520 und logarithmiert auf beiden Seiten:

$$\ln\left(\frac{1412}{1520}\right) = b \cdot 1000 \qquad (3.51)$$

und löst nach b auf

$$b = \frac{1}{1000} \cdot \ln\left(\frac{1412}{1520}\right) \qquad (3.52)$$

$$= \frac{1}{1000} \cdot (-0,07370) \qquad (3.53)$$

$$= -0,00007370 \qquad (3.54)$$

Somit ist $m(t)$

$$m(t) = 1520\text{kg} \cdot e^{-0,00007370\frac{1}{\text{Jahre}} \cdot t} \qquad (3.55)$$

b.) Die Halbwertszeit ist die Zeit, nach der noch die Hälfte der Masse des eingelagerten Materials (also 760kg) übrig ist:

$$760\text{kg} = 1520\text{kg} \cdot e^{-0,00007370 \cdot t} \qquad (3.56)$$

Man dividiert durch 1520kg und logarithmiert auf beiden Seiten:

$$\ln\left(\frac{760}{1520}\right) = -0,00007370 \cdot t \qquad (3.57)$$

$$t = \frac{\ln\left(\frac{760}{1520}\right)}{-0,00007370} \qquad (3.58)$$

$$= \frac{-0,6931}{-0,00007370} \qquad (3.59)$$

$$= 9405\,\text{Jahre} \qquad (3.60)$$

c.) Eine nichtmathematische aber nichtsdestotrotz interessante Frage. Natürlich ist die Masse nicht weg, sondern das ursprünglich eingelagerte radioaktive Material wurde durch den radioaktiven Zerfall in ein anderes Material umgewandelt, das seinerseits wieder radioaktiv sein kann, aber nicht sein muss. Mit der Waage kommt der Inspekteur also nicht weiter. Er kann messen, um wieviel die Radioaktivität zurückging und muss daraus auf die Masse zurückrechnen.

Aufgabe 2

Auf einem Sparbuch finden sich 3 Jahre nach Anlage 1230 EUR und 4 Jahre nach Anlage 1242,30 EUR

a.) Geben Sie den Zinssatz an.

b.) Geben Sie die Funktion $K(t)$ -Kapital nach Anlagezeit t in Jahren- an

c.) Wie viel Geld wurde am Anfang angelegt?

Lösung

a.) Den Zinssatz kann man direkt angeben, denn es wurden 12,30 EUR (also 1%) für ein Jahr bezahlt:

$$p = 1\% \tag{3.61}$$

Also musste man für diese Teilaufgabe gar kein a und b bestimmen.

b.) Wenn man den Zinssatz aus der Aufgabe herauslesen kann, gibt man $K(t)$ besser als Zinsformel (und nicht als Exponentialfunktion) an:

$$K(t) = K(0) \cdot 1,01^t \tag{3.62}$$

Das einzige Problem ist es, jetzt das Anfangskapital $K(0)$ auszurechnen (womit man dann übrigens gleich die Aufgabe c.) abgearbeitet hätte. Man weiß: Nach drei Jahren beträgt das Kapital 1230 EUR. Also gilt (wieder ohne Einheiten):

$$1230 = K(0) \cdot 1,01^3 \tag{3.63}$$

Dividieren wir auf beiden Seiten durch $1,01^3$:

$$K(0) = \frac{1230}{1,01^3} \tag{3.64}$$

$$\approx 1193,83 \tag{3.65}$$

und wir können K(t) angeben:

$$K(t) = 1193,83 \cdot 1,01^t \tag{3.66}$$

c.) Das Anfangskapital ergibt sich erneut während der Bearbeitung von Teilaufgabe b.):

$$K(0) = 1193,83 \qquad (3.67)$$

Man hätte die Aufgaben aber auch anders lösen können, wie die nachfolgenden alternativen Lösungswege zeigen:

Strategie

- Prüfen Sie, ob man die Funktionsgleichung überhaupt berechnen muss.

- Prüfen Sie, ob man die Zinsformel oder die Exponentialfunktion benutzt.

- Schauen Sie zuerst, ob man den Zinssatz aus der Aufgabe ablesen kann.

Alternative 1: Man erinnert sich an Gl.3.17

$$b = \ln(1 + p) \qquad (3.68)$$

und kann deshalb b sofort aufschreiben:

$$b = \ln(1,01) \qquad (3.69)$$
$$= 0,009950 \qquad (3.70)$$

Alternative 2: Natürlich hätte man $K(t)$ in der Form $K(t) = ae^{bt}$ ansetzen können und mit den beiden Datenpunkten

$$K(3) = 1230 \qquad (3.71)$$
$$K(4) = 1242,3 \qquad (3.72)$$

die Punktprobe machen können: Diese führt zu Gl. 3.45:

$$b = \frac{\ln\left(\frac{1242,3}{1243}\right)}{3 - 2} \qquad (3.73)$$
$$= 0,009950 \qquad (3.74)$$

Egal, ob Alternative 2 oder 1 gewählt wurden: b erhalten wir aus Gl. 3.46 (wir benutzen den ersten und 2. Term von links)

$$a = \frac{y_P}{e^{bx_P}} \tag{3.75}$$

$$= \frac{K(3)}{e^{b \cdot 3}} \tag{3.76}$$

$$= \frac{1230}{e^{3 \cdot 0,009950}} \tag{3.77}$$

$$= 1193,83 \tag{3.78}$$

Damit können wir $K(t)$ angeben:

$$K(t) = 1193,83 \cdot e^{0,009950 \cdot t} \tag{3.79}$$

und die Teilaufgabe b.) ist damit erneut gelöst, wenn auch nicht ganz so simpel.

Aufgabe 3

Eine sich rasch vermehrende Bakterienkultur wird morgens um 6:00 auf ein Nährsubstrat gesetzt. Um 8:00 sind 5cm^2 von der Kultur bedeckt, um 8:30 sind es schon 12cm^2

a.) Geben Sie $A(t)$ – die Fläche als Funktion der Zeit in Stunden – an.

b.) Wie groß war der Fleck um 6:00?

Lösung

a.) Wir kennen zwei Datenpunkte (auf Einheiten verzichten wir in der Rechnung.):

$$A(2) = 5 \tag{3.80}$$
$$A(2,5) = 12 \tag{3.81}$$

Wir setzen ein in Gl. 3.45:

$$b = \frac{\ln\left(\frac{5}{12}\right)}{2 - 2,5} \tag{3.82}$$

$$= 1,751 \tag{3.83}$$

und b erhalten wir aus Gl. 3.46 (wir benutzen den ersten und 2. Term von links)

$$a \ = \ \frac{y_P}{e^{bx_P}} \tag{3.84}$$

$$= \ \frac{A(2)}{e^{b \cdot 2}} \tag{3.85}$$

$$= \ \frac{5}{e^{3,502}} \tag{3.86}$$

$$= \ 0,151 \tag{3.87}$$

Damit können wir $A(t)$ angeben:

$$A(t) = 0,151 \cdot e^{1,751 \cdot t} \tag{3.88}$$

und die Lösung zu Teilaufgabe b.) liegt damit nahe, denn

$$a \ = \ A(0) \tag{3.89}$$

$$= \ 0,151 \tag{3.90}$$

Strategie

Wenn man weder a noch b aus der Aufgabenstellung herauslesen kann, muss man zweifache Punktprobe machen, oder in Gl. 3.45 und 3.46 einsetzen.

Aufgaben

Kurven durch vorgegebene Punkte

1. Eine Gerade g geht durch die Punkte $P(1|1)$ und $Q(4|2)$

   a) Geben Sie ihre Geradengleichung an

   b) Liegt $R(7|3)$ auf g?

   c) Liegt $S(8|4)$ auf g?

2. Eine Gerade g geht durch die Punkte $P(-1|1)$ und $Q(3|0)$

   a) Geben Sie die Geradengleichung von g an

   b) Liegt $R(7|3)$ auf g?

   c) Liegt $S(8|4)$ auf g?

3. Durch die Punkte $P(-2|4)$ und $Q(4|10)$ könnte man eine Gerade oder eine Exponentialkurve legen.

   a) Berechnen Sie die Gleichungen beider Kurven.

   b) Zeichnen Sie die beiden Modellfunktionen im Bereich $-2 \leq x \leq 2$. Was fällt auf?

   c) Zeichnen Sie die beiden Modellfunktionen im Bereich $-10 \leq x \leq 10$. Was fällt auf? Geben Sie Verlässlichkeitsgrenzen für die Modellfunktionen an.

4. In der Mathematik-Klausur gibt es mit 50 von 50 erreichbaren Punkten eine 1,0. Edwin hat 20 Punkte und eine 4,0. Welche Note hat Vanessa, die 37 Punkte erreicht hat?

5. Die Zeitschrift BOYZ, die sich vor allem mit milchbärtigen Pop-Musikanten beschäftigt, wird monatlich 2,2 Millionen mal verkauft zu einem Preis von 3,70 EUR pro Ausgabe. Die Marketing-Abteilung des Zeitschriften-Verlags hat herausgefunden, dass man von der Zeitschrift 300.000 mehr verkaufen könnte, wenn man sie um 30 Cent billiger machen würde und wenn man sie um 30 Cent teurer machen würde, würde der Absatz um 300.000 Stück zurückgehen. Geben Sie die Preis(Nachfrage)-Funktion an.

3.7.3. Ausgleichskurven selbst erstellt

Erinnern Sie sich an das Beispiel mit den Stückkosten der Firma B (siehe Tabelle 3.21). Die für einige Produktionsziffern exakt berechnete Kostenstruktur soll durch eine einfache Funktion modelliert werden, am liebsten durch eine Gerade. Dabei wird in Kauf genommen, dass etwas Genauigkeit auf der Strecke bleibt.

Ausgleichskurven können nach Augenmaß oder automatisiert berechnet werden. Wir beschäftigen uns zuerst mit Ausgleichskurven nach Augenmaß, mit denen Sie sich im Rahmen des folgenden kleinen Projekts vertraut machen können.

Schritt 1: Datentabelle:

Erstellen Sie ein Arbeitsblatt mit einem Tabellenkalkulationsprogramm, um selbst Anpassungen durchführen zu können.

Ganz links (siehe Abb. 3.35) tragen wir die reale Funktion (also in diesem Fall die Kosten der Firma B) als Tabelle ein. Darunter stellen wir die die Wertepaare der realen Funktion graphisch dar (in Abb. 3.35 als blaue Punkte). Es empfiehlt sich, die Verbindungslinien zwischen den Datenpunkten abzuschalten.

Schritt 2: Tabelle für die Modellfunktion:

Jetzt geht es an die Wertetabelle für die Modellfunktion (siehe Abb. 3.36). Diese platzieren wir rechts der reellen Funktion, denn dann haben wir genügend Raum, bei Bedarf auch mehrere Tabellen für mehrere Modellfunktionen zu erstellen. Zu den gleichen x-Werten, wie sie für die reale Funktion vorgegeben sind, wird hier der Funktionswert der Modellfunktion berechnet. In diesem Fall wurde $f_{Modell}(x) = ax + b$ als Modellfunktion gewählt. Die Parameter a, b können in der roten Box unter der Wertetafel eingestellt und dann für die Berechnung übernommen werden. Das Schaubild der Modellfunktion wird als orangefarbene Linie im gleichen Koordinatensystem wie die reale Funktion dargestellt, so dass die Übereinstimmung zwischen Modellfunktion und realer Funktion begutachtet werden kann. So finden wir durch manuelles Variieren der Parameter in der roten Box eine Modellfunktion, welche die reale Kostenfunktion gut beschreibt.

Aber so richtig zufriedenstellend ist die Modellfunktion nicht. Vielleicht brauchen wir zwei verschiedene Geraden für den Einschicht- und den Zweischichtbetrieb? Mit kleinen Änderungen an der Tabelle bekommen wir das hin (siehe Abb. 3.37).

Natürlich steht jetzt auch einem Versuch mit anderen Funktionstypen nichts im Wege.

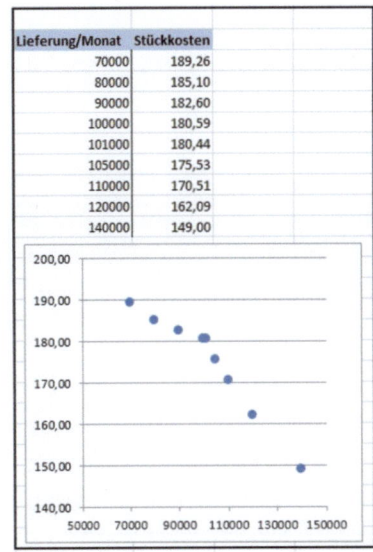

Abb. 3.35.: Datenmodellierung Schritt 1: Eintragung der Daten in eine Tabelle, Generierung des Schaubilds.

TIP:
Erstellen Sie Abb. 3.35 selbst aus Aylins Bericht!

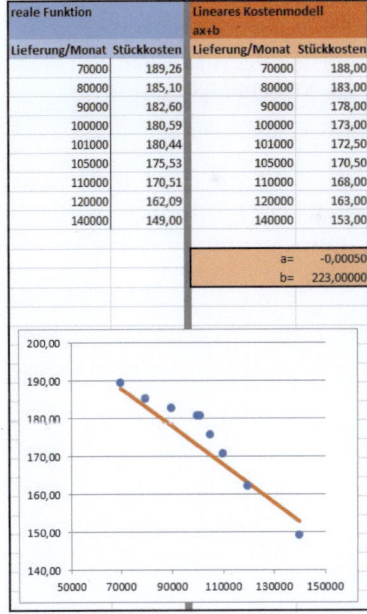

Abb. 3.36.: Die reale Kostenfunktion der Firma B und eine lineare Modellfunktion

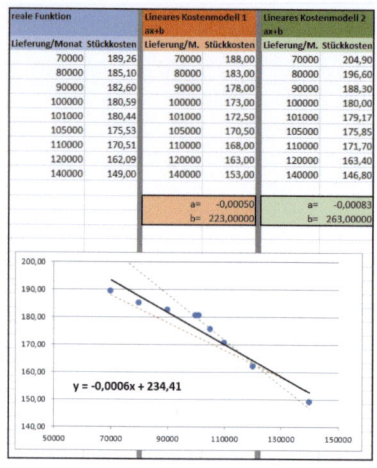

Abb. 3.37.: So erstellt Excel automatisch eine Modellfunktion

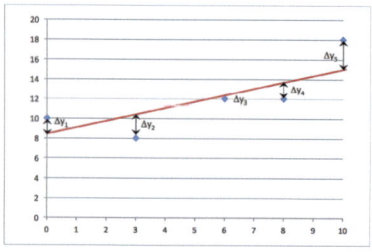

Abb. 3.38.: 5 Wertepaare einer realen Funktion (blau) und eine denkbare Modellfunktion (rot).

Automatisches Erstellen einer Modellfunktion

Excel kann – wie die meisten Tabellenkalkulationsprogramme – auch selbständig eine Modellfunktion finden. Hierfür werden die Datenpunkte der realen Funktion mit der rechten Maustaste angeklickt, so dass sich das Kontextmenü öffnet. In diesem wird der Menüpunkt „Trendlinien hinzufügen" ausgewählt und es öffnet sich ein Fenster, welches die Auswahl zwischen verschiedenen anzupassenden Funktionstypen erlaubt. Hilfreich ist es außerdem, ein Häkchen bei der Option „Gleichung anzeigen" zu setzen, denn so wird gleich auch der Funktionsterm der Modellfunktion im Schaubild angezeigt. (Abb. 3.39)

3.7.4. Regressionskurven

Wird eine Modellfunktion nicht nach Gefühl, sondern anhand objektiver und quantifizierbarer Kriterien an die reale Funktion angepasst, so spricht man von *Regressionsfunktionen*. Ihr Schaubild sind *Regressionskurven*.

Regressionskurven berechnet meist der Computer oder der Taschenrechner. Ein Beispiel – nämlich mit Excel[37] – haben Sie schon kennengelernt.

Betrachten wir die 5 Wertepaare einer realen Funktion (blaue Punkte in Abb. 3.38) sowie *eine* denkbare Modellfunktion (rote Linie in Abb. 3.38) dazu. Die Modellfunktion beschreibt die Datenpunkte der realen Funktion nur näherungsweise. Die Abweichung bei jedem Datenpunkt bezeichnen wir mit Δy (ohne Index: allgemein, mit Index: bei einem bestimmten x_i). Der Rechner variiert nun die Modellfunktion so lange, bis er den kleinstmöglichen Wert für die Summe[38] der Quadrate aller Δy_i gefunden hat.

Wie er das genau macht, ist eine spannende und hochinteressante Frage, deren Antwort zur numerischen Mathematik gehört.[39]

---

[37] OpenOffice, LibreOffice sind gleich zu bedienen

[38] Das entspricht bis auf einen Vorfaktor der Varianz in der Statistik: Die Varianz ist die Summe der quadrierten Abweichungen, geteilt durch die Zahl der Wertepaare:

$$s = \frac{1}{n}\left((\Delta y_1)^2 + (\Delta y_2)^2 + (\Delta 3_1)^2 + (\Delta y_4)^2 + \ldots + (\Delta y_n)^2\right) \qquad (3.91)$$

[39] In der naturwissenschaftlichen Literatur wird diese Anpassung oft als *least squares fit* bezeichnet.

Das Bestimmtheitsmaß R^2

Wenn Sie Regressionsfunktionen vom Rechner berechnen lassen, liefert er meist nicht nur die Gleichung der Regressionsfunktion, sondern auch das *Bestimmtheitsmaß R^2*. Dessen Bedeutung illustrieren wir anhand des bereits früher herangezogenen Beispiels des Autozulieferers.

Nehmen wir an, es handele sich bei den Kosten der Firma B ausschließlich um Fixkosten. Dann wäre die vernünftigste Modellfunktion eine, bei der $f_{Modell}(x)$ gar nicht von x abhängt. Wählen wir als erste Modellfunktion die Funktion:

$$f_{Modell,u}(x) = \bar{y} \tag{3.92}$$

$\bar{y}$ soll dabei den Mittelwert aller y-Werte der realen Funktion bezeichnen und das u in $f_{Modell,u}(x)$ steht für „unabhängig". Das Schaubild von $f_{Modell,u}(x)$ wäre eine Parallele zur x-Achse (grün in Abb. 3.39). Die Standardabweichung ist mit Hilfe einer Tabelle schnell ausgerechnet

$$s_u = \frac{1}{5}\left((\Delta y_1)^2 + (\Delta y_2)^2 + (\Delta y_3)^2 + (\Delta y_4)^2 + (\Delta y_5)^2\right) \tag{3.93}$$

$$\approx 142,99 \tag{3.94}$$

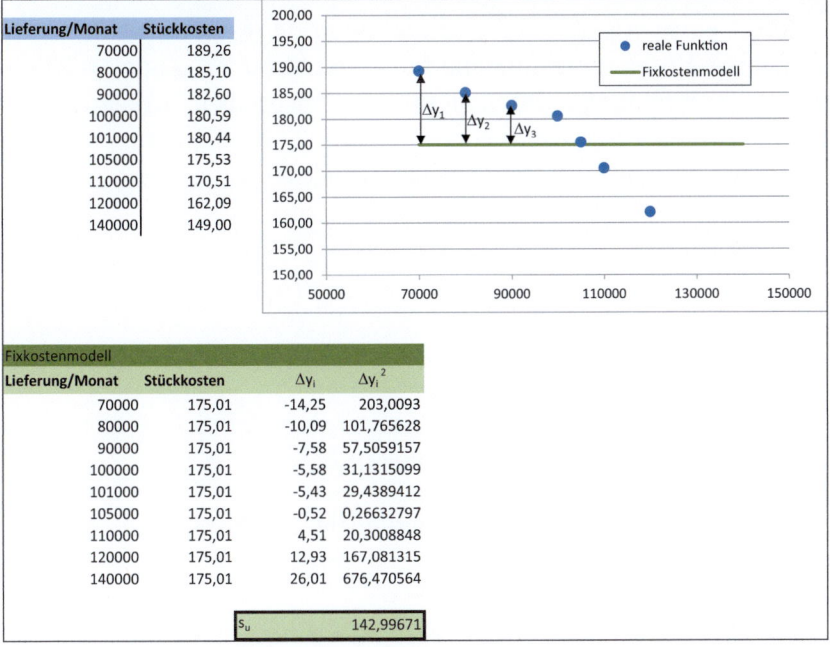

Abb. 3.39.: Ändern sich die Kosten mit der Produktionsmenge? Die Modellfunktion $f_{Modell,u}(x)$ nimmt an: NEIN. Ihr Schaubild ist als grüne Linie dargestellt.

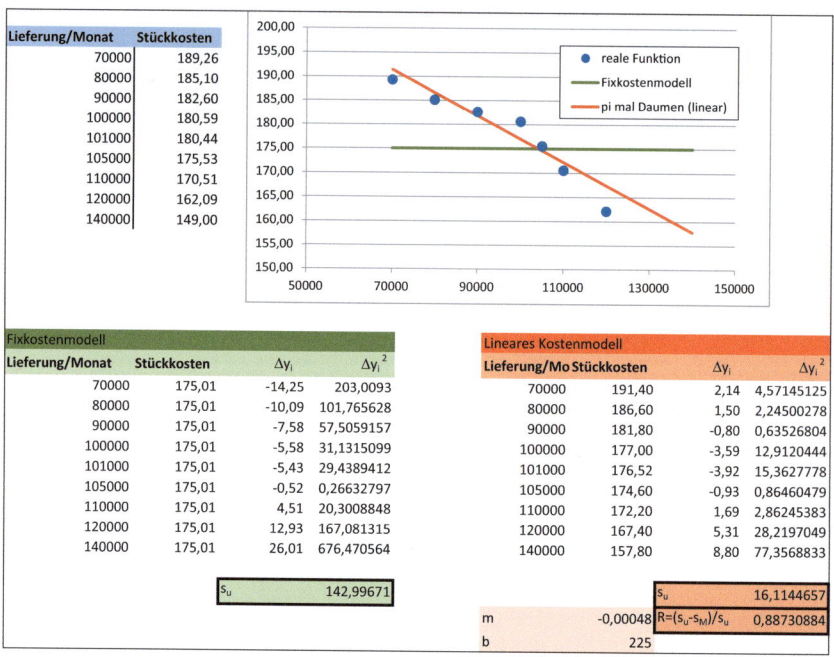

Lieferung/Monat	Stückkosten
70000	189,26
80000	185,10
90000	182,60
100000	180,59
101000	180,44
105000	175,53
110000	170,51
120000	162,09
140000	149,00

Fixkostenmodell			
Lieferung/Monat	Stückkosten	Δy_i	Δy_i^2
70000	175,01	-14,25	203,0093
80000	175,01	-10,09	101,765628
90000	175,01	-7,58	57,5059157
100000	175,01	-5,58	31,1315099
101000	175,01	-5,43	29,4389412
105000	175,01	-0,52	0,26632797
110000	175,01	4,51	20,3008848
120000	175,01	12,93	167,081315
140000	175,01	26,01	676,470564
s_u			142,99671

Lineares Kostenmodell			
Lieferung/Mo	Stückkosten	Δy_i	Δy_i^2
70000	191,40	2,14	4,57145125
80000	186,60	1,50	2,24500278
90000	181,80	-0,80	0,63526804
100000	177,00	-3,59	12,9120444
101000	176,52	-3,92	15,3627778
105000	174,60	-0,93	0,86460479
110000	172,20	1,69	2,86245383
120000	167,40	5,31	28,2197049
140000	157,80	8,80	77,3568833
s_u			16,1144657

m: -0,00048 $R = (s_u - s_M)/s_u$ 0,88730884

b: 225

Abb. 3.40.: Die Modellfunktion $f_{Modell,u}(x)$ (grüne Linie und grüne Tabelle) hat eine viel größere Varianz von der realen Funktion als die Modellfunktion $f_{Modell,2}(x)$ (orangefarbene Linie und orangefarbene Tabelle)

Aber: so richtig passt die Modellfunktion $f_{Modell,u}(x)$ ja nicht. Die durch Probieren gefundene Modellfunktion $f_{Modell}(x) = 225 - 0,00048x$ scheint die Daten besser zu beschreiben. Erkennbar ist das zum einen durch Augenschein in Abb. 3.40, zum anderen an der Tatsache, dass die Varianz deutlich kleiner ist

$$s_2 = \frac{1}{5}\left((\Delta y_1)^2 + (\Delta y_2)^2 + (\Delta y_3)^2 + (\Delta y_4)^2 + (\Delta y_5)^2\right) \tag{3.95}$$

$$\approx 16,11 \tag{3.96}$$

Die Varianz s_2 für diese Modellfunktion ist um 88,73% kleiner als die Varianz für die Modellfunktion $f_{Modell,u}(x) = \bar{y}$.

Diese Zahl (als Dezimalzahl und nicht in Prozent) ist das Bestimmtheitsmaß R^2:

Am Definitionsbestandteil „Verbesserung in %" erkennt man schon: Das Bestimmtheitsmaß ist eine dimensionslose Zahl zwischen 0 und 1. Je näher diese Zahl an 1 ist, desto besser passt die Modellfunktion an die reale Funktion. Diese Aussage gilt nicht nur für Regressionsgeraden, sondern für alle Regressionskurven.

Merke

Das Bestimmtheitsmaß einer Modellfunktion $f_M(x)$ ist die Verkleinerung der Varianz s_M im Vergleich zur Varianz s_u der Modellfunktion $f_{M,u}(x) = \bar{y}$:

$$R^2 = \frac{s_u - s_M}{s_u}$$

$$= 1 - \frac{s_M}{s_u} \tag{3.97}$$

Aufgaben

Modellierung

1. Im Physikunterricht:

   Schüler hängen Massestücke mit der Gewichtskraft F an eine Feder und messen die Längenänderung s.

   a) Zuerst ist die Feder ein Schraubenfeder aus Stahl. Sie erhalten folgende Tabelle:

Masse m/kg	0,05	0,1	0,2	0,25	0,3	0,5	0,75
Kraft F/N	0,5	1	2	2,5	3	5	7,5
Längenänderung s/cm	0,4	0,9	2,1	2,6	2,8	5,2	7,8

   Im Physikbuch steht:

   > Hooke'sches Gesetz:
   > Das Schaubild der Federkraft F als Funktion der Längenänderung s ist eine Gerade. Die Steigung der Geraden nennt man Federkonstante D.

   Berechnen Sie die Federkonstante, die bestmöglich mit den Messdaten in Einklang steht.

   b) Danach wiederholen die Schüler den Versuch mit einem Gummiband. Sie erhalten folgende Tabelle:

Masse m/kg	0,05	0,1	0,2	0,25	0,3	0,4	0,5	0,6	0,7	0,75
Kraft F/N	0,5	1	2	2,5	3	4	5	6	7	7,5
Längenänderung s/cm	0,2	0,4	0,6	0,7	0,8	1,05	1,3	3	5	7,8

   Berechnen Sie die Federkonstante, die bestmöglich mit den Messdaten in Einklang steht. Gilt hier überhaupt das Hooke'sche Gesetz? Argumentieren Sie anhand des Bestimmtheitsmaßes.

2. Charles Augustin de Coulomb (französischer Physiker und Ingenieur, *14.6.1736 Angouleme, + 23.8.1806 Paris) untersuchte mit einem epochemachenden Versuch die Abstoßungskräfte zwischen 2 elektrisch geladenen Holundermark-Kügelchen. Beim Nachstellen dieses Versuchs im Physikunterricht werden für verschiedene Abstände zwischen Holunderkügelchen folgende Kräfte gemessen:

Abstand/cm	10	11	12	13	14	15
Kraft F/(bel. Einheiten)	0,0586	0,0476	0,0373	0,0330	0,0289	0,0253
Abstand/cm	16	18	19	20	21	22
Kraft F/(bel. Einheiten)	0,0196	0,0157	0,0150	0,0144	0,0115	0,0116

   Geben Sie die Gleichung einer Regressionskurve an. Anmerkung: Weil die Kraft nur in beliebigen Einheiten gemessen wurde, werden Sie auch die elektrische Feldkonstante nicht bestimmen können.

Aufgaben

Modellierung *(Fortsetzung)*

3. Im Spielerverzeichnis einer Fußballmannschaft finden sich folgende Einträge:

Größe/cm	178	182	163	178	175	183	171	173	181
Gewicht/kg	73	76	52	71	68	78	68	71	77

   Gibt es einen quantitativen Zusammenhang zwischen Körpergröße und Gewicht? Geben Sie ihn an.

4.

   Vanessa sieht eine Holzschale im Schaufenster eines Geschäfts. Am nächsten Tag geht sie zu ihrem Freund, und bittet ihn, die Schale aus einem Holzblock zu drehen. Der sagt „Bedaure, aber mit dem Photo kann ich nix anfangen. Ich brauche die Funktion der Querschnittsform in geschlossener Form". Können Sie Vanessa helfen?

5. Erwin und Ahmed machen zusammen einen Versuch im Physikpraktikum. Sie lassen eine Kugel eine schiefe Ebene herabrollen und bekommen 26 $s(t)$-Datenpunkte:

Zeit t/s	0	0,04	0,08	0,12	0,16	0,2	0,24	0,28
Weg s/m	0,000	0,001	0,002	0,004	0,008	0,011	0,016	0,024

t/s	0,32	0,36	0,4	0,44	0,48	0,52	0,56	0,6	0,64
s/m	0,032	0,041	0,047	0,063	0,070	0,075	0,092	0,112	0,113

t/s	0,68	0,72	0,76	0,8	0,84	0,88	0,92	0,96	1
s/m	0,135	0,150	0,166	0,178	0,197	0,230	0,264	0,278	0,303

   a) Ahmed passt eine quadratische Parabel an die Daten an. Wie lautet die Gleichung von Ahmeds Kurve?

   b) Erwin experimentiert mit Polynomen zweiter bis fünfter Ordnung. Er berechnet jeweils eine Regressionsfunktion und das dazugehörige Bestimmtheitsmaß. Geben Sie die Regressionsfunktionen an, die Erwin findet samt der jeweiligen Bestimmtheitsmaße.

   c) Erwin schaut auf die Bestimmtheitsmaße und vertritt die Meinung, dass das Polynom 4. Ordnung das Experiment am besten modelliert. Nehmen Sie Stellung.

   d) Erwin und Ahmed zeigen ihre Versuchsauswertungen dem Physiklehrer. Sie fragen ihn, was jetzt die richtige Lösung sei, und wie man diese Frage entscheiden könne, ohne ins Physikbuch zu schauen. Erwin fügt listig hinzu: „Physiker messen ja auch Sachen, die nicht im Physikbuch stehen. Was machen die dann"? Der Physiklehrer sagt: „Zeichnet mal die Daten und die Regressionskurven". Was lernt man aus der Zeichnung?

Modellierung *(Fortsetzung)*

6. Herr Moosgruber vom Kleingärtnerverein hat jahrelang mit der Neuzüchtung eines Apfelbaums experimentiert. Dabei hat er die Erträge von 4 Exemplaren der Neuzüchtung über 15 Jahre beobachtet (Manche Daten fehlen, weil einmal die Äpfel von einem Baum geklaut wurden und weil einige Male vergessen wurde, die Ergebnisse ordentlich zu protokollieren). In seiner Tabelle finden sich folgende Einträge:

Jahr	0	1	2	3	4	5	6	7	8	9	10	11	12
Ertrag/kg	0,0	0,0	0,7	4,6	12,5	??	73,6	102,8	193*	318,7	479,6	656,1	1019,6

Hinweis: * bedeutet, dass ein Baum von Dieben leergeerntet wurde

   a) Bevor er seine Ergebnisse in den „Kleingärtner-Mitteilungen" veröffentlicht, will seine Tochter, die aufs Wirtschaftsgymnasium geht, eine ganzrationale Funktion 4. Ordnung anpassen. Wie lautet deren Gleichung?

   b) Geben Sie das Bestimmtheitsmaß der Regressionsfunktion aus Teilaufgabe (a) an.

   c) Obwohl das Bestimmtheitsmaß überzeugend ist, hat Herr Moosgruber Zweifel, ob eine Polynomfunktion 4. Ordnung den Ertrag der Bäume wirklich beschreibt. Warum?

7. Ob Mathe reich macht? Versuchen Sie sich an einem Prognosemodell für den Goldpreis.

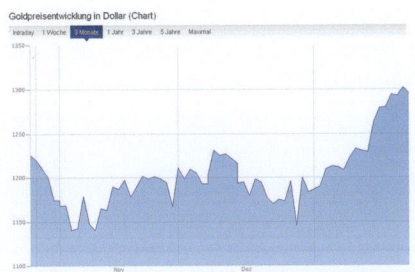

   a) Passen Sie ein Polynom 6. Ordnung an den Verlauf des Goldpreises der letzten 90 Tage an. Sagen Sie damit den Goldpreis 30 Tage nach Ende der vorliegenden Daten voraus.

   b) Passen Sie eine Modellfunktion eigener Wahl an den Verlauf des Goldpreises der letzten 90 Tage an. Sagen Sie damit den Goldpreis 30 Tage nach Ende der vorliegenden Daten voraus.

   c) Wie groß ist der Unterschied zwischen den beiden Vorhersagen aus Teilaufgabe (a) und (b) in Prozent? Für einen Anleger ist diese Antwort zwar interessant, aber eigentlich interessiert ihn etwas anderes: Nehmen wir an, er hat am Tag 89 zu 1300 Dollar pro Feinunze gekauft. Um wie viel Prozent weicht sein vorhergesagter Gewinn nach Teilaufgabe (a) vom vorhergesagten Gewinn nach Teilaufgabe (b) ab?

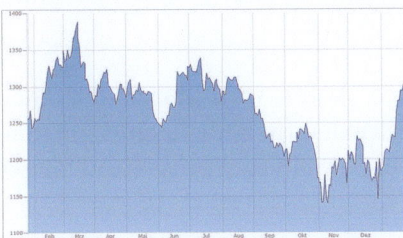

   d) Sie wollen Ihre Prognose auf eine solidere Datenbasis stellen. Benutzen Sie wieder ein Polynom 6. Ordnung, das Sie an den Goldpreis der letzten 360 Tage anpassen und sagen Sie damit erneut den Goldpreis 30 Tage nach Ende der vorliegenden Daten voraus.

Anmerkung: Alle Kurven wurden am 25.1.2015 erstellt und beziehen sich auf den Zeitraum unmittelbar davor. Am 24.2.2015 (also ca. 30 Tage danach) betrug der Goldpreis übrigens 1201 Dollar pro Unze.

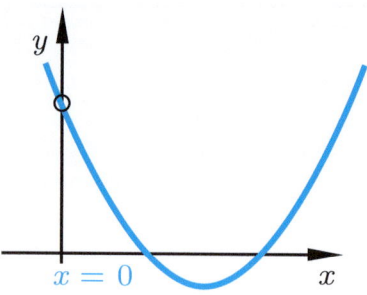

Abb. 3.41.: Zur Berechnung des Schnittpunkts mit der y-Achse

> **Schnittpunkte mit der y-Achse**
>
> Schnittpunkte des Schaubilds mit der y-Achse berechnet man, indem man im Funktionsterm $x = 0$ einsetzt.

3.8. Schnittpunkte mit den Koordinatenachsen

3.8.1. Schnittpunkte mit der y-Achse

Die y-Achse ist der Ort aller Punkte, welche den x-$Wert$ Null haben. Den Schnittpunkt zwischen y-Achse und einer Kurve erhält man also dadurch, dass man den y-$Wert$ für $x = 0$ berechnet. Es wird also einfach in der rechten Seite der Funktionsgleichung 0 für x eingesetzt.

Beispiele

Das Schaubild der Funktion $f(x) = \frac{2}{3}x^3$ schneidet die y-Achse bei $f(0) = 0$.
Das Schaubild der Funktion $f(x) = e^x$ schneidet die y-Achse bei $f(0) = e^0 = 1$
Das Schaubild der Funktion $f(x) = \cos(x)$ schneidet die y-Achse bei $f(0) = \cos(0) = 1$

Aufgaben

Schnittpunkte mit der y-Achse

1. Berechnen Sie jeweils den y-Achsenabschnitt des Schaubilds der folgenden Funktionen

$f(x) = x^2$	$f(x) = (x+2)^2$	$f(x) = x^2 + 2$
$f(x) = x^3$	$f(x) = x^4$	$f(x) = x^5$
$f(x) = x^3 + 2x^2$	$f(x) = x^3 + 2x^2 - 4x$	$f(x) = x^4 - 8x^2$
$f(x) = \sqrt{x}$	$f(x) = 1/(x-3)$	$f(x) = tan(x)$
$f(x) = 2^x$	$f(x) = 3^x$	$f(x) = e^x$

2. Gibt es Funktionen, deren Schaubild die y-Achse nicht schneidet?

3. Der Umsatz U eines Unternehmens wird durch die Funktion $U(t) = 1.200.500 e^{(t-2010)}$ beschrieben. Dabei ist t das Kalenderjahr. Wie groß war der Umsatz im Jahr 2010?

4. Die Position eines Autos wird durch die Gleichung $x(t) = 3t + 2$ beschrieben (in beliebigen Einheiten). Dabei ist t die Zeit in Sekunden. Wo ist das Fahrzeug bei t = 0s?

3.8.2. Schnittpunkte mit der x-Achse

In Bild 3.42 sehen wir das Schaubild K_f einer Funktion $f(x)$. Die Schnittpunkte mit der x-Achse (die so genannten Nullstellen).[40] sind dadurch charakterisiert, dass sie den y-*Wert* NULL aufweisen. Nullstellen berechnet man also, indem man $f(x)$ Null setzt

$$f(x) \overset{!}{=} 0 \qquad (3.98)$$

(sprich: „f (x) soll null sein") und dann die x-*Werte* ausrechnet, für die sich eine wahre Aussage ergibt[41]. Das Lösen einer Gleichung der Form $f(x) = 0$ (und das Sammeln von Lösungsstrategien für diese Aufgabe) wird uns in diesem Buch immer wieder beschäftigen.

Daher werden wir dieser Aufgabe jetzt einigen Raum geben[42]. Wir führen alle Strategien anhand von Beispielen ein. Gleichzeitig lernen wir dabei auch etwas über die verschiedenen Funktionstypen.

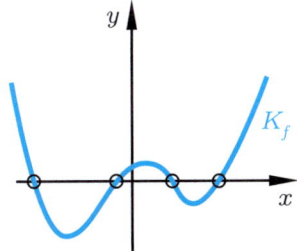

Abb. 3.42.: Zur Berechnung der Schnittpunkte eines Schaubilds mit der x-Achse

Schnittpunkte mit der x-Achse

Schnittpunkte des Schaubilds mit der $x-$Achse berechnet man, indem man den Funktionsterm Null setzt und dann nach x auflöst.

---

[40]Bitte beachten Sie die korrekte Fachsprache:

Eine *Funktion* hat eine *Nullstelle*. Das ist der x-Wert, bei dem der Funktionswert Null ist.

Eine *Kurve* oder ein *Schaubild* hingegen hat einen *Schnittpunkt* mit der x-Achse. Das ist ein geometrischer Punkt, charakterisiert durch zwei Koordinaten.

Eine Funktion schneidet keinesfalls die x-Achse! Der Ausdruck „Nullstellen der Kurve" hingegen ist zwischenzeitlich gebräuchlich – auch wenn er eigentlich für Funktionen geprägt wurde.

[41]d. h. nach x auflöst

[42]Ein Lösungsweg geht immer, nämlich die Benutzung elektronischer Hilfsmittel. In diesem Kurs wollen wir das als ultima ratio betrachten und machen das erst ganz am Ende.

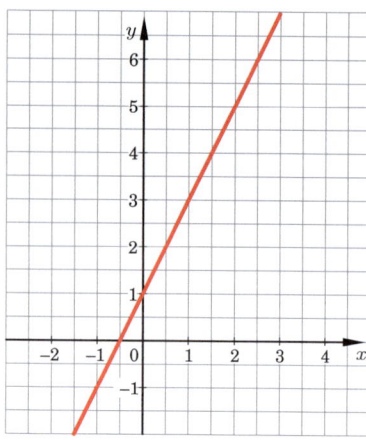

Abb. 3.43.: Das Schaubild zu $f(x) = 2x + 1$.

Beispiel 1

Gegeben sei die Funktion mit dem Funktionsterm

$$f(x) = 2x + 1 \qquad (3.99)$$

Wie heißt die Funktion und ihr Schaubild?
Wo liegen die Schnittpunkte des Schaubilds mit der x-Achse?

Lösung:

Die Funktion wird ganzrationale Funktion ersten Grades genannt. Ganzrationale Funktionen sind Funktionen, bei denen nur Potenzen von x mit natürlichen Exponten im Funktionsterm vorkommen[43] und diese ist „ersten Grades", weil die höchste vorkommende Potenz Eins ist[44]. Das Schaubild nennt man eine Gerade (mit Steigung 2 und dem y-Achsenabschnitt 1[45]).

Nullsetzen des Funktionsterms[46] ergibt:

$$2x + 1 = 0 \qquad (3.100)$$

was wir nach x auflösen können:

$$2x + 1 = 0 \quad | \quad -1 \qquad (3.101)$$
$$2x = -1 \quad | \quad : 2 \qquad (3.102)$$
$$x = -\frac{1}{2} \qquad (3.103)$$

Den y-Wert könnte man natürlich durch Einsetzen des berechneten x-Werts in die Funktionsgleichung erhalten, aber in diesem Fall wissen wir ja bereits, dass der y-Wert 0 sein muss[47]. Somit ergibt sich für die Schnittpunkte mit der x-Achse:

$$NS \left(-\frac{1}{2} | 0 \right) \qquad (3.104)$$

---

[43] also $x^0, x^1, x^2, x^3, \dots$ In einer ganzrationalen Funktion dürfen nicht vorkommen: $x^{-1}, x^{1/2}, x^{3/2}, \dots$ aber auch nicht: $e^x, \sin(x)$,

[44] den Term $2x$ im Funktionsterm kann man auch schreiben als $2 \cdot x^1$

[45] Falls Ihnen das nicht mehr geläufig ist: an Geradengleichungen der Form

$$y = mx + c$$

kann man die Steigung und den y-Achsenabschnitt sofort ablesen: der Faktor m vor dem x stellt die Steigung dar, das c (auch Absolutglied genannt) stellt den Achsenabschnitt dar.

[46] Das sollte *immer* die erste Zeile Ihrer Lösung sein.

[47] Sonst wäre es ja keine Nullstelle.

Aufgaben

Nullstellen von linearen Gleichungen

1. Für welche x-*Werte* wird die folgende Gleichung erfüllt?

      a) $3x - 2 = 0$

      b) $2x - 10 = 0$

      c) $8x - 4 = 0$

      d) $5x + 15 = 0$

2. Für welche x-*Werte* wird die folgende Gleichung erfüllt?

      a) $3x - 2 = -x + 6$

      b) $2x - 10 = x - 1$

      c) $8x - 4 = 5x + 2$

      d) $5x + 15 = -4x - 3$

Für das folgende Beispiel benötigen wir den Satz vom Nullprodukt, der ja irgendwie intuitiv[48] klar ist:

Satz vom Nullprodukt

Ein Produkt wird genau dann Null, wenn wenigstens einer der Faktoren Null ist.

---

[48] Aber Achtung! Er gilt zwar für reelle Zahlen, aber nicht für alle mathematischen Objekte. Für Matrizen beispielsweise nicht. Für Vektoren auch nicht.

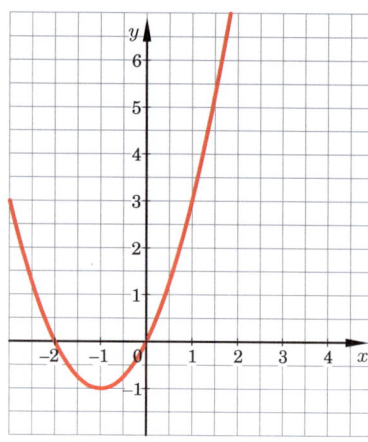

Abb. 3.44.: Das Schaubild zu $f(x) = x^2 + 2x$.

Beispiel 2

Gegeben sei die Funktion mit der Funktionsgleichung

$$f(x) = x^2 + 2x$$

Wie heißt die Funktion und ihr Schaubild?
Wo liegen die Schnittpunkte des Schaubilds mit der x-Achse?

Lösung:

Die Funktion wird quadratische Funktion oder ganzrationale Funktion zweiter Ordnung genannt. „Ganzrational" deshalb, weil nur Potenzen von x mit natürlichen Zahlen als Exponenten im Funktionsterm vorkommen, „zweiter Ordnung" deshalb, weil die höchste vorkommende Potenz Zwei ist.[49] Das Schaubild ist eine Parabel.

Nullsetzen des Funktionsterms ergibt:

$$x^2 + 2x = 0 \tag{3.105}$$

wo wir x ausklammern können:[50]

$$x(x + 2) = 0$$

Nach dem Satz vom Nullprodukt muss einer der beiden Faktoren Null sein:

$$\underbrace{x}_{=0} \quad \cdot \quad \underbrace{(x + 2)}_{=0} \quad = \quad 0 \tag{3.106}$$
$$\text{oder}$$

Am elegantesten stellt man die weitere Rechnung mit einer Fallunterscheidung dar, die man mit der Überschrift *Nach dem Satz vom Nullprodukt* (oder abgekürzt *n. S. v. NP.*) einleitet:

Fall 1: $x = 0$ Na ja, hier legt die Bedingung schon die Lösung[51] fest:

$$x_1 = 0 \tag{3.107}$$

---

[49]genauere Erklärung siehe Beispiel 1

[50]Mancher kommt bei diesem Beispiel auf die Idee, durch x zu teilen. Weil x eine Variable ist, die ja auch den Wert Null annehmen könnte und weil man aber nicht durch Null teilen kann, muss man eine Fallunterscheidung durchführen: Fall 1: $x = 0$; Fall 2: $x \neq 0$. Um das zu vermeiden, rate ich dringend dazu, auf das Teilen durch Variable oder Ausdrücke, die eine Variable beinhalten, zu verzichten (auch wenn nichts daran falsch ist – vorausgesetzt, man macht es handwerklich richtig). Klammern Sie aus!

[51]In diesem Buch unterschieden wir immer: x ist die laufende Variable, $x_1; x_2; x_3; \ldots$ sind spezielle Werte, die diese Variable annehmen kann. Aus der Bedingung $x = 0$ folgt also die Lösung $x_1 = 0$

Es spricht allerdings kein zwingender formaler Grund dagegen, einfach „$x = 0$" zu schreiben oder „$f(x) = 0$ für $x = 0$".

Fall 2: $x + 2 = 0$ Aus der Bedingung folgt eine Gleichung, die es zu lösen gilt (was hier einfach ist, aber auch schwieriger werden kann):

$$x + 2 = 0 \tag{3.108}$$
$$x_2 = -2 \tag{3.109}$$

und wir erhalten für die Nullstellen:

$$NS_1\,(0|0) \tag{3.110}$$
$$NS_2\,(-2|0) \tag{3.111}$$

Aufgaben

Satz vom Nullprodukt

1. Für welche x-Werte wird die folgende Gleichung erfüllt?

   a) $3x^2 - 2x = 0$

   b) $3x^2 - 6x = 0$

   c) $x^2 - 2x = 0$

   d) $3x^2 + 6x = 0$

2. Für welche x-Werte wird die folgende Gleichung erfüllt?

   a) $(4x - 8)\,(2x - 6) = 0$

   b) $(4x + 8)\,(6x - 3) = 0$

   c) $(3x - 6)\,(2x + 6) = 0$

   d) $(3x + 12)\,(6x - 18) = 0$

3. Für welche x-Werte wird die folgende Gleichung erfüllt?

   a) $(4x - 8)\,(2x^2 - 6x) = 0$

   b) $(4x + 8)\,(5x - 10x^2) = 0$

   c) $(3x - 6)\,(2x^2 + 6x) = 0$

   d) $(3x^2 + 12x)\,6x = 0$

Für das folgende Beispiel müssen wir uns die sogenannte Mitternachtsformel wieder ins Gedächtnis rufen:

„Mitternachtsformel"

Gegeben eine quadratische Gleichung[a] der Form:

$$ax^2 + bx + c = 0 \qquad (3.112)$$

dann existieren für diese Gleichung maximal zwei Lösungen, die berechnet werden können – mithilfe der Formel:

$$x_{1/2} = \frac{-b \pm \sqrt{b^2 - 4ac}}{2a} \qquad (3.113)$$

Den Term unter der Wurzel nennt man Diskriminante (lat. unterscheiden) D. Das Vorzeichen von D gibt an, wie viele Lösungen die Gleichung hat:

$$D < 0 : \text{keine Lösung}$$
$$D = 0 : \text{eine Lösung}$$
$$D > 0 : \text{zwei Lösungen}$$

---

[a]Beachten Sie:

- $ax^2 + bx + c = 0$ nennt man die quadratische Gleichung.
- $f(x) = ax^2 + bx + c$ nennt man eine quadratische Funktion.

Die erstere kann man lösen, letztere nicht. Letztere ist eine Zuordnungsregel.

Beispiel 3

Gegeben sei die Funktion mit der Funktionsgleichung

$$f(x) = x^2 - 4$$

Wo liegen die Schnittpunkte des Schaubilds mit der x-Achse?

Lösung:

Nullsetzen des Funktionsterms ergibt:

$$x^2 - 4 = 0 \tag{3.114}$$

Ausklammern und anschließendes Anwenden des Satzes vom Nullprodukt funktioniert hier nicht, denn die beiden Summanden haben keine gemeinsamen Faktoren. Möglich jedoch ist das Isolieren des x^2-Terms, und anschließendes Wurzelziehen:

$$x^2 = 4 \tag{3.115}$$
$$x_{1/2} = \pm\sqrt{4} \tag{3.116}$$

wobei wir berücksichtigen müssen, dass die Wurzel nur die positive Wurzel ist[52]. Man muss also noch $\pm$ voranstellen!

Die Schnittpunkte sind also:

$$NS_1\,(2|0) \tag{3.117}$$
$$NS_2\,(-2|0) \tag{3.118}$$

Aufgaben

Einfache quadratische Gleichungen

1. Für welche x-Werte wird die folgende Gleichung erfüllt?

   a) $x^2 - 4 = 0$

   b) $x^2 + 16 = 0$

   c) $x^2 - 9 = 0$

2. Für welche x-Werte wird die folgende Gleichung erfüllt?

   a) $2x^2 - 8 = 0$

   b) $4x^2 - 64 = 0$

   c) $7x^2 - 63 = 0$

---

[52]Das ist so definiert. Warum das so ist, lesen Sie im Abschnitt über Umkehrfunktionen.

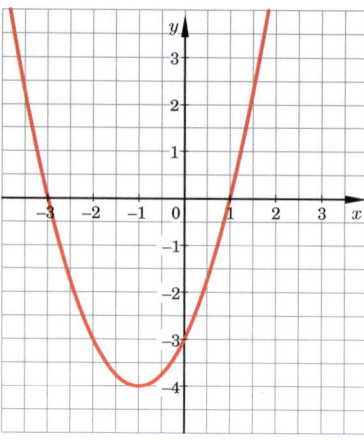

Abb. 3.45.: Das Schaubild zu $f(x) = x^2 + 2x - 3$.

„Mitternachstformel"

Beispiel 4

Gegeben sei die Funktion mit der Funktionsgleichung

$$f(x) = x^2 + 2x - 3$$

Wie heißt die Funktion und ihr Schaubild?
Wo liegen die Schnittpunkte des Schaubilds mit der x-Achse?

Lösung:

Auch diese Funktion wird ganzrationale Funktion zweiter Ordnung genannt und ihr Schaubild ist eine Parabel.

Nullsetzen des Funktionsterms ergibt:

$$x^2 + 2x - 3 = 0 \qquad (3.119)$$

Allerdings verhindert die 3 auf der linken Seite,[53] dass wir wie im vorhergehenden Beispiel x ausklammern können mit dem Ziel, den Satz vom Nullprodukt anwenden zu können. Eine Lösung liefert uns in diesem Fall die so genannte „Mitternachtsformel", wobei wir erkennen, dass:

$$a = 1 \qquad (3.120)$$
$$b = 2 \qquad (3.121)$$
$$c = -3 \qquad (3.122)$$

Die so genannten Koeffizienten a, b, c werden eingesetzt und es ergibt sich:

$$x_{1/2} = \frac{-2 \pm \sqrt{4 + 12}}{2} \qquad (3.123)$$
$$= \frac{-2 \pm \sqrt{16}}{2} \qquad (3.124)$$
$$= \frac{-2 \pm 4}{2} \qquad (3.125)$$

und wir erhalten für die Schnittpunkte:

$$NS_1 \, (1|0) \qquad (3.126)$$
$$NS_2 \, (-3|0) \qquad (3.127)$$

---

[53]Die 3 wird *Absolutglied* genannt, denn sie hängt nicht von x ab; sie ist „absolut".

alternative Lösung:

Dieses Ergebnis hätte man auch einfacher erhalten können, nämlich indem man die Gleichung

$$x^2 + 2x - 3 = 0 \qquad (3.128)$$

als Zahlenrätsel auffasst:

Suche ein Zahlenpaar,
dessen Produkt - 3 ist
und dessen Summe +2 ist.

Durch Probieren[54] ist dieses Zahlenrätsel schnell gelöst: es handelt sich um die Zahlen 3 und -1. Man dreht noch die Vorzeichen der gefundenen Lösungen des Zahlenrätsels um und erhält die Nullstellen:

$$x_1 = 1 \qquad (3.129)$$
$$x_2 = -3 \qquad (3.130)$$

Dieses Vorgehen lässt sich erklären: Wenn man das Zahlenrätsel gelöst hat, kann man die Funktionsgleichung umschreiben:

$$f(x) = x^2 + 2x - 3 \qquad (3.131)$$
$$= (x - 1)(x + 3) \qquad (3.132)$$

Den Funktionsterm, wie er in der oberen Zeile (Gl. 3.131) gegeben ist, nennt man „Polynomform", die untere Zeile (Gl. 3.132) nennt man „Produktform".[55] Die Produktform hat den Charme, dass man Nullstellen durch „scharfes Hinsehen" erkennt: wegen des Satzes vom Nullprodukt müssen die Nullstellen bei $x = 1$ und $x = -3$ liegen. Man dreht also einfach die Vorzeichen des Zahlenpaares, das man durch das Lösen des Zahlenrätsels erhalten hat, um.

Satz vom Nullprodukt

Satz von Vieta

Man nennt diese Zahlenrätsel auch *Lösung mithilfe des Satzes von Vieta*. Man erkennt, dass diese Lösung sehr viel schneller vonstatten gehen kann, als der Einsatz der Mitternachtsformel. Die Bedingung ist allerdings, dass vor dem x^2-Term kein Vorfaktor steht (oder er vorab ausgeklammert wurde).

---

[54] Am schnellsten kommt man zum Ziel, wenn man sich mögliche Produktdarstellungen für -3 überlegt (weil es davon meistens überschaubar wenige gibt) und dann versucht, die Kombination auszuwählen, welche die passende Summe 2 ergibt.

[55] Den Rechenschritt zwischen den beiden nennt man auch Zerlegung in Linearfaktoren.

Der Einsatz der Mitternachtsformel, wenn einer der Koeffizienten Null ist[56], führt erfahrungsgemäß oft zu Fehlern, weshalb wir dazu raten, sie nur zu benutzen, wenn es keinen anderen Lösungsweg gibt.

Aufgaben

Mitternachtsformel und Satz von Vieta

1. Für welche x-Werte wird die folgende Gleichung erfüllt?

   a) $x^2 - 4 = 0$

   b) $x^2 + 16 = 0$

   c) $x^2 - 9 = 0$

2. Für welche x-Werte wird die folgende Gleichung erfüllt?

   a) $2x^2 - 8 = 0$

   b) $4x^2 - 64 = 0$

   c) $7x^2 - 63 = 0$

3. Für welche x-Werte wird die folgende Gleichung erfüllt?

   a) $x^2 + 2x - 3 = 0$

   b) $x^2 - 4x - 12 = 0$

   c) $x^2 + x - 12 = 0$

   d) $x^2 + 5x + 6 = 0$

4. Für welche x-Werte wird die folgende Gleichung erfüllt?

   a) $x^2 - 4x + 4 = 0$

   b) $x^2 - 3x - 4 = 0$

   c) $x^2 - 4x + 9 = 0$

   d) $x^2 - 9x + 14 = 0$

   e) $x^2 + 8x + 15 = 0$

   f) $x^2 - 17x + 30 = 0$

   g) $x^2 + 3x + 2 = 0$

   h) $x^2 - 2x - 63 = 0$

---

[56]In Beispiel 2 ist $c = 0$, in Beispiel 3 ist $c = 0$

Mitternachtsformel und Satz von Vieta *(Fortsetzung)*

5. Für welche Werte von n hat die folgende Gleichung genau eine Lösung?

   a) $x^2 - 4x + n = 0$

   b) $x^2 - nx - 4 = 0$

   c) $x^2 - 2nx + n^2 = 0$

   d) $x^2 + 2nx + n^2 = 0$

6. Für welche x-Werte wird die folgende Gleichung erfüllt?

   a) $2x^2 + 2x - 3 = x^2$

   b) $5x^2 - 5x - 12 = 4x^2 - x$

   c) $x^2 + x - 10 = 2$

   d) $x^2 + 6x + 7 = x + 1$

7. Für welche x-Werte wird die folgende Gleichung erfüllt?

   a) $4x^2 + 8x - 12 = 0$

   b) $5x^2 - 20x - 60 = 0$

   c) $3x^2 + 3x - 36 = 0$

   d) $2x^2 + 10x + 12 = 0$

   e) $-2x^2 + 4x + 126 = 0$

   f) $-x^2 + 3x + 4 = 0$

8. Lösen Sie die Aufgabe 4. durch Zerlegung in Linearfaktoren.

9. Lösen Sie die Aufgabe 7. durch Zerlegung in Linearfaktoren.

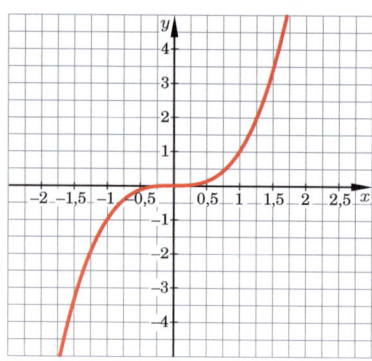

Abb. 3.46.: Das Schaubild von $f(x) = x^3$.

Beispiel 5

Gegeben sei die Funktion mit dem Funktionsterm

$$f(x) = x^3 \tag{3.133}$$

Wie heißt die Funktion und ihr Schaubild?
Wo liegen die Schnittpunkte des Schaubilds mit der x-Achse?

Lösung:

Die Funktion wird ganzrationale Funktion dritten Grades genannt. Weil im Funktionsterm nur x^3 vorkommt und keine kleineren Potenzen, hat sie auch noch einen zweiten Namen: *Potenzfunktion* (in diesem Fall dritten Grades).[57] Das Schaubild nennt man eine *kubische Parabel* oder *Parabel dritter Ordnung*.

Nullsetzen des Funktionsterms ergibt:

$$x^3 = 0 \tag{3.134}$$

was wir nach x auflösen können, indem wir auf beiden Seiten die dritte Wurzel nehmen:

$$x = 0 \tag{3.135}$$

Und damit ergibt sich für den Schnittpunkt:

$$NS_1(0|0) \tag{3.136}$$

---

[57]Potenzfunktionen sind also eine Untermenge der ganzrationalen Funktionen (wenn der Exponent eine natürliche Zahl ist)

Beispiel 6

Gegeben sei die Funktion mit dem Funktionsterm

$$f(x) = x^3 + 1 \qquad (3.137)$$

Wie heißt die Funktion und ihr Schaubild?
Wo liegen die Schnittpunkte des Schaubilds mit der x-Achse?

Lösung:

Die Funktion ist eine *Potenzfunktion* dritten Grades). Das Schaubild ist eine um 1 entlang der y-Achse nach oben verschobene *kubische Parabel* oder *Parabel dritter Ordnung*.

Nullsetzen des Funktionsterms ergibt:

$$x^3 + 1 = 0 \qquad (3.138)$$

was wir nach x auflösen können, indem wir auf beiden Seiten 1 subtrahieren

$$x^3 \;=\; -1 \qquad (3.139)$$

und dann die dritte Wurzel ziehen:[58]

$$x = -1 \qquad (3.140)$$

Und damit ergibt sich für den Schnittpunkt:

$$NS\,(-1|0) \qquad (3.141)$$

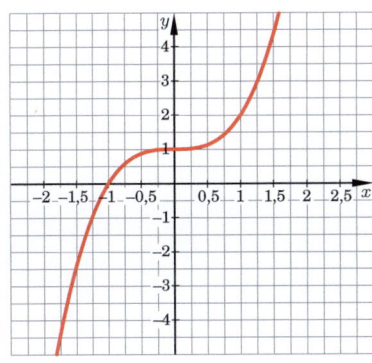

Abb. 3.47.: Das Schaubild von $f(x) = x^3 + 1$.

Lernkontrolle

1. $f(x) = x^2 - 4$

2. $f(x) = x^3 - 8$

3. $f(x) = x^{2-16}$

---

[58]So, jetzt haben wir ein Problem. Wäre diese Fußnote nicht, würden Sie das Problem vielleicht erst beim zweiten Durchgang durch das Buch bemerken, aber das Problem würde ja trotzdem bestehen. Wir vereinbaren jetzt: Unter ungeraden Wurzeln darf eine negative Zahl stehen, unter geraden **nicht**. Das ist anders, als Sie es in der Schule lernten. Zur Erklärung siehe Anhang A5.

Beispiel 7

Gegeben sei die Funktion mit dem Funktionsterm

$$f(x) = x^m - 2 \qquad (3.142)$$

Wie heißt die Funktion und ihr Schaubild?
Wo liegen die Schnittpunkte des Schaubilds mit der x-Achse?

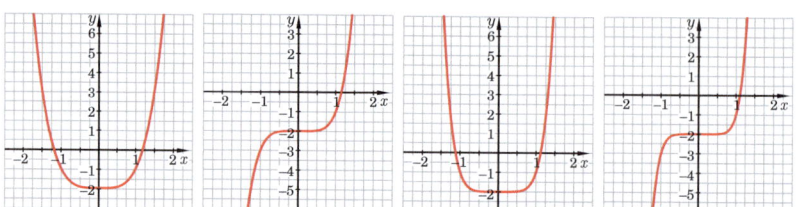

Abb. 3.48.: Das Schaubild von $f(x) = x^m - 2$ für $m = 4; 5; 6; 7$
(von links nach rechts).

Lösung:

Die Funktion ist eine *Potenzfunktion* m-ten Grades). Das Schaubild ist eine um 1 entlang der y-Achse nach oben verschobene *Parabel m-ter Ordnung*.

Nullsetzen des Funktionsterms führt zur Potenzgleichung:

$$x^m - 2 = 0 \qquad (3.143)$$

was wir nach x auflösen können, indem wir auf beiden Seiten 1 subtrahieren

$$x^m = 2 \qquad (3.144)$$

und dann die m-te Wurzel[59] ziehen:

$$x = \sqrt[m]{2} \qquad (3.145)$$

Dieses Verfahren gilt also für alle Potenzfunktionen.

> **Merksatz**
>
> Nullstellen von Potenz-funktionen bestimmen
> 1. Potenz isolieren
> 2. m-te Wurzel ziehen

---

[59]Beachten Sie die Bemerkungen zum Definitionsbereich der Wurzel im vorher-gehenden Beispiel und im Anhang A5.

Aufgaben

Nullstellen von Potenzfunktionen

1. Berechnen Sie die folgenden Wurzeln, falls sie existieren:

   a) $\sqrt[3]{27}$

   b) $\sqrt[3]{8}$

   c) $\sqrt[3]{64}$

   d) $\sqrt[4]{16}$

   e) $\sqrt[5]{243}$

   f) $\sqrt[10]{1024}$

2. Berechnen Sie die folgenden Wurzeln ohne Taschenrechner. Benutzen Sie ggf. partielles Wurzelziehen:

   a) $\sqrt[3]{54}$

   b) $\sqrt[3]{16}$

   c) $\sqrt[3]{32}$

   d) $\sqrt[4]{32}$

   e) $\sqrt[2]{242}$

   f) $\sqrt[2]{98}$

   g) $\sqrt[3]{96}$

   h) $\sqrt[4]{80}$

3. Suchen Sie die Nullstellen der folgenden Funktionen:

   a) $f(x) = 3x^3 - 54$

   b) $f(x) = x^4 - 16$

   c) $f(x) = x^3 + 27$

   d) $f(x) = x^4 + 16$

   e) $f(x) = x^5 - 81$

   f) $f(x) = 4x^4 - 16$

   g) $f(x) = x^3 + 12$

   h) $f(x) = 8x^3 + 216$

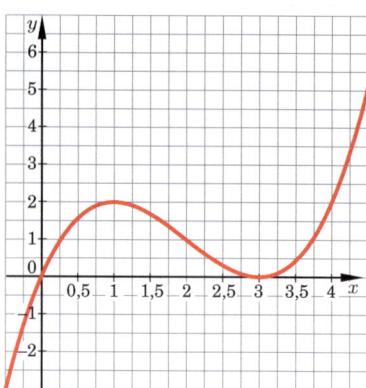

Abb. 3.49.: Das Schaubild von $f(x) = \frac{1}{2}x^3 - 3x^2 + \frac{9}{2}x$.

Beispiel 8

Gegeben sei die Funktion mit der Funktionsgleichung

$$f(x) = \frac{1}{2}x^3 - 3x^2 + \frac{9}{2}x$$

Wie heißt die Funktion und ihr Schaubild?
Wo liegen die Schnittpunkte des Schaubilds mit der x-Achse?

Lösung:

Die Funktion wird ganzrationale Funktion dritten Grads oder Polynomfunktion dritten Grads genannt, ihr Schaubild ist eine Parabel dritter Ordnung.

Nullsetzen des Funktionsterms ergibt:

$$\frac{1}{2}x^3 - 3x^2 + \frac{9}{2}x = 0 \tag{3.146}$$

Für ganzrationale Funktionen höheren Grades als 2 gibt es leider keine „Mitternachtsformel". Für kubische Gleichungen[60] gibt es zwar noch ein etwas komplexeres Verfahren[61] für höhere Ordnungen gar nichts mehr.

Aber in diesem speziellen Fall gibt es einen Ausweg. Wir erkennen, dass der Funktionsterm kein Absolutglied aufweist und dass man x ausklammern kann.

$$\underbrace{x}_{\text{Faktor a}} \quad \cdot \quad \underbrace{\left(\frac{1}{2}x^2 - 3x + \frac{9}{2}\right)}_{\text{Faktor b}} \quad = \quad 0 \tag{3.147}$$

Wegen des Satzes vom Nullprodukt wissen wir, dass einer der beiden Faktoren (a oder b) Null sein muss. Am elegantesten stellt man das mit einer Fallunterscheidung dar:

Fall a: $x = 0$ Hier legt die Bedingung schon die Lösung fest:

---

[60]Funktionen der Form

$$f(x) = ax^2 + bx + c$$

nennt man quadratische Funktionen, Gleichungen der Form

$$ax^2 + bx + c = 0$$

nennt man quadratische Gleichungen, Gleichungen der Form

$$ax^3 + bx^2 + cx + d = 0$$

nennt man kubische Gleichungen
[61]siehe beispielsweise: http://www.montgelas-gymnasium.de/mathe/kubfa-/leitkubgleich.html

$$x_1 = 0 \qquad\qquad (3.148)$$

Fall b: $\frac{1}{2}x^2 - 3x + \frac{9}{2} = 0$ Aus der Bedingung folgt eine Gleichung, die es zu lösen gilt (und zwar in diesem Fall mit der Mitternachtsformel):[62]

$$\frac{1}{2}x^2 - 3x + \frac{9}{2} = 0 \qquad\qquad (3.149)$$

$$x_{2/3} = \frac{3 \pm \sqrt{3^2 - 4 \cdot \frac{1}{2} \cdot \frac{9}{2}}}{2 \cdot \frac{1}{2}} \qquad\qquad (3.150)$$

$$= \frac{3 \pm \sqrt{0}}{1} \qquad\qquad (3.151)$$

$$x_{2/3} = 3 \qquad\qquad (3.152)$$

Wir können die Ergebnisse der beiden Fälle zusammenfassen und wir erhalten für die Nullstellen:

$$NS_1\,(0|0) \qquad\qquad (3.153)$$

$$NS_2\,(3|0) \qquad\qquad (3.154)$$

$$NS_3\,(3|0) \qquad\qquad (3.155)$$

In dieser Aufgabe haben wir nicht nur gelernt, wie man – zumindest für einen ersten Spezialfall – die Nullstellen eines Polynoms dritten Grades findet. Wir haben auch gelernt, dass 2 Nullstellen auch auf die selbe Stelle fallen können. Dann nennt man diese Nullstelle eine *doppelte Nullstelle* und das ist ein guter Anlass, sich mit mehrfachen Nullstellen zu beschäftigen.

---

[62]Die Diskriminante ist Null. Das bedeutet, dass die Mitternachtsformel nur *eine* Lösung liefert.

Vielfache Nullstellen

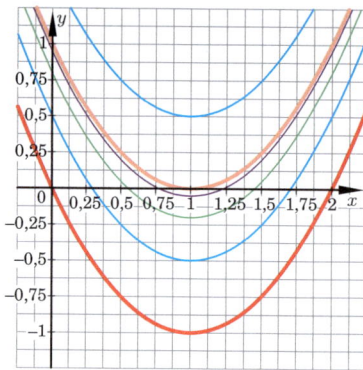

Abb. 3.50.: Wird eine Parabel entlang der y-Achse verschoben, kann sie zwei, einen oder gar keinen gemeinsamen Punkt mit der x-Achse haben.

Liegt der Scheitel einer quadratischen Parabel genau auf der x-Achse, so nennt man diesen gemeinsamen Punkt mit der x-Achse auch eine zweifache Nullstelle oder doppelte Nullstelle. Doppelte Nullstelle deshalb, weil man sie sich als degeneriertes Nullstellenpaar vorstellen kann: Das Schaubild der Funktion $f(x) = (x-1)^2 - 1$ (rot in o. s. Abbildung) hat zwei Nullstellen, nämlich $N_1(0|0)$ und $N_2(2|0)$. Verschiebt man die Kurve entlang der y-Achse nach oben, so rücken die beiden Nullstellen immer näher zusammen, bis sie schließlich auf dem gleichen Punkt liegen (blassrot in o. s. Abbildung) und dann bei weiterer Verschiebung nach oben verschwinden.

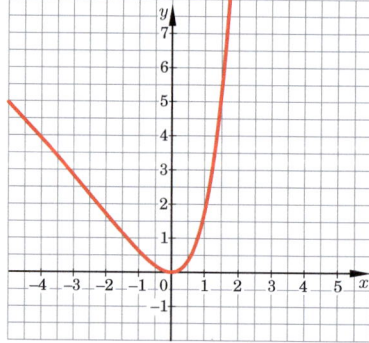

Abb. 3.51.: Das Schaubild der Funktion $f(x) = x(e^x - 1)$.

Exkurs

Vielfache Nullstellen *(Fortsetzung)*

Auch andere Kurven können eine doppelte Nullstelle aufweisen; eine doppelte (oder zweifache) Nullstelle liegt immer vor, wenn bei der Zerlegung des Funktionsterms in Linearfaktoren der Faktor x^2 oder $(x - x_i)^2$ vorkommt. Sie kann auch auftreten, wenn im Lösungsgang „zufällig" zwei Nullstellen beim selben x-Wert landen. Beispiel: die Funktion $f(x) = x(e^x - 1)$ hat eine doppelte Nullstelle[a] bei $x = 0$ (siehe oben).

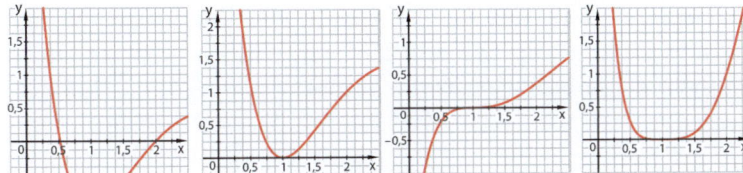

Abb. 3.52.: Beispiele für eine einfache bis vierfache Nullstelle
(von links nach rechts).

Analog werden dreifache Nullstellen, vierfache Nullstellen, usw. definiert (siehe oben).

Vielfache Nullstellen

Einfache Nullstelle: Das Schaubild der Funktion schneidet die x-Achse.

Doppelte Nullstelle: Das Schaubild der Funktion berührt die x-Achse.

Dreifache Nullstelle: Das Schaubild der Funktion durchsetzt die x-Achse.

Vierfache Nullstelle: Das Schaubild der Funktion berührt die x-Achse.

Lernkontrolle

Geben Sie die Vielfachheit der Nullstellen von f an:

a) $f(x) = x^2$ b) $f(x) = x^3$

c) $f(x) = (x + 2)^2$ d) $f(x) = x^3 \cdot sinx$

e) $f(x) = \sqrt{x}$ f) $f(x) = e^x - 1$

---

[a]Der Nachweis ist eine Übung für den Leser (Satz vom Nullprodukt).

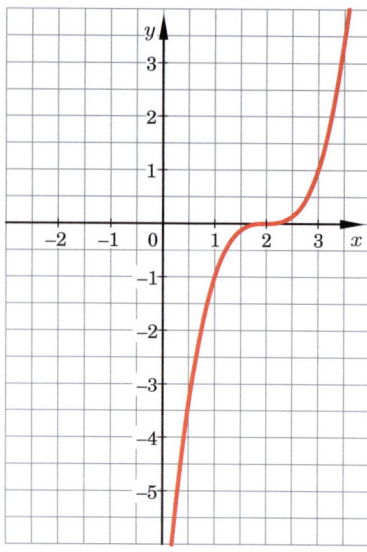

Abb. 3.53.: Das Schaubild zu $f(x) = x^3 - 6x^2 + 12x - 8$.

Beispiel 9

Gegeben sei die Funktion mit der Funktionsgleichung

$$f(x) = x^3 - 6x^2 + 12x - 8$$

Wie heißt die Funktion und ihr Schaubild?
Wo liegen die Schnittpunkte des Schaubilds mit der x-Achse?

Lösung:

Die Funktion wird – wie schon die aus dem vorhergehenden Beispiel – ganzrationale Funktion dritten Grads oder Polynomfunktion dritten Grads genannt, ihr Schaubild ist eine Parabel dritter Ordnung. Nullsetzen des Funktionsterms ergibt:

$$x^3 - 6x^2 + 12x - 8 = 0 \tag{3.156}$$

Ausprobieren[63] liefert uns eine erste Lösung:

$$x_1 = 2 \tag{3.157}$$

Wegen des Satzes vom Nullprodukt wissen wir, dass man $f(x)$ auch als Produkt schreiben kann:

$$f(x) = x^3 - 6x^2 + 12x - 8 = (x - 2) \cdot (\ldots) \tag{3.158}$$

Der erste Faktor $(x - 2)$ auf der rechten Seite muss richtig sein, denn schließlich ist $x = 2$ eine Nullstelle. Den zweiten Faktor $(\ldots)$ müssen wir noch ausrechnen. Wenn wir auf beiden Seiten der Gl. 3.158 durch $(x - 2)$ dividieren,[64] erhalten wir einen Ausdruck für den unbekannten Faktor:

$$(\ldots\ldots) = (x^3 - 6x^2 + 12x - 8) : (x - 2) \tag{3.159}$$

Auf der rechten Seite wird also ein Polynom durch ein anderes dividiert. Wenn man diese Division durchführt, erhält man:

$$(x^3 - 6x^2 + 12x - 8) : (x - 2) = x^2 - 4x + 4 \tag{3.160}$$

---

[63]Ausprobieren heißt konkret:

- durch Einsetzen einer Zahl erhalten Sie eine wahre Aussage und erkennen somit, dass sie zufällig eine Lösung gefunden haben. Hinweis: kleine ganze Zahlen (bspw. –1 oder 3) kann man einfach im Kopf ausrechnen. Am besten, Sie gewöhnen sich an, das einfach routinemäßig auszuprobieren, ob eine Nullstelle so einfach erraten werden kann.

- Sie entnehmen eine Nullstelle dem Schaubild der Funktion, welches sie aus einer Wertetabelle oder mithilfe des grafikfähigen Taschenrechners erhalten haben

- eine Nullstelle ergibt sich schon aus dem Kontext der Problemstellung

[64]Achtung! Das darf man nur, wenn $x - 2 \neq 0$

Möglicherweise könnten Sie diese Division nicht selbst durchführen, dann müssen Sie den Exkurs „Polynomdivision" durcharbeiten, der sich an dieses Beispiel anschließt. Nehmen wir das Ergebnis der Polynomdivision für den Moment hin. Damit können wir jetzt $f(x)$ als Produkt schreiben.

$$f(x) = x^3 - 6x^2 + 12x - 8 = (x-2)(x^2 - 4x + 4) \qquad (3.161)$$

Nach dem Satz vom Nullprodukt muss einer der beiden Faktoren auf der rechten Seite Null werden. Das führt wieder zur Fallunterscheidung:

Fall 1: $x - 2 = 0$: Die Nullstelle, die aus $(x-2) = 0$ resultiert, ist uns ja schon bekannt, nämlich $x = 2$. Man könnte sie auch formal aus der Bedingung des Falls 1 berechnen:

$$x - 2 = 0 \qquad (3.162)$$
$$x_1 = 2 \qquad (3.163)$$

Fall 2: $x^2 - 4x + 4 = 0$: Eine Lösung liefert uns in diesem Fall die so genannte „Mitternachtsformel", wobei wir erkennen, dass:

$$a = 1 \qquad (3.164)$$
$$b = -4 \qquad (3.165)$$
$$c = 4 \qquad (3.166)$$

Die so genannten Koeffizienten a, b, c werden eingesetzt und es ergibt sich:

$$x_{2/3} = \frac{4 \pm \sqrt{16 - 16}}{2} \qquad (3.167)$$
$$= \frac{4}{2} \qquad (3.168)$$
$$x_{2/3} = 2 \qquad (3.169)$$

Es handelt sich also um eine sogenannte *dreifache Nullstelle* Es ergibt sich für den Schnittpunkt:

$$NS\,(2|0) \qquad (3.170)$$

Exkurs

Polynomdivision

Erinnern wir uns doch an unsere frühe Jugend und wie wir ohne Taschenrechner Divisionsaufgaben gelöst haben. Machen wir ein Beispiel:

Es sei die Zahl 1430 durch die Zahl 13 zu dividieren. Erinnern Sie sich noch?

$$
\begin{array}{llllllllll}
1 & 4 & 3 & 0 & : & 1 & 3 & = & 1 & 1 & 0 \\
1 & \underline{3} & & & & & & & & & \\
& 1 & 3 & & & & & & & & \\
& 1 & \underline{3} & & & & & & & & \\
& & 0 & 0 & & & & & & & \\
& & 0 & \underline{0} & & & & & & & \\
& & & 0 & & & & & & &
\end{array}
\tag{3.171}
$$

Genauso kann man auch einen Term, welcher eine Variable enthält, durch einen anderen Term, welcher eine Variable enthält, dividieren. Erläutern wir auch hier das Vorgehen an einem Beispiel:

$$
(\quad x^3 \quad -6x^2 \quad +11x \quad -6 \quad) \quad : \quad (x-1) \quad = \tag{3.172}
$$

Als aller erstes müssen wir sowohl den Dividenden (das ist der Term, der jetzt gleich geteilt werden soll) und den Divisor (das ist der Term, durch den geteilt wird) nach absteigenden Potenzen der Unbekannten x ordnen. Im obigen Beispiel ist das schon geschehen.

Jetzt beginnen wir mit der Division und zwar teilen wir die höchste Potenz des Dividenden durch die höchste Potenz des Divisors. in diesem Fall müssen wir x^3 durch x teilen. Das Ergebnis – nämlich x^2– schreiben wir auf die rechte Seite:

$$
(\quad x^3 \quad -6x^2 \quad +11x \quad -6 \quad) \quad : \quad (x-1) \quad = \quad x^2 \tag{3.173}
$$

Im nächsten Schritt multiplizieren wir den gesamten Divisor (also $(x-1)$) mit diesem x^2 und schreiben das Resultat dieser Multiplikation unter den Dividenden, und zwar so, dass immer gleiche Potenzen untereinander stehen:

$$
\begin{array}{l}
(\quad x^3 \quad -6x^2 \quad +11x \quad -6 \quad) \quad : \quad (x-1) \quad = \quad x^2 \\
 x^3 \quad -x^2
\end{array}
\tag{3.174}
$$

Polynomdivision *(Fortsetzung)*

Jetzt berechnen wir die Differenz zwischen der ersten und der zweiten Zeile der linken Seite – genauso, wie wir es auch in der zweiten Klasse mit Zahlen gemacht haben. Dabei müsste die höchste Potenz eigentlich verschwinden, denn schließlich kamen wir so zum ersten Term auf der rechten Seite. Wenn die Potenz nicht verschwindet, dann haben Sie einen Fehler gemacht.

$$
\begin{array}{l}
(\quad x^3 \quad -6x^2 \quad +11x \quad -6 \quad) \;:\; (x-1) \;=\; x^2 \\
 x^3 \quad \underline{-x^2} \\
 -5x^2
\end{array}
\tag{3.175}
$$

Im nächsten Schritt wird die nächstniedrigere Potenz hinter den Rest der Subtraktion geschrieben (in der 2. Klasse haben Sie das vermutlich „Runter holen" genannt).

$$
\begin{array}{l}
(\quad x^3 \quad -6x^2 \quad +11x \quad -6 \quad) \;:\; (x-1) \;=\; x^2 \\
 x^3 \quad \underline{-x^2} \\
 -5x^2 \quad +11x
\end{array}
\tag{3.176}
$$

Das Spiel beginnt von vorne: wieder dividieren wir die jetzt höchste Potenz des Dividenden durch die höchste Potenz des Divisors, d. h. wir müssen $-5x^2$ durch x teilen und erhalten $-5x$, was wir erneut auf die rechte Seite schreiben.

$$
\begin{array}{l}
(\quad x^3 \quad -6x^2 \quad +11x \quad -6 \quad) \;:\; (x-1) \;=\; x^2 \quad -5x \\
 x^3 \quad \underline{-x^2} \\
 -5x^2 \quad +11x
\end{array}
\tag{3.177}
$$

Und wieder wird zurück multipliziert, d. h. der ganze Divisor wird mit $-5x$ multipliziert und unter die entsprechenden Stellen des Dividenden geschrieben

$$
\begin{array}{l}
(\quad x^3 \quad -6x^2 \quad +11x \quad -6 \quad) \;:\; (x-1) \;=\; x^2 \quad -5x \\
 x^3 \quad \underline{-x^2} \\
 -5x^2 \quad +11x \\
 -5x^2 \quad +5x
\end{array}
\tag{3.178}
$$

Exkurs

Polynomdivision *(Fortsetzung)*

Und wiederum bilden wir die Differenz, zu der wir die höchste noch nicht geteilte Potenz des Dividenden hinzu zählen:

$$
\begin{array}{llll}
(\quad x^3 & -6x^2 & +11x & -6 \quad) \; : \; (x-1) \; = \; x^2 \; -5x \\
 x^3 & \underline{-x^2} \\
& -5x^2 & +11x \\
& -5x^2 & \underline{+5x} \\
& & +6x & -6
\end{array}
$$

$$(3.179)$$

Wie vorher teilen wir die höchste Potenz, die auf der linken Seite unten vorkommt, durch die höchste Potenz des Divisors und erhalten $+6$ (was wir auf der rechten Seite notieren):

$$
\begin{array}{llll}
(\quad x^3 & -6x^2 & +11x & -6 \quad) \; : \; (x-1) \; = \; x^2 \; -5x \; +6 \\
 x^3 & \underline{-x^2} \\
& -5x^2 & +11x \\
& -5x^2 & \underline{+5x} \\
& & +6x & -6
\end{array}
$$

$$(3.180)$$

Beim Zurück multiplizieren und anschließenden Subtrahieren erkennen wir, dass kein Rest mehr bleibt; die Aufgabe ist gelöst:

$$
\begin{array}{llll}
(\quad x^3 & -6x^2 & +11x & -6 \quad) \; : \; (x-1) \; = \; x^2 \; -5x \; +6 \\
 x^3 & \underline{-x^2} \\
& -5x^2 & +11x \\
& -5x^2 & \underline{+5x} \\
& & +6x & -6 \\
& & +6x & \underline{-6} \\
& & & 0
\end{array}
$$

$$(3.181)$$

Beispiel 10

Gegeben sei die Funktion mit der Funktionsgleichung

$$f(x) = x^3 - 4x^2 - 7x + 10$$

Wo liegen die Schnittpunkte des Schaubilds mit der x-Achse?

Lösung:

Nullsetzen des Funktionsterms ergibt:

$$x^3 - 4x^2 - 7x + 10 = 0 \qquad (3.182)$$

Einsetzen von $x = 1$ ergibt eine wahre Aussage, nämlich $0 = 0$.[65]
Damit haben wir schon die erste Nullstelle gefunden:

$$x_1 = 1 \qquad (3.183)$$

Also müssen wir durch $(x-1)$ teilen.[66] Die Polynomdivision gestaltet sich wie folgt:

$$
\begin{array}{l}
(\quad x^3 \quad -4x^2 \quad -7x \quad +10 \quad) \;:\; (x-1) \;=\; x^2 \quad -3x \quad -10 \\
\quad\; \underline{x^3 \quad -x^2} \\
\qquad\quad -3x^2 \quad -7x \\
\qquad\quad \underline{-3x^2 \quad +3x} \\
\qquad\qquad\quad -10x \quad +10 \\
\qquad\qquad\quad \underline{-10x \quad +10} \\
\qquad\qquad\qquad\qquad 0
\end{array}
$$

$$\qquad (3.184)$$

und damit können wir $f(x)$ umschreiben

$$f(x) = (x-1)(x^2 - 3x - 10) \qquad (3.185)$$

Nach dem Satz vom Nullprodukt muss einer der beiden Faktoren auf der rechten Seite Null werden. Das führt zur sog. Fallunterscheidung:

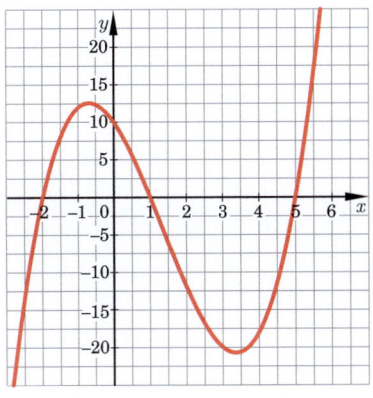

Abb. 3.54.: Das Funktionsschaubild zu $f(x) = x^3 - 4x^2 - 7x + 10$.

---

[65] Eine Übung, die Sie leicht im Kopf machen sollten.
[66] Man nennt das auch Abdividieren der Nullstelle.

Fall 1: $x - 1 = 0$: Diese Lösung hatten wir ja schon erraten:

$$x - 1 = 0 \tag{3.186}$$
$$x_1 = 1 \tag{3.187}$$

Fall 2: $x^2 - 3x - 10 = 0$: Hier können wir unser Zahlenrätsel anwenden,[67] wenn wir erkennen, dass

$$2 \cdot (-5) = -10 \tag{3.188}$$

und

$$2 + (-5) = -3 \tag{3.189}$$

also sind die Nullstellen bei:

$$x_2 = -2 \tag{3.190}$$
$$x_3 = 5 \tag{3.191}$$

Wir können jetzt die Ergebnisse aus den beiden Fällen zusammenfassen und wir erhalten für die Schnittpunkte des Funktionsschaubilds mit der x-Achse:

$$NS_1(1|0) \tag{3.192}$$
$$NS_2(-2|0) \tag{3.193}$$
$$NS_3(5|0) \tag{3.194}$$

---

[67]Natürlich können Sie auch die Mitternachtsformel einsetzen.

Polynomdivision

1. Lösen Sie durch Polynomdivision

    a) $(x^3 + 2x^2 - 5x - 6) : (x + 3)$

    b) $(2x^3 - 14x - 12) : (x + 2)$

    c) $(x^3 - 3x^2 - 6x - 2) : (x + 1)$

    d) $(x^3 - 3x^2 - 6x + 8) : (x - 1)$

    e) $(2x^3 - x^2 - 8x + 4) : (x^2 - 4)$

2. Suchen Sie die Nullstellen der Graphen folgender Funktionen:

    a) $f(x) = 2x^3 - 3x + 1$ Hinweis: eine Nullstelle liegt bei $x = \frac{1}{2}$

    b) $f(x) = x^3 - 3x^2 + 3x - 1$ Hinweis: eine Nullstelle liegt bei $x = 1$

    c) $f(x) = x^3 + 6x^2 + 12x + 8$ Hinweis: eine Nullstelle liegt bei $x = -2$

    d) $f(x) = 2x^3 - 12x^2 + 24x - 16$

3. Kann man die folgenden Brüche kürzen?

    a) $\frac{x^3 + 6x^2 + 12x + 8}{x + 2}$

    b) $\frac{x^4 + 4x^3 + 6x^2 + 4x + 1}{x + 1}$

    c) $\frac{x^4 + 4x^3 + 6x^2 + 4x + 1}{x + 2x + 1}$

4. Multiplizieren Sie aus und zerlegen Sie danach durch Polynomdivision in Linearfaktoren.

    a) $(x + 2)(x - 4)(x + 1)$

    b) $(x + 3)(x - 2)(x - 1)$

    c) $(x - 2)(x - a)$

5. Für welches x wird die nachfolgende Gleichung erfüllt?

    a) $3x^3 - 12x^2 + 24x - 24 = x^3 - 8$

    b) $x^3 + x^2 - x = x^3$

    c) $x^3 - 9x^2 + 28x - 25 = x + 2$

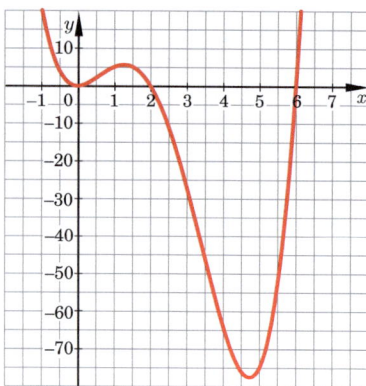

Abb. 3.55.: Das Schaubild von $f(x) = x^4 - 8x^3 + 12x^2$.

Beispiel 11

Gegeben sei die Funktion mit der Funktionsgleichung

$$f(x) = x^4 - 8x^3 + 12x^2$$

Wie heißt die Funktion und ihr Schaubild?
Wo liegen die Schnittpunkte des Schaubilds mit der x-Achse?

Lösung:

Die Funktion wird ganzrationale Funktion vierten Grads oder Polynomfunktion vierten Grads genannt, ihr Schaubild ist eine Parabel vierter Ordnung.

Nullsetzen des Funktionsterms ergibt:

$$f(x) = x^4 - 8x^3 + 12x^2 = 0 \tag{3.195}$$

Für ganzrationale Funktionen höheren Grades als 3 gibt es leider keine „Mitternachtsformel".

Aber in diesem speziellen Fall gibt es einen Ausweg. Wir erkennen, dass der Funktionsterm kein Absolutglied aufweist und dass man deshalb x ausklammern kann. Und es kommt sogar noch besser: Weil er auch keinen x-Term[68] aufweist, kann man sogar x^2 ausklammern:

$$\underbrace{x^2}_{\text{Faktor a}} \cdot \underbrace{\left(x^2 - 8x + 12\right)}_{\text{Faktor b}} = 0 \tag{3.196}$$

Wegen des Satzes vom Nullprodukt wissen wir, dass einer der beiden Faktoren (a oder b) Null sein muss. Am elegantesten stellt man das mit einer Fallunterscheidung dar:

Fall a: $x^2 = 0$ Hier legt die Bedingung schon die Lösung nahe (und zwar für eine doppelte Nullstelle):

$$x_{1/2} = 0 \tag{3.197}$$

Fall b: $x^2 - 8x + 12 = 0$ Aus der Bedingung folgt eine Gleichung, die man mit der Mitternachtsformel oder mit dem Satz von Vieta lösen kann:

---
[68]den nennt man üblicherweise den *linearen Term*

$$x^2 - 8x + 12 \;=\; 0 \tag{3.198}$$

$$x_{2/3} \;=\; \frac{8 \pm \sqrt{(-8)^2 - 4 \cdot 12}}{2} \tag{3.199}$$

$$=\; \frac{8 \pm \sqrt{16}}{2} \tag{3.200}$$

$$x_3 \;=\; 2 \tag{3.201}$$

$$x_4 \;=\; 6 \tag{3.202}$$

Wir können die Ergebnisse der beiden Fälle zusammenfassen und wir erhalten für die Nullstellen:

$$NS_1\,(0|0) \qquad \text{(doppelte Nullstelle)} \tag{3.203}$$

$$NS_3\,(2|0) \tag{3.204}$$

$$NS_4\,(6|0) \tag{3.205}$$

Beim Ausklammern von x verringert sich der Grad der Polynomfunktion um 1, beim Ausklammern von x^2 um 2, beim Ausklammern von x^3 um 3, usw. Hätten wir bei einer Polynomfunktion 4. Grades nur x ausklammern können, wäre eine Polynomfunktion 3. Grades übrig geblieben und man hätte sich mit anderen Strategien für Polynomgleichungen dritten Grades wie Polynomdivision weiterhelfen müssen. Wir verfolgen jetzt aber andere Strategien für Polynomfunktionen vierten Grades weiter.

Lernkontrolle

Berechnen Sie die Nullstellen von:

1. $2x^4 - 6x^3 - 2x^2 = 0$

2. $x^4 - 4x^3 + 3x^2 = 0$

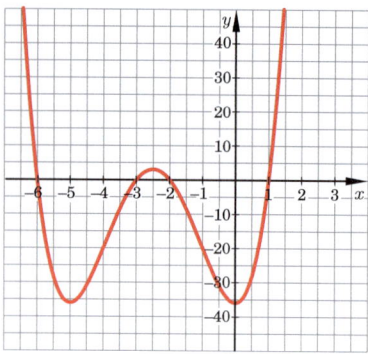

Abb. 3.56.: Das Schaubild von $f(x) = 2x^4 + 20x^3 + 50x^2 - 72$.

Beispiel 12

Gegeben sei die Funktion mit der Funktionsgleichung

$$f(x) = 2x^4 + 20x^3 + 50x^2 - 72$$

Wo liegen die Schnittpunkte des Schaubilds mit der x-Achse?

Lösung:

Nullsetzen des Funktionsterms ergibt:

$$2x^4 + 20x^3 + 50x^2 - 72 = 0 \tag{3.206}$$

Wir erkennen, dass der Funktionsterm ein Absolutglied aufweist und dass man deshalb x nicht ausklammern kann. Wegen des linearen Terms kommt auch Substitution nicht in Betracht. Aber man kann 2 ausklammern und durch Probieren findet man, dass $x = 1$ eine erste Nullstelle ist. Somit kann man durch $(x - 1)$ dividieren. Die Polynomdivision erleichtern wir dadurch, dass wir den fehlenden x-Term formal ergänzen, indem wir an der passenden Stelle $0x$ einfügen:

$$
\begin{array}{l}
(\quad x^4 \quad +10x^3 \quad +25x^2 \quad +0x \quad -36 \quad) \;:\; (x-1) \;=\; x^3 \;+11x^2 \;+36x \;+36 \\
\quad\;\; x^4 \quad \underline{-x^3} \\
\qquad\quad\;\; \underline{11x^3} \quad +25x^2 \\
\qquad\quad\;\; 11x^3 \quad \underline{-11x^2} \\
\qquad\qquad\qquad\;\; \underline{+36x^2} \quad +0x \\
\qquad\qquad\qquad\;\; +36x^2 \quad \underline{-36x} \\
\qquad\qquad\qquad\qquad\qquad\; \underline{+36x} \quad -36 \\
\qquad\qquad\qquad\qquad\qquad\; +36x \quad \underline{-36} \\
\qquad\qquad\qquad\qquad\qquad\qquad\qquad\;\; 0
\end{array}
\tag{3.207}
$$

und damit können wir $f(x)$ umschreiben

$$\underbrace{2}_{\text{Faktor a}} \cdot \underbrace{(x - 1)}_{\text{Faktor b}} \cdot \underbrace{\left(x^3 + 11x^2 + 36x + 36\right)}_{\text{Faktor c}} \;=\; 0 \tag{3.208}$$

Nach dem Satz vom Nullprodukt muss einer der beiden Faktoren auf der rechten Seite Null werden. Das führt zur sog. Fallunterscheidung:[69]

Fall b: $x - 1 = 0$: Diese Lösung hatten wir ja schon erraten:

$$x - 1 \;=\; 0 \tag{3.209}$$
$$x_1 \;=\; 1 \tag{3.210}$$

Fall c: $x^3 + 11x^2 + 36x + 36 = 0$: Hier haben wir leider kein Glück: weder Substitution noch Ausklammern von x sind möglich und so

---

[69]Klar: der Faktor a kann nicht Null werden. Das braucht man dann auch gar nicht in der Fallunterscheidung explizit ausführen und deshalb beginnen wir mit Fall b.

müssen wir erneut eine Nullstelle raten. Wir finden $x_2 = -2$ und dividieren die Nullstelle ab:

$$
\begin{array}{l}
(\quad x^3 \quad +11x^2 \quad +36x \quad +36 \quad) \quad : \quad (x+2) \quad = \quad x^2 \quad +9x \quad +18 \\
\quad \underline{x^3 \quad +2x^2} \\
\qquad\quad +9x^2 \quad +36x \\
\qquad\quad \underline{+9x^2 \quad +18x} \\
\qquad\qquad\qquad +18x \quad +36 \\
\qquad\qquad\qquad \underline{+18x \quad +36} \\
\qquad\qquad\qquad\qquad 0
\end{array}
$$

(3.211)

Das Ergebnis können wir mit dem Satz von Vieta (das Zahlenrätsel, Sie erinnern sich) zerlegen und damit können wir die Bedingung zu Fall c umschreiben

$$
\underbrace{(x+2)}_{\text{Faktor c1}} \cdot \underbrace{(x+3)}_{\text{Faktor c2}} \cdot \underbrace{(x+6)}_{\text{Faktor c3}} \quad = \quad 0
$$

(3.212)

und können den Satz vom Nullprodukt erneut anwenden:

Fall c1: $x = -2$ Diese Lösung hatten wir ja schon erraten.

Fall c2: $x = -3$

Fall c3: $x = -6$

Und damit ergibt sich für die Schnittpunkte:

$$NS_1\,(-6|0) \qquad\qquad\qquad (3.213)$$
$$NS_2\,(-3|0) \qquad\qquad\qquad (3.214)$$
$$NS_3\,(-2|0) \qquad\qquad\qquad (3.215)$$
$$NS_2\,(1|0) \qquad\qquad\qquad (3.216)$$

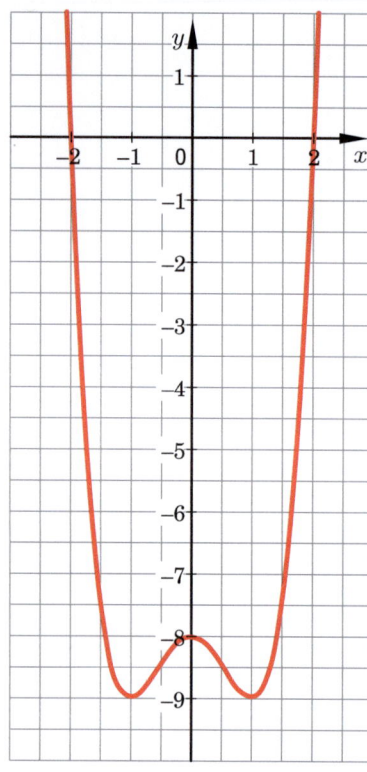

Abb. 3.57.: Das Schaubild zu $f(x) = x^4 - 2x^2 - 8$.

Beispiel 13

Gegeben sei die Funktion mit der Funktionsgleichung

$$f(x) = x^4 - 2x^2 - 8$$

Wie heißt die Funktion und ihr Schaubild?
Wo liegen die Schnittpunkte des Schaubilds mit der x-Achse?

Lösung:

Die Funktion wird ganzrationale Funktion vierten Grads genannt, ihr Schaubild ist eine Parabel vierter Ordnung.

Für ganzrationale Funktionen höherer Ordnung als 3 gibt es leider keine „Mitternachtsformel", wie wir schon angemerkt haben. Wegen des Absolutglieds können wir kein x ausklammern.

Aber wir können die Variablen umbenennen. Nennen wir x^2 doch einfach u. Dann ergibt sich

$$u^2 - 2u - 8 = 0 \qquad (3.217)$$

und in diesem Fall ist die so genannte „Mitternachtsformel" anwendbar, wobei wir erkennen, dass:

$$a = 1 \qquad (3.218)$$
$$b = -2 \qquad (3.219)$$
$$c = -8 \qquad (3.220)$$

Die Koeffizienten a, b, c werden eingesetzt und es ergibt sich:

$$u_{1/2} = \frac{2 \pm \sqrt{4 + 32}}{2} \qquad (3.221)$$
$$u_1 = \frac{8}{2} = 4 \qquad (3.222)$$
$$u_2 = -\frac{4}{2} = -2 \qquad (3.223)$$

Sind wir jetzt schon am Ziel? Keinesfalls! Wir haben eine Lösung für u gefunden, gesucht war jedoch x. Also müssen wir noch x aus u ausrechnen, was wir aus der Definition $u = x^2$ leicht erreichen:[70]

$$u = x^2 \implies x = \pm\sqrt{u} \tag{3.224}$$

Die Rücksubstitution wenden wir auf die gefundenen Lösungen für u an:

$$u_1 = 4 \implies x_{1/2} = \pm 2 \tag{3.225}$$

$$u_2 = -2 \implies \text{keine Lösungen für } x \tag{3.226}$$

und wir erhalten für die Schnittpunkte:

$$NS_1(-2|0) \tag{3.227}$$
$$NS_2(2|0) \tag{3.228}$$

Dieses Verfahren nennt man Lösung durch Substitution. Aus pädagogischen Gründen haben wir die Rücksubstitution erst am Ende der Rechnung durchgeführt. Meist ist es aber eine gute Idee, sich schon bei der Definition der Substitution Gedanken über die Rücksubstitution zu machen.

Die Methode „Nullstellensuche durch Substitution" reicht viel weiter als nur für Polynomgleichungen vierter Ordnung, wie wir in den folgenden Beispielen sehen werden.

---

[70] Achtung: die Wurzel aus einer positiven Zahl ist definiert als eine positive Zahl. Beispiel: die Wurzel aus 4 ist 2 (zumindest bis zur Einführung der komplexen Zahlen). Aber die Lösung der Gleichung $x^2 = 4$ ist – wie wir schon wissen – $x = 2$ und $x = -2$. Also muss man, wenn man die Gleichung $x^2 = 4$ nach x auflösen will, nicht nur die Wurzel ziehen, sondern eben $\pm\sqrt{}$. Zum gleichen Ergebnis kommt man, wenn man den Funktionsterm mithilfe der dritten binomischen Formel umformt:

$$x^2 = 4$$
$$x^2 - 4 = 0$$
$$(x - 2)(x + 2) = 0$$

und dann feststellt, dass nach dem Satz vom Nullprodukt gilt:

$$x_1 = 2$$
$$x_2 = -2$$

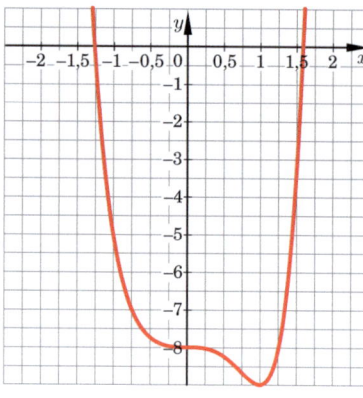

Abb. 3.58.: Das Schaubild zu $f(x) = x^6 - 2x^3 - 8$.

Beispiel 14

Gegeben sei die Funktion mit der Funktionsgleichung

$$f(x) = x^6 - 2x^3 - 8$$

Wie heißt die Funktion und ihr Schaubild?
Wo liegen die Schnittpunkte des Schaubilds mit der x-Achse?

Lösung:

Die Funktion wird ganzrationale Funktion sechsten Grads genannt, ihr Schaubild ist eine Parabel sechster Ordnung.

Nullsetzen des Funktionsterms ergibt:

$$x^6 - 2x^3 - 8 = 0 \tag{3.229}$$

Wir führen die Substitution

$$u = x^3 \tag{3.230}$$

und die dazugehörige Rücksubstitution

$$x = \sqrt[3]{u} \tag{3.231}$$

ein. Dann ergibt sich

$$u^2 - 2u - 8 = 0 \tag{3.232}$$

was wir schon im vorhergehenden Beispiel gelöst haben

$$u_1 = \frac{8}{2} = 4 \tag{3.233}$$

$$u_2 = -\frac{4}{2} = -2 \tag{3.234}$$

wir führen die Rücksubstitution[71] durch und erhalten:

$$u_1 = 4 \implies x_1 = \sqrt[3]{4} \tag{3.235}$$

$$u_2 = -2 \implies x_2 = -\sqrt[3]{2} \tag{3.236}$$

Wurzeln dieser Art dürfen als Lösung stehen bleiben. Steht im Aufgabentext eine Instruktion wie „Geben Sie die *exakte* Nullstelle an" oder „Berechnen Sie die Nullstelle *exakt*", so *dürfen* Sie die Nullstelle *nicht* als Kommazahl angeben.

---

[71]Hier ergibt sich ein guter Anlass, sich Anhang A5 zum Thema „ungeradzahlige Wurzel aus negativen Zahlen" durchzulesen.

Zum Vergleich mit dem Schaubild berechnen wir die Wurzeln als Dezimalzahl:[72]

$$\sqrt[3]{4} \approx 1,587 \tag{3.237}$$

$$\sqrt[3]{-2} \approx -1,260 \tag{3.238}$$

Und damit ergibt sich für die Schnittpunkte:

$$NS_1\left(\sqrt[3]{4}\,|0\right) \tag{3.239}$$

$$NS_2\left(-\sqrt[3]{2}\,|0\right) \tag{3.240}$$

Aufgaben

Nullstellensuche mit Substitution

1. Suchen Sie die Nullstellen der Graphen der folgenden Funktionen:

   a) $f(x) = 2x^6 - 3x^2 + 1$

   b) $f(x) = x^6 - 3x^4 + 3x^2 - 1$

   c) $f(x) = x^9 + 6x^6 + 12x^3 + 8$

2. Für welches x wird die nachfolgende Gleichung erfüllt?

   a) $x^4 + 2x^2 - 3 = 0$

   b) $x^6 - 4x^3 - 12 = 0$

3. Für welches x wird die nachfolgende Gleichung erfüllt?

   a) $3x^6 - 12x^4 + 24x^2 - 24 = x^6 - 8$

   b) $x^6 + x^4 - x^2 = x^6$

   c) $x^9 - 9x^6 + 28x^3 - 25 = x^3 + 2$

4. Für welches x wird die nachfolgende Gleichung erfüllt?

   a) $3x^6 - 12x^3 - 12 = 0$

   b) $5x^4 - 10x^2 - 40 = 0$

   c) $2x^8 - 20x^4 + 50 = 0$

---

[72]Hier ein wenig Klausur/Prüfungstaktik: Wenn die Aufgabenstellung lautet: „Berechnen/Nennen Sie die Nullstelle/den Schnittpunkt *exakt*", dann dürfen Sie keine Kommazahl angeben, denn die ist ja nicht exakt.

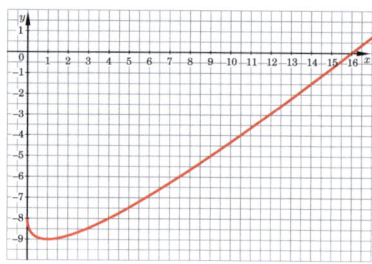

Abb. 3.59.: Das Schaubild der Funktion $f(x) = x - 2\sqrt{x} - 8$.

Beispiel 15

Gegeben sei die Funktion mit der Funktionsgleichung

$$f(x) = x - 2\sqrt{x} - 8$$

Wo liegen die Schnittpunkte des Schaubilds mit der x-Achse?

Lösung:

Nullsetzen des Funktionsterms ergibt:

$$x - 2\sqrt{x} - 8 = 0 \tag{3.241}$$

Wir führen die Substitution

$$u = \sqrt{x} \tag{3.242}$$

und die dazugehörige Rücksubstitution

$$x - u^2 \tag{3.243}$$

ein. Dann ergibt sich

$$u^2 - 2u - 8 = 0 \tag{3.244}$$

was wir schon im vorhergehenden Beispiel gelöst haben

$$u_1 = \frac{8}{2} = 4 \tag{3.245}$$

$$u_2 = -\frac{4}{2} = -2 \tag{3.246}$$

Wir führen die Rücksubstitution durch und erhalten:

$$u_1 = 4 \implies x_1 = 16 \tag{3.247}$$

$$u_1 = -2 \implies x_2 = 4 \tag{3.248}$$

Sicherheitshalber prüfen wir, ob wirklich beide x-Werte die Gleichung 3.241 lösen.

Einsetzen von $x_1 = 16$ führt zu:

$$16 - 2\sqrt{16} - 8 = 0 \tag{3.249}$$

$$16 - 8 - 8 = 0 \quad \text{wahre Aussage} \tag{3.250}$$

Einsetzen von $x_2 = 4$ führt zu:

$$4 - 2\sqrt{4} - 8 = 0 \tag{3.251}$$

$$4 - 4 - 8 = 0 \quad \text{falsche Aussage} \tag{3.252}$$

Wir erkennen: die Substitution hat hier zu künstlichen Lösungen geführt, die man nachträglich eliminieren muss. Nach der Substitution $u = \sqrt[n]{x}$ müssen Sie deshalb immer eine *Probe* durchführen![73] Und damit ergibt sich für den Schnittpunkt:

$$NS\,(16|0) \qquad\qquad (3.253)$$

Funktionsterme mit Wurzeln halten auch noch andere Überraschungen bereit, aber wir wollen zuerst noch einige Anwendungen der Substitution behandeln, bevor wir später nochmals zu Funktionstermen mit Wurzeln zurückkehren.

Auch für Exponentialfunktionen lässt sich das Substitutionsverfahren mit Gewinn einsetzen. Bevor wir das lernen, müssen wir uns zuerst mit der einfachen Exponentialfunktion vertraut machen.

Aufgaben

Nullstellen von Wurzelfunktionen (Substitution)

1. Suchen Sie die Nullstellen der Graphen folgender Funktionen:

   a) $f(x) = x + 24\sqrt{x} + 80$

   b) $f(x) = x - 7\sqrt{x} + 10$

   c) $f(x) = x + 8\sqrt{x} + 12$

   d) $f(x) = 2\sqrt{x}^3 - 12x + 24\sqrt{x} - 16$

2. Für welches x wird die nachfolgende Gleichung erfüllt?

   a) $x + \sqrt{x} - 12 = 0$

   b) $2x - 10\sqrt{x} + 8 = 0$

---

[73]Wenn man prüfen will, ob man sich verrechnet hat, kann man immer das Ergebnis in die Aufgabe einsetzen und schauen, ob eine wahre Aussage herauskommt. Das nennt man eine Überprüfung oder einen Plausibilitätscheck.

Probe ist in der mathematischen Fachsprache für andere Sachverhalte reserviert. Betrachten Sie die Gleichung

$$\sqrt{x} = -2$$

Sie ahnen schon: die Gleichung hat keine reelle Lösung, denn die Wurzel ist immer positiv. Man kann die Gleichung auf beiden Seiten quadrieren und erhält:

$$x = 4$$

Das Quadrieren hat also eine künstliche Lösung erzeugt. Um zu prüfen, welche von mehreren Lösungen eine künstliche ist, wenn man auf dem Weg zur Lösung quadriert hat oder die Substitution $\sqrt{x} = u$ eingeführt hat, muss man im Anschluss eine Probe durchführen.

Exponentialfunktion

Es ist sinnvoll, sich nochmals das Schaubild der einfachen Exponentialfunktionen $f(x) = e^x$ (links) und $f(x) = e^{-x}$ (rechts) ins Gedächtnis zu rufen:

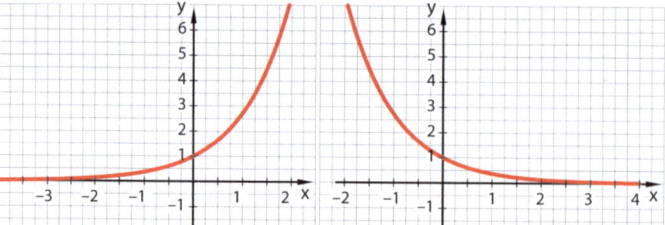

Die beiden Funktionen haben nicht nur interessante mathematische Eigenschaften, (die wir nicht jetzt aufführen, denn das geschieht in den einschlägigen Kapiteln), sondern auch einen breiten Anwendungshintergrund in Wissenschaft und Technik:

- Bakterien (die immer nach einer bestimmten Zeit eine Zellteilung durchführen) vermehren sich exponentiell (ohne Berücksichtigung der Sterberate und ohne Berücksichtigung von Effekten durch Begrenzung der Ressourcen)

- Geld, das man auf die Bank bringt, und dessen Zinsen zur weiteren Verzinsung einfach auf der Bank bleiben, vermehrt sich exponentiell (ohne Berücksichtigung von Bankenkrisen und Zinssatzänderungen. Leider sterben die Kontoinhaber meist im flachen Teil der Exponentialkurve)

- Atommüll, den man vergräbt, zeigt ein Abklingen der Radioaktivität nach der rechten Kurve. (Eine typische Zeit, in der die Menge des radioaktiven Materials auf die Hälfte geschrumpft ist, nennt man die Halbwertszeit. Mitnichten ist das Problem also mit der Halbwertszeit vorbei! In der vorhergehenden Aussage ist auch vorausgesetzt, dass das Produkt der radioaktiven Zerfalls selbst nicht mehr radioaktiv ist.)

Beispiel 16

Gegeben sei die Funktion mit der Funktionsgleichung

$$f(x) = e^x$$

Wie heißt die Funktion und ihr Schaubild?
Wo liegen die Schnittpunkte des Schaubilds mit der x-Achse?

Lösung:

Die Funktion wird *Exponentialfunktion* genannt, ihr Schaubild *Exponentialkurve* oder Wachstumskurve.

Nullsetzen des Funktionsterms ergibt:

$$e^x = 0 \qquad\qquad (3.254)$$

aber das kann niemals passieren, was wir schon aus dem kurzen Kapitel mit Grundwissen wissen. Das gilt übrigens auch, wenn die Basis eine beliebige Zahl a ist.[74]

Und damit ergibt sich für die Schnittpunkte:

$$K_f \text{ hat keine Schnittpunkte mit der } x\text{-Achse}$$

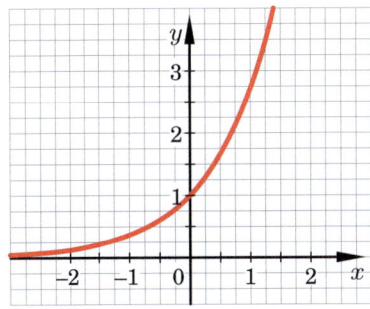

Abb. 3.60.: Das Schaubild von $f(x) = e^x$.

Merksatz

a^x wird niemals Null für alle a.

---

[74]Für $a = 0$ folgt aus dem oben Gesagten:

$$0^0 = 1$$

Das muss nicht so sein, ist aber zweckmäßig, zum Beispiel wegen einer Formel, die Sie noch im Zusammenhang mit der Bernoulli-Kette kennenlernen werden. Wenn Sie mehr darüber lesen wollen: http://www.mathepedia.de/Null_hoch_Null.aspx

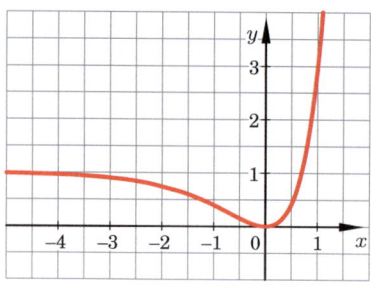

Abb. 3.61.: Das Schaubild zu $f(x) = e^{2x} - 2e^x + 1$.

Beispiel 17

Gegeben sei die Funktion mit der Funktionsgleichung

$$f(x) = e^{2x} - 2e^x + 1$$

Wie heißt die Funktion und ihr Schaubild?
Wo liegen die Schnittpunkte des Schaubilds mit der x-Achse?

Lösung:

Die Funktion wird (allgemeine) Exponentialfunktion genannt, ihr Schaubild hat keinen speziellen Namen.

Nullsetzen des Funktionsterms ergibt:

$$e^{2x} - 2e^x + 1 = 0 \qquad (3.255)$$

und wir nehmen die Substitution

$$u = e^x \qquad (3.256)$$

vor. Die Rücksubstitution ist nicht so einfach. Wir schieben das (wie alle unangenehmen Dinge) zuerst mal auf.

Mit der Substitution wird die zu lösende Gleichung zu:

$$u^2 - 2u + 1 = 0 \qquad (3.257)$$

was man durch Anwenden der binomischen Formel (rückwärts) oder durch Anwenden der Mitternachtsformel oder mit Hilfe des Satzes von Vieta lösen kann:

$$u_{1/2} = 1 \quad \text{(doppelte Nullstelle)} \qquad (3.258)$$

Daraus erkennen wir auch sofort, was x sein muss: (weil $e^u = 1$)

$$x = 0 \quad \text{(doppelte Nullstelle)} \qquad (3.259)$$

Und damit ergibt sich für den Schnittpunkt:

$$NS\,(0|0) \qquad (3.260)$$

In diesem Beispiel mussten wir uns nicht um die Rücksubstitution kümmern, denn man konnte sie raten. Das glückt aber nur selten und deshalb beschäftigen wir uns jetzt mit dem Logarithmus:

Logarithmen

Definition des Logarithmus

Wir wissen bereits, dass

$$10^3 = 1000 \tag{3.261}$$

Eine andere Art, diesen Sachverhalt zu schreiben, lautet:

$$\log(1000) = 3 \tag{3.262}$$

gesprochen als: „Logarithmus von 1000 ist 3". Der Logarithmus[a] ist also die Zahl, mit der man die 10 potenzieren muss, um das Argument (also die 1000) zu erhalten. Einige Zahlenbeispiele:

$$
\begin{aligned}
\log(10) &= 1 \\
\log(10.000) &= 4 \\
\log(1.000.000) &= 6 \\
\log(0,1) &= -1 \\
\log(2) &= 0,3010 \\
\log(5) &= 0,6990 \\
\log(50) &= 1,6990
\end{aligned}
$$

Die ersten vier Beziehungen kann man sich leicht überlegen. Um die nächste Zeile $\log(2) = 0,3010$ zu erhalten, muss man schon den Taschenrechner bemühen, ebenso wie für die letzten beiden Zeilen. Logarithmen kann man nicht nur zur Basis 10 nehmen, sondern zu jeder beliebigen Zahl. Beispiele:

$$\log_2(8) = 3 \tag{3.263}$$

$$\log_3(27) = 3 \tag{3.264}$$

$$\log_3(81) = 3 \tag{3.265}$$

---

[a]Um genau zu sein: der Zehnerlogarithmus.

Exkurs

Wozu braucht man Logarithmen?

Betrachten Sie den Ausdruck

$$\log\left(10^3\right) \tag{3.266}$$

Das ist einfach 3. Das kann man leicht anhand der Frage „Mit was muss man 10 potenzieren, um 10^3 zu erhalten"? herausfinden. Also halten wir fest:

$$\log\left(10^3\right) = 3 \tag{3.267}$$

Betrachten Sie weiterhin den Ausdruck

$$10^{\log(1000)} \tag{3.268}$$

Das ist einfach 1000, denn der Logarithmus von 1000 ist 3 und 10^3 ist 1000. Notieren wir also:

$$10^{\log(1000)} = 1000 \tag{3.269}$$

Wir haben somit herausgefunden, dass sich Logarithmus und Potenz gerade aufheben,

$$10^{\log(x)} = x \tag{3.270}$$

so wie sich Wurzelziehen und Quadrieren aufheben.

Exkurs

Der natürliche Logarithmus ln

Wichtig für uns sind vor allem die Logarithmen zu einer ganz bestimmten Basis – der Euler'schen Zahl e (ungefähr 2,7, wie Sie schon wissen). Diesen Logarithmus nennt man den natürlichen Logarithmus, er hat sein eigenes Zeichen: ln.

Er ist wichtig, weil er die Umkehrfunktion zur Exponentialfunktion $f(x) = e^x$ liefert.

$$\ln(e^x) = x \tag{3.271}$$

Damit können wir jetzt Gleichungen auflösen. Betrachten Sie die Gleichung

$$e^x = 3 \tag{3.272}$$

Wir logarithmieren auf beiden Seiten:

$$e^x = 3 \quad | \ln() \tag{3.273}$$

und erhalten:

$$\ln\left(e^x\right) = \ln\left(3\right) \tag{3.274}$$

Jetzt erkennen wir, dass sich auf der linken Seite Exponentialfunktion und Logarithmus einfach aufheben: $\ln\left(e^x\right) = x$. Damit vereinfacht sich die linke Seite zu:

$$x = \ln(3) \tag{3.275}$$

Später werden wir noch andere interessante Eigenschaften der Logarithmusfunktion kennenlernen.

Natürlicher Logarithmus und Exponentialfunktion

Exponentialfunktion und Logarithmus machen sich gegenseitig rückgängig:

$$\ln\left(e^r\right) = x$$

$$e^{\ln(x)} = x$$

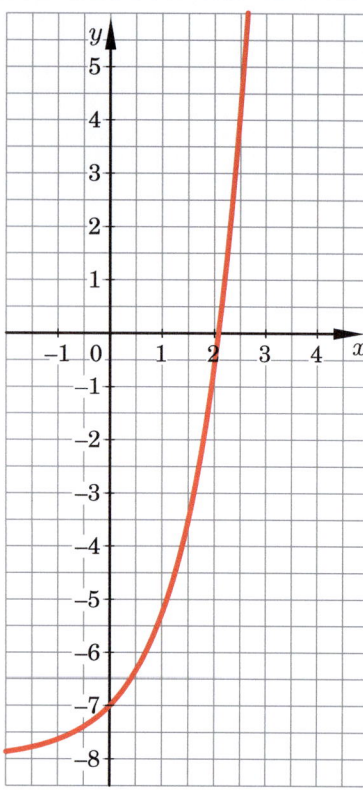

Abb. 3.62.: Das Schaubild zu $f(x) = e^x - 8$.

Beispiel 18

Dass der Funktionswert der einfachen Exponentialfunktion niemals Null wird, erkennen wir schon am Schaubild. Aber es scheint sich der x-Achse beliebig anzunähern. Die Funktion

$$f(x) = e^x - 8 \qquad (3.276)$$

sollte also eine Nullstelle haben, denn ihr Schaubild ist gegenüber der einfachen Exponentialkurve entlang der y-Achse nach unten verschoben. Nullsetzen des Funktionsterms ergibt:

$$e^x - 8 = 0 \qquad (3.277)$$

Wir isolieren den Exponentialterm[75]

$$e^x = 8 \qquad (3.278)$$

und benutzen die ln-Funktion.

$$
\begin{aligned}
e^x &= 8 \,|\, \ln() & (3.279) \\
\ln(e^x) &= \ln(8) & (3.280) \\
x &= \ln(8) & (3.281)
\end{aligned}
$$

Und damit ergibt sich für den Schnittpunkt mit der x-Achse:

$$NS\,(\ln(8)|0) \qquad (3.282)$$

---

[75]Immer eine gute Idee. Auch Wurzeln, trigonometrische Funktionen und Ähnliches versuchen wir zu isolieren und dann die Umkehrfunktion anzuwenden.

Beispiel 19

Gesucht sind die Nullstellen der Funktion

$$f(x) = e^{-x} - 4 \qquad (3.283)$$

Nullsetzen des Funktionsterms ergibt:

$$e^{-x} - 4 = 0 \qquad (3.284)$$

Wir isolieren den Exponentialterm

$$e^{-x} = 4 \qquad (3.285)$$

und benutzen die ln-Funktion.[76]

$$-x = \ln(4) \qquad (3.286)$$

und schließlich kann man noch das Minus vor dem x durch Vorzeichenumkehr auf beiden Seiten beseitigen:

$$x = -\ln(4) \qquad (3.287)$$

Und damit ergibt sich für den Schnittpunkt:

$$NS\left(-\ln(4)|0\right) \qquad (3.288)$$

Dieses Verfahren ist exemplarisch für alle Potenzfunktionen.

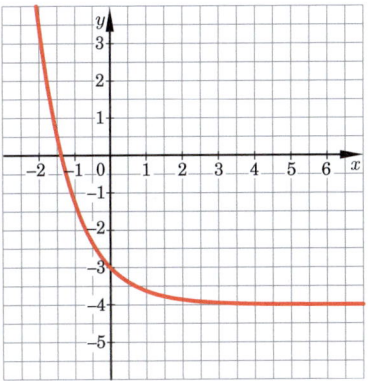

Abb. 3.63.: Das Schaubild zu $f(x) = e^{-x} - 4$.

Nullstellen von allgemeinen Exponentialfunktionen

- Potenz isolieren
- logarithmieren
- nach x auflösen

---

[76]Beachten Sie: Erst **nach** dem Logarithmieren können Sie das Minus im Exponenten beseitigen. Das gilt auch für alle anderen Rechenoperationen im Exponenten.

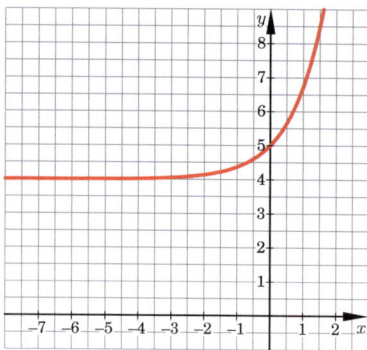

Abb. 3.64.: Das Schaubild zu $f(x) = e^x + 4$.

Merke

$ln(x)$ existiert nur für $x > 0$

Beispiel 20

Gesucht sind die Nullstellen der Funktion

$$f(x) = e^x + 4 \tag{3.289}$$

Die Aufgabe ist mit Hilfe der Anschauung lösbar: man erkennt schon am Schaubild, dass diese Funktion keine Nullstelle hat, denn schon die einfache Exponentialfunktion hat keine Nullstelle. (Anders ausgedrückt: die Exponentialfunktion ist beschränkt und die Schranke ist Null) Und wenn man zu einer positiven Zahl eine positive Zahl dazu zählt, wird das Ergebnis erst recht nicht Null. Also hat das Schaubild keine Schnittpunkte mit der x-Achse.

Neben der Anschauung kann man aber auch die Aufgabe rechnerisch lösen. Nullsetzen des Funktionsterms ergibt:

$$e^x + 4 = 0 \tag{3.290}$$

Wir isolieren den Exponentialterm

$$e^x = -4 \tag{3.291}$$

und wenden auf beiden Seiten der Gleichung die ln-Funktion an.

$$\cancel{x = \ln(-4)} \tag{3.292}$$

Bei der Berechnung des Werts von $\ln(-4)$ mit dem Taschenrechner erkennen wir jedoch, dass der Taschenrechner keine Lösung liefert. Das liegt daran, dass die Logarithmus-Funktion nur für positive x definiert ist. Eigentlich sollte man Gleichungen wie die obige Gl. 1.243 gar nicht zu Papier bringen, deshalb haben wir sie durchgestrichen.

Und damit ergibt sich für die Schnittpunkte:

$$K_f \text{ hat keine Schnittpunkte mit der } x\text{-Achse}$$

Beispiel 21

Gegeben sei die Funktion mit der Funktionsgleichung

$$f(x) = e^{-2x} - 5e^{-x} + 6$$

Wie heißt die Funktion und ihr Schaubild?
Wo liegen die Schnittpunkte des Schaubilds mit der x-Achse?

Lösung:

Die Funktion wird wieder (allgemeine) Exponentialfunktion genannt, ihr Schaubild hat keinen speziellen Namen.

Nullsetzen des Funktionsterms ergibt:

$$e^{-2x} - 5e^{-x} + 6 = 0 \qquad (3.293)$$

und wir nehmen die Substitution

$$u = e^{-x} \qquad (3.294)$$

vor. Die Rücksubstitution erhält man, indem man Gl. 3.294 nach x auflöst:[77]

$$
\begin{array}{rcll}
u & = & e^{-x} & | \quad \ln(\,) \\
\ln(u) & = & -x & | \quad \cdot(-1) \\
-\ln(u) & = & x &
\end{array}
$$

Mit der Substitution wird die zu lösende Gleichung zu:

$$u^2 - 5u + 6 = 0 \qquad (3.295)$$

was man durch Anwenden des Satzes von Vieta lösen kann:

$$u_1 = 2 \qquad (3.296)$$
$$u_2 = 3 \qquad (3.297)$$

Daraus erkennen wir auch sofort, was x sein muss:

$$x_1 = -\ln(u_1) = -\ln(2) \qquad (3.298)$$
$$x_2 = -\ln(u_2) = -\ln(3) \qquad (3.299)$$

Und damit ergibt sich für die Schnittpunkte:

$$NS_1\,(-\ln(3)|0) \qquad (3.300)$$
$$NS_2\,(-\ln(2)|0) \qquad (3.301)$$

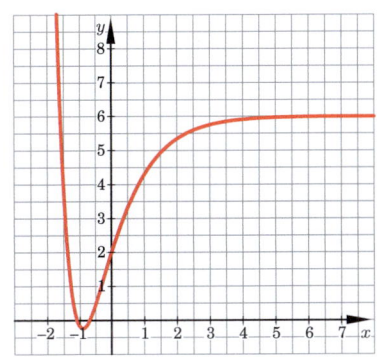

Abb. 3.65.: Das Schaubild zu $f(x) = e^{-2x} - 5e^x + 6$.

---

[77]Das allgemeine Verfahren.

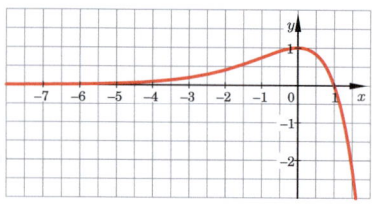

Abb. 3.66.: Das Funktionsschaubild zu $f(x) = e^x - xe^x$.

Beispiel 22

Gegeben sei die Funktion mit der Funktionsgleichung

$$f(x) = e^x - xe^x$$

Wie heißt die Funktion und ihr Schaubild?
Wo liegen die Schnittpunkte des Schaubilds mit der x-Achse?

Lösung:

Die Funktion wird ebenfalls verallgemeinerte Exponentialfunktion genannt.

Nullsetzen des Funktionsterms ergibt:

$$e^x - xe^x = 0 \tag{3.302}$$

und wir erkennen, dass wir e^x ausklammern können:

$$e^x(1 - x) = 0 \tag{3.303}$$

Wieder einmal schlägt die Stunde des Satzes vom Nullprodukt und wir machen eine Fallunterscheidung:

Fall 1: Der Vorfaktor ist Null. Das geht aber nicht (siehe Beispiel 16) und wir wenden uns gleich zu

Fall 2: Die Klammer wird Null.

$$1 - x = 0 \tag{3.304}$$

und daraus erkennen wir sofort, dass

$$x_1 = 1 \tag{3.305}$$

Und somit erhalten wir den Schnittpunkt:

$$NS\,(1|0) \tag{3.306}$$

Beispiel 23

Gesucht sind die Nullstellen der Funktion

$$f(x) = xe^{-2x} - 3x$$

Lösung:

Nullsetzen des Funktionsterms ergibt:

$$xe^{-2x} - 3x = 0 \qquad (3.307)$$

und wir erkennen, dass wir x ausklammern können:

$$x(e^{-2x} - 3) = 0 \qquad (3.308)$$

Wieder führt der Satz vom Nullprodukt zur Lösung:

Fall 1: Der Vorfaktor ist Null. Das ist trivial:

$$x_1 = 0 \qquad (3.309)$$

Fall 2: Die Klammer wird Null:

$$e^{-2x} - 3 = 0 \qquad (3.310)$$

Hier wird die Exponentialfunktion isoliert:

$$e^{-2x} = 3 \qquad (3.311)$$

und dann auf beiden Seiten logarithmiert:[78]

$$-2x = \ln(3) \qquad (3.312)$$

und jetzt kann man die Vorfaktoren vor dem x abdividieren:

$$x = -\frac{1}{2}\ln(3) \qquad (3.313)$$

und damit haben wir zwei Nullstellen gefunden:

$$NS_1(0|0) \qquad (3.314)$$

$$NS_2\left(-\frac{1}{2}\ln(3)\Big|0\right) \qquad (3.315)$$

Aber nicht immer reicht das Ausklammern, um zu einem guten Ende zu kommen, wie das nächste Beispiel zeigt.

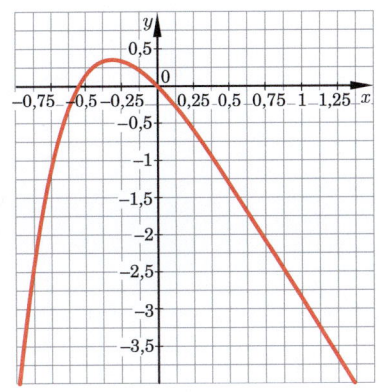

Abb. 3.67.: Die Kurve zu $f(x) = xe^{-2x} - 3x$.

---

[78]Beachten Sie: Der Vorfaktor -2 ist im Exponenten „gefangen". Erst nach dem Logarithmieren können Sie ihn beseitigen!

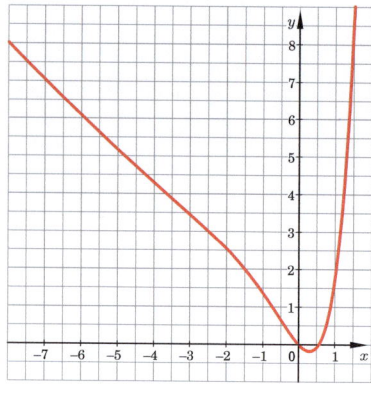

Abb. 3.68.: Die Kurve zu
$f(x) = x^2 e^x - x$.

Beispiel 24

Gegeben sei die Funktion mit der Funktionsgleichung

$$f(x) = x^2 e^x - x$$

Wo liegen die Schnittpunkte des Schaubilds mit der x-Achse?
Lösung:

Nullsetzen des Funktionsterms ergibt:

$$x^2 e^x - x = 0 \qquad (3.316)$$

und wir erkennen, dass wir x ausklammern können:

$$x(xe^x - 1) = 0 \qquad (3.317)$$

Wieder einmal brauchen wir den Satz vom Nullprodukt, der zu einer Fallunterscheidung führt:

Fall 1: Der Vorfaktor ist Null. Die Bedingung ist die Lösung:

$$x_1 = 0 \qquad (3.318)$$

Fall 2: Die Klammer wird Null.

$$xe^x - 1 = 0 \qquad (3.319)$$

Das ist leider nicht trivial. Keine unserer bisherigen Strategien führt zum Ziel:

- es gibt keine naheliegende Substitution

- man kann nichts ausklammern

- Isolieren des Exponentialterms und anschließendes Logarithmieren führt zu einer Gleichung mit x und $\ln(x)$.

Gleichung 3.319 können wir nur graphisch oder numerisch (also mit Computer oder GTR) lösen. Weil wir noch nicht gelernt haben, wie man Nullstellen mit elektronischen Hilfsmitteln findet, lesen wir sie aus dem Funktionsschaubild ab:

$$x_2 \approx 0,6 \qquad (3.320)$$

Und damit ergibt sich für die Schnittpunkte:

$$NS_1 (0|0) \qquad (3.321)$$
$$NS_2 (0,6|0) \qquad (3.322)$$

3.8.3. Nullstellen von Exponentialfunktionen

(Hinweise: Nicht jede der Teilaufgaben muss eine Lösung haben. Aufgaben 1-4 sind ohne GTR lösbar)

1. Suchen Sie die Nullstellen der folgenden Funktionen

   a) $f(x) = 2x^2 e^x - e^x$

   b) $f(x) = 4xe^x - 2e^x$

   c) $f(x) = 8x^3 e^x - 4^3 e^x$

   d) $f(x) = 6xe^x - 3x^3 e^x$

   e) $f(x) = 2x^2 e^x - 4xe^x + 2e^x$

2. Suchen Sie die Nullstellen der folgenden Funktionen.

   a) $f(x) = 2 - 4e^x$

   b) $f(x) = -4e^{-x} + 1$

   c) $f(x) = e^x + 1$

   d) $f(x) = e^x - 4$

3. Suchen Sie die Nullstellen der folgenden Funktionen.

   a) $f(x) = 2x^2 - x^2 e^x$

   b) $f(x) = -2x + xe^{-x}$

   c) $f(x) = 3xe^x + 3x$

   d) $f(x) = 2x - 4xe^x$

4. Suchen Sie die Nullstellen der folgenden Funktionen.

   a) $f(x) = 2e^{2x} - 4e^x + 2$

   b) $f(x) = 4e^{2x} - 16$

   c) $f(x) = 2e^{2x} + 4e^x + 2$

   d) $f(x) = 4 + 4e^x$

5. Welche der Nullstellen sind nur mit dem GTR auffindbar?

   a) $f(x) = 2xe^{2x} - 4e^x + 2$

   b) $f(x) = 4xe^{2x} - 16x$

   c) $f(x) = xe^{-x} - 2$

   d) $f(x) = 4 + 4e^x$

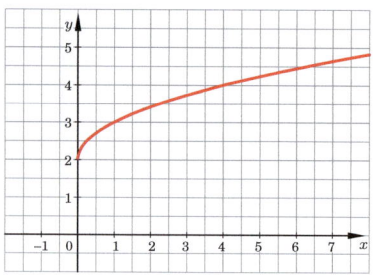

Abb. 3.69.: Das Schaubild zur Funktion $f(x) = \sqrt{x} + 2$.

Beispiel 25

Gegeben sei die Funktion mit der Funktionsgleichung

$$f(x) = \sqrt{x} + 2$$

Wo liegen die Schnittpunkte des Schaubilds mit der x-Achse?
Lösung:
Die zu lösende Gleichung lautet

$$\sqrt{x} + 2 = 0 \tag{3.323}$$

Man wäre geneigt, – weil es in den vorhergehenden Beispielen so war – zu substituieren, aber das wäre in diesem Fall mit Kanonen auf Spatzen geschossen. Vielmehr lösen wir nach der Wurzel auf und quadrieren:[79]

$$x = 4 \tag{3.324}$$

Wir erinnern uns an Beispiel 15 und führen die Probe durch, indem wir $x = 4$ in die Gleichung 3.323 einsetzen:

$$\sqrt{4} + 2 = 0 \tag{3.325}$$

Aber das stimmt ja gar nicht![80] Des Rätsels Lösung ist, dass durch Quadrieren wieder Lösungen hinzukommen.[81]

Die Lösung $x = 4$ muss also verworfen werden und damit ergibt sich für die Schnittpunkte:

$$K_f \text{ hat keine Schnittpunkte mit der } x\text{-Achse}$$

---

[79] *I poured my root beer into a square cup. Now I only have beer.*

[80] und die Zeichnung zeigt auch ganz klar, dass es bei $x = 4$ keine Nullstelle gibt.

[81] weil das Quadrieren aus falschen Aussagen richtige Aussagen machen kann. Beispiel:

$$-2 = 2 \;|()^2$$
$$4 = 4$$

Damit ist das Quadrieren keine Äquivalenzumformung! Man muss also immer, wenn man eine Gleichung durch Quadrieren gelöst hat, eine Probe durchführen.

Beispiel 26

Gegeben sei die Funktion mit der Funktionsgleichung

$$f(x) = \sqrt{x^3} + 2x - \sqrt{x} - 2$$

Wo liegen die Schnittpunkte des Schaubilds mit der x-Achse?

Lösung:

Nullsetzen des Funktionsterms ergibt:

$$\sqrt{x^3} + 2x - \sqrt{x} - 2 = 0 \qquad (3.326)$$

Wir führen die Substitution

$$u = \sqrt{x} \qquad (3.327)$$

und die dazugehörige Rücksubstitution[82]

$$x = u^2 \qquad (3.328)$$

ein. Dann ergibt sich

$$u^3 + 2u^2 - u - 2 = 0 \qquad (3.329)$$

was nach Polynomdivision verlangt.[83] Sie sehen also: Es kann auch vorkommen, dass man mehrere Werkzeuge zur Nullstellensuche kombinieren muss. Man erkennt,[84] dass sowohl $u = 1$ als auch $u = -1$ Nullstellen sind. Also: Dividieren wir gleich[85] durch $(u-1)(u+1) = (u^2 - 1)$:

$$
\begin{array}{llllllll}
(& u^3 & +2u^2 & -u & -2 &) & : (u^2-1) & = \ u \ +2 \\
& u^3 & & -u & & & & \\
& & +2u^2 & & -2 & & & \\
& & 2u^2 & & \underline{-2} & & & \\
& & & & 0 & & &
\end{array}
\qquad (3.330)
$$

was uns zur Nullstelle $u = -2$ führt. Zusammenfassend sind die Nullstellen also:

$$u_1 = -1 \qquad (3.331)$$
$$u_2 = 1 \qquad (3.332)$$
$$u_3 = -2 \qquad (3.333)$$

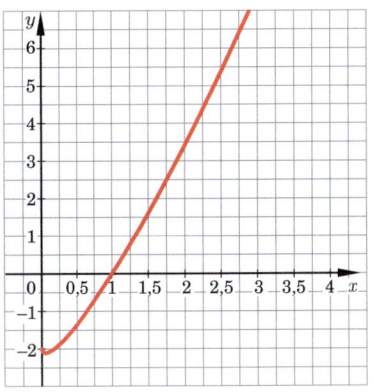

Abb. 3.70.: Das Schaubild zu $f(x) = \sqrt{x^3} + 2x - \sqrt{x} - 2$.

---

[82] Erinnern Sie sich: Man erhält die Rücksubstitution, indem man die Substitutionsgleichung nach x auflöst.

[83] weil das Absolutglied Ausklammern verhindert.

[84] durch Einsetzen. Einfache Kopfrechnung.

[85] Weil der Divisor (das ist das, durch was geteilt wird) einen quadratischen und einen konstanten Term beinhaltet, hat die Rechnung dieses Mal keine regelmäßige Treppenform.

Wir führen die Rücksubstitution $x = u^2$ durch und erhalten:

$$u_1 = -1 \implies x_1 = 1 \tag{3.334}$$

$$u_2 = 1 \implies x_2 = 1 \tag{3.335}$$

$$u_3 = -2 \implies x_3 = 4 \tag{3.336}$$

Weil das Quadrieren künstliche Lösungen erzeugt hat, müssen wir eine Probe machen, indem wir die x_i in den Funktionsterm einsetzen:

$$f(1) = 0 \implies \text{Nullstelle} \tag{3.337}$$

$$f(4) = 8 + 8 + -4 = 12 \implies \text{keine Nullstelle} \tag{3.338}$$

Damit ist die einzige Nullstelle gefunden:

$$NS_1\,(1|0) \tag{3.339}$$

Beispiel 27

Gegeben sei die Funktion mit der Funktionsgleichung

$$f(x) = \frac{1}{x}$$

Wie heißt die Funktion und ihr Schaubild?
Wo liegen die Schnittpunkte des Schaubilds mit der x-Achse?

Lösung:

Die Funktion wird *gebrochen rationale Funktion* [86] oder *verallgemeinerte Potenzfunktion*[87] genannt, ihr Schaubild *Hyperbel*.
Nullsetzen des Funktionsterms ergibt:

$$\frac{1}{x} = 0 \tag{3.340}$$

Multiplizieren[88] mit x ergibt die Gleichung

$$1 = 0 \tag{3.341}$$

was eine falsche Aussage ist und daher zur Erkenntnis führt, dass $y = \frac{1}{x}$ keine Nullstellen hat.

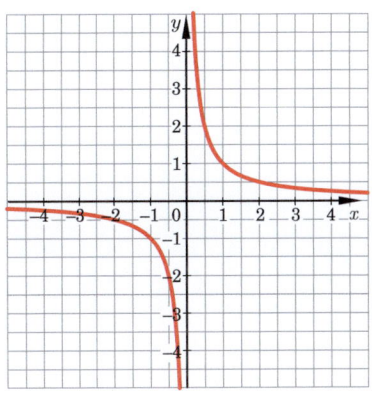

Abb. 3.71.: Das Schaubild von $f(x) = \frac{1}{x}$.

> **Merke**
>
> $f(x) = 1/x$ hat keine Nullstellen.

---

[86] gebrochen rationale Funktionen sind Funktionen, deren Funktionsterm die Form Polynom/Polynom aufweist.

[87] verallgemeinerte Potenzfunktion deshalb, weil man den Funktionsterm auch als x^{-1} schreiben kann.

[88] Vermeiden Sie die Multiplikation mit x oder mit einem Ausdruck, der x enthält, wann immer es möglich ist! Denn der Ausdruck könnte ja Null sein und die Multiplikation mit Null ist *keine* Äquivalenzumformung! Sie müssen also bei solchen Multiplikationen immer den Fall, dass der Ausdruck Null ist, ausschließen und getrennt untersuchen. Diese Fallunterscheidungen sind nicht einfach und wenn man sie gar vergisst, hat man möglicherweise künstliche Lösungen erzeugt. Deshalb sollte man diese Multiplikationen meiden.

Im hier vorliegenden Fall ist die Multiplikation mit x nicht so gefährlich, denn $x = 0$ ist sowieso ausgeschlossen (die Definitionsmenge ist hier nicht $\mathbb{R}$, sondern $\mathbb{R}\backslash\{0\}$).

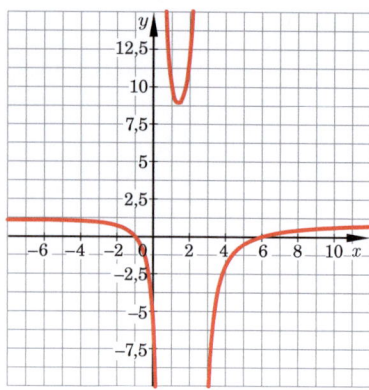

Abb. 3.72.: Das Schaubild von $f(x) = \frac{x^2-5x-6}{x^2-3x+1}$

Merksatz

Eine gebrochenrationale Funktion hat Nullstellen bei den x-Werten, an welchen der Zähler Null wird.

Beispiel 28

Gegeben sei die Funktion mit der Funktionsgleichung

$$f(x) = \frac{x^2 - 5x - 6}{x^2 - 3x + 1}$$

Wie heißt die Funktion?
Wo liegen die Schnittpunkte des Schaubilds mit der x-Achse?

Lösung:

Die Funktion wird *gebrochen rationale Funktion*[89] genannt.
   Nullsetzen des Funktionsterms ergibt:

$$\frac{x^2 - 5x - 6}{x^2 - 3x + 1} = 0 \qquad (3.342)$$

Wir schreiben den Bruch um zu:

$$\left(x^2 - 5x - 6\right) \cdot \frac{1}{x^2 - 3x + 1} - 0 \qquad (3.343)$$

und erkennen, dass man wieder den Satz vom Nullprodukt einsetzen kann. Allerdings wird der zweite Faktor nie Null (siehe vorhergehendes Beispiel) was zu der Erkenntnis führt: Die Nullstellen des Bruchs sind die Nullstellen des Zählers. Für die Nullstellen des Zählers verfügen wir schon über ein Repertoire an Möglichkeiten. In diesem Beispiel kann man den Satz von Vieta anwenden und erhält schließlich:

$$x_1 = -1 \qquad (3.344)$$
$$x_2 = 6 \qquad (3.345)$$

was zu den Schnittpunkten:

$$NS_1 \, (-1|0) \qquad (3.346)$$
$$NS_2 \, (6|0) \qquad (3.347)$$

führt.

---

[89]gebrochen rationale Funktionen sind Funktionen, deren Funktionsterm die Form Polynom/Polynom aufweist.

Beispiel 29

Gegeben sei die Funktion mit der Funktionsgleichung

$$f(x) = x^{\frac{m}{n}} - c$$

Wie heißt die Funktion?
Wo liegen die Schnittpunkte des Schaubilds mit der x-Achse?

Lösung:

Die Funktion wird *verallgemeinerte Potenzfunktion* genannt.

Nullsetzen des Funktionsterms ergibt:

$$x^{\frac{m}{n}} - c = 0 \tag{3.348}$$

Wir potenzieren auf beiden Seiten mit $\frac{n}{m}$ und erhalten:[90]

$$x = c^{\frac{n}{m}} \tag{3.349}$$

Jetzt haben Sie also (fast) alle Tricks zur Nullstellensuche gelernt. Und wenn keiner davon zum Ziel führt, muss man eben doch zu numerischen Methoden greifen.

---

[90]Hier ist auch wieder die Fußnote zu Beispiel 6 bzw. Anhang A.5. (Wertemenge und Definitionsmenge der Wurzelfunktion) relevant.

Terme der Form	Besonderheit	Strategie	Bemerkungen	Beisp. Nr.
$ax + b = 0$		nach x auflösen		1
$x^2 + c = 0$	kein linearer Term	x^2 isolieren und $\pm$ die Wurzel daraus ziehen		2
$x^2 + bx = 0$	kein Absolutglied	x ausklammern Satz vom Nullprodukt		3
$x^2 + bx + c = 0$	kein Vorfaktor vor dem quadratischen Term	„Zahlenrätsel" (Satz von Vieta)	2 Zahlen mit Produkt c und Summe b, dann Vorzeichen umdrehen	4
$ax^2 + bx + c = 0$		Mitternachtsformel oder a ausklammern und „Zahlenrätsel"		
$x^2 \pm 2bx + b^2 = 0$		binomische Formel rückwärts		17
$ax^3 + bx^2 + cx = 0$	Absolutglied fehlt	x ausklammern, dann SvNP		8
$x^3 + bx^2 + cx + d = 0$	Faktor vor kubischem Term fehlt	1 Nullstelle raten, dann Nullstelle abdividieren (Polynomdivision)	wenn Nullstelle x_0: Durch $(x - x_0)$ dividieren.	9, 10
$ax^3 + bx^2 + cx + d = 0$		a ausklammern, 1 Nullstelle raten, dann abdividieren (Polynomdivision)		
$x^4 + bx^3 + cx^2 + dx = 0$	Absolutglied fehlt, kein Faktor vor x^4-Term	x ausklammern, dann SvNP, Polynomdivision versuchen		10
$ax^4 + bx^3 + cx^2 + dx = 0$	Absolutglied fehlt	ax ausklammern, dann SvNP, Polynomdivision versuchen		11
$ax^4 + cx^2 + e = 0$	nur gerade Potenzen, Absolutglied kann vorhanden sein	substituieren $u = x^2$, dann Mitternachtsformel oder Zahlenrätsel		13
$ax^4 + bx^3 + cx^2 + dx + e = 0$	Absolutglied fehlt	a ausklammern, Polynomdivision mit Rest		12

Terme der Form	Besonderheit	Strategie	Bemerkungen	Beisp. Nr.
$ax^6 + cx^3 + e = 0$	nur gerade Potenzen, Absolutglied kann vorhanden sein	substituieren $u = x^3$, dann Mitternachtsformel oder Zahlenrätsel		14
$x^m - a = 0$		Potenz isolieren, m-te Wurzel ziehen	Definitionsbereich der Wurzel beachten	5, 6, 7, 29
$\sqrt{x} + c = 0$		Wurzel isolieren und quadrieren	Achtung: es werden mglw. Lösungen erzeugt	25
$ax + b\sqrt{x} + c = 0$		substituieren $u = \sqrt{x}$, dann Mitternachtsformel oder Zahlenrätsel	Achtung: es werden Lösungen erzeugt	15
$f(x) = \frac{a}{g(x)}$	gebrochen-rationale Fkt mit konstantem Zähler	KEINE Nullstellen		27
$f(x) = \frac{h(x)}{g(x)}$	gebrochen-rationale Fkt	Nullstellen von $h(x)$ suchen		28
$ae^x = 0$		e^x wird NIE Null		16
$ae^x + b = 0$	kein ganzrationaler Term	e^x isolieren, dann logarithmieren		18,19
$axe^x + bx = 0$	Absolutglied fehlt	x ausklammern, dann SvNP		23, 24
$axe^x + be^x = 0$	Absolutglied fehlt	e^x ausklammern, dann SvNP		22
$ae^{2x} + be^x + c = 0$		substituieren $u = e^x$, dann Mitternachtsformel oder Zahlenrätsel		17, 21
$ae^{3x} + be^{2x} + cx^x + d = 0$		substituieren $u = e^x$, dann Polynomdivision		
$ae^x + bx = 0$	Ein Exponentialterm, ein ganzrationaler Term		GTR	

Aufgaben

Nullstellensuche (Vermischt)

(Hinweise: Hier können jetzt alle Tricks zur Anwendung kommen. Nicht jede der Teilaufgaben muss eine Lösung haben).

1. Suchen Sie die Nullstellen der folgenden Funktionen.

   a) $f(x) = \sqrt{x}^3 - 3x + 3\sqrt{x}$

   b) $f(x) = 2x^3 - 2x^2 - 2x + 2$ Hinweis: $x_1 = 1$

   c) $f(x) = 6e^{2x} + 12e^x + 6$

   d) $f(x) = 2x^3 - 10x^2 + 6x + 18$ Hinweis: $x_1 = 3$

   e) $f(x) = -2x^3 + 14x^2 - 30x + 18$ Hinweis: $x_1 = 1$

   f) $f(x) = e^{2x} - 2$

   g) $f(x) = 2x^2e^{2x} + 4xe^{2x}$

2. Suchen Sie die Nullstellen der folgenden Funktionen.

   a) $f(x) = \sqrt{x} - 3$

   b) $f(x) = x - 2\sqrt{x} - 8$

   c) $f(x) = 5x - 1$

   d) $f(x) = x^6 - 3x^3 + 2$

   e) $f(x) = x^2 + 6x + 9$

   f) $f(x) = x^2 - 6x + 9$

   g) $f(x) = 5x^2 - 10x + 5$

3. Lösen Sie die folgenden Gleichungen:

   a) $3x^4 + 15x^2 - 150 = 0$

   b) $x^4 - 8x^3 + 24x^2 - 32x + 16 = 0$

   c) $x + 2\sqrt{x} - 8 = 0$

   d) $10x^2 - 60x + 90 = 0$

Aufgaben

Nullstellensuche (Vermischt) *(Fortsetzung)*

(Hinweise: Hier können jetzt alle Tricks zur Anwendung kommen. Nicht jede der Teilaufgaben muss eine Lösung haben).

4. Richtig oder falsch? Wenn Sie „falsch" befinden, verbessern Sie bitte die Aussage, so dass eine richtige Aussage daraus wird.

   a) Ein Polynom 5. Ordnung kann die x-Achse maximal 5 mal schneiden

   b) Das Schaubild eines Polynoms 3. Ordnung schneidet die x-Achse mindestens 1 mal

   c) Der Logarithmus ist eine bekannte Badebucht in Ost-Griechenland

   d) Wenn eine Funktion eine doppelte Nullstelle hat, schneidet ihr Schaubild die x-Achse

   e) Wenn eine Funktion eine dreifache Nullstelle hat, schneidet ihr Schaubild die x-Achse auf besondere Art: sie hat im Schnittpunkt eine horizontale Tangente.

   f) Im Hochpunkt ist eine Kurve immer eine Rechtskurve.

   g) Wenn eine Kurve im Schnittpunkt eine horizontale Tangente hat, sagt man, sie durchsetzt die x-Achse.

   h) Die Definitionsmenge des natürlichen Logarithmus $\ln(x)$ umfasst alle reellen Zahlen, die größer sind als e.

5. Gegeben die Funktion g mit $g(x) = (x^4 - 5x^2 + 4)$

   a) Fertigen Sie ein Schaubild der Funktion an.

   b) Geben Sie die Definitionsmenge und Wertemenge an.

   c) Wo schneidet das Schaubild die y-Achse?

   d) Berechnen Sie ohne Zuhilfenahme des Taschenrechners die Schnittpunkte des Schaubilds mit der x-Achse. Wie nennt man das Lösungsverfahren, das Sie angewandt haben?

   e) Schreiben Sie den Funktionsterm von $g(x)$ in Produktschreibweise (so, dass man ihn nicht weiter in kleinere Faktoren zerlegen kann).

Aufgaben

Nullstellensuche (Vermischt) *(Fortsetzung)*

(Hinweise: Hier können jetzt alle Tricks zur Anwendung kommen. Nicht jede der Teilaufgaben muss eine Lösung haben).

6. Joe hat rausgefunden, dass sein Kontostand K jeden Monat der Gleichung $K(t) = -250\left(\left(\frac{t-12}{30}\right)^3 - 0,15\right)$ folgt. Dabei ist t die Zahl der Tage nach Auszahlung des Taschengelds (das am Ersten ausgezahlt wird). Am wievielten des Monats ist das Geld alle?

7. Ein startup-Unternehmen verbrennt Geld. Die Finanzchefin hat berechnet, dass der Kontostand K (in Millionen EUR) der Gleichung $K(t) = xe^{-0,1x} - 0,05x$ folgt. Dabei ist t die Zahl der Monate seit Gründung des Unternehmens. Der Justitiar macht darauf aufmerksam, dass man mit negativem Kassenstand Insolvenz anmelden muss, wenn man kein neues Darlehen bekommt oder frisches Eigenkapital einwirbt. Danach sieht es jedoch nicht aus. Wie lange lebt das Unternehmen?

8. Die Kosten einer Softwarefirma folgen dem Gesetz $K_{(n)} = 10.000.000 + 5n$, wobei n die Zahl der verkauften Lizenzen ist. Berechnen Sie den y-Achsenabschnitt von $K_{(n)}$ und finden Sie einen aussagekräftigen Namen hierfür.

9. Die Preis(Nachfrage)-Funktion für Tannenbäume lautet $p_{(x)} = 200 - 0,0004x$
   a) Berechnen Sie die Schnittpunkte ihres Schaubildes mit der y-Achse und der x-Achse.
   b) Geben Sie die Sättigungsmenge an.
   c) Geben Sie den Preis an, zu dem kein Weihnachtsbaum mehr verkauft wird. Wie heißt dieser Preis?

10. Die Preis(Nachfrage)-Funktion für Mobiltelefone in einem bestimmten Marktsegment lautet $p_{(x)} = -0,001x + 949$
    a) Geben Sie die Sättigungsmenge an.
    b) Dieses Marktsegment wird von einem Monopolisten beherrscht. Geben Sie seine Erlös(Absatz)-Funktion an.
    c) Berechnen Sie die Schnittpunkte von $f_{(x)} = -0,001x^2 + 949x$ mit der x-Achse.

3.9. Schnittpunkte zweier Kurven

Wir wollen uns damit befassen, wie die Schnittpunkte zweier Kurven berechnet werden, beispielsweise der beiden Kurven in Abb. 3.73.

Hilfreich ist es, sich zu veranschaulichen, dass der Schnittpunkt der beiden Kurven sich dadurch auszeichnet, dass dort beide Kurven den gleichen y-Wert haben. Also setzen wir die y-Werte gleich und schauen, für welche x-Werte die y-Werte wirklich gleich sind:

$$f(x) = g(x) \tag{3.350}$$

Gleichung (3.348) kann man aber auch schreiben als

$$f(x) - g(x) = 0 \tag{3.351}$$

Damit haben wir das Problem auf ein bekanntes zurückgeführt, nämlich die Nullstellensuche. Alle Rechentechniken, die wir vorher erlernt haben, können wir hier erneut zum Einsatz bringen.

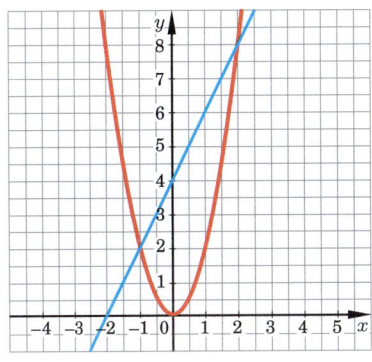

Abb. 3.73.: K_f und K_g schneiden sich.

Beispiel Gegeben ist die Funktionen $f(x)$ und $g(x)$ mit den Schaubildern K_f und K_g und den Funktionstermen

$$f(x) = 2x^2 \tag{3.352}$$
$$g(x) = 2x + 4 \tag{3.353}$$

Wo liegen die Schnittpunkte der Schaubilder?

Lösung: $f(x) - g(x) = 0$ ergibt:

$$2x^2 - 2x - 4 = 0 \tag{3.354}$$

was man mithilfe unseres Zahlenrätsels lösen kann als:

$$2(x + 1)(x - 2) = 0 \tag{3.355}$$

und somit sind die x-Werte, bei denen Schnittpunkte liegen

$$x_1 = -1 \tag{3.356}$$
$$x_2 = 2 \tag{3.357}$$

Damit sind wir aber – im Gegensatz zur Nullstellensuche – nicht fertig. Wir müssen noch die y-Werte der Punkte berechnen, indem wir die x-Werte in eine der Funktionsgleichungen einsetzen:

$$y_1 = f(x_1) = 2 \tag{3.358}$$
$$y_2 = f(x_2) = 8 \tag{3.359}$$

Damit sind die Schnittpunkte:

$$S_1(-1|2) \tag{3.360}$$

$$S_2(2|8) \tag{3.361}$$

Aufgaben

Schnittpunkte

1. Berechnen Sie die Schnittpunkte zwischen den Schaubildern der beiden Funktionen. Überprüfen Sie Ihr Ergebnis mithilfe einer Zeichnung.

   a) $f(x) = -3x + 4$ und $g(x) = 4x - 2$

   b) $f(x) = 3x - 3$ und $g(x) = -2x - 1$

2. Bestimmen Sie die zu den Graphen gehörigen Funktionsgleichungen und berechnen Sie die Schnittpunkte.

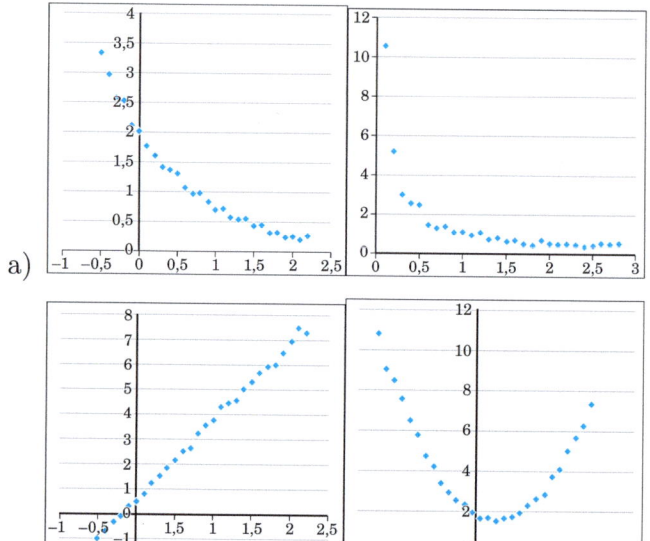

   a)

   b)

3. Suchen Sie die Schnittpunkte zwischen den Schaubildern der beiden Funktionen. Aufgaben mit Stern sind mit dem GTR zu lösen

   a) $f(x) = x^2 - 3x + 4x$ und $g(x) = 4x - 2$

   b) $f(x) = 3\sin(x)$ und $g(x) = -2$

   c) $f(x) = xe^x$ und $g(x) = 4x$

   d) * $f(x) = 0,5x$ und $g(x) = e^{-x}$

Schnittpunkte *(Fortsetzung)*

4. Suchen Sie die Schnittpunkte zwischen den Schaubildern der beiden Funktionen.

   a) $f(x) = x^3 - 3x^2 + 4x$ und $g(x) = 2x^2$

   b) $f(x) = 3x$ und $g(x) = 10 + \sqrt{x}$

   c) $f(x) = 3x$ und $g(x) = \frac{12}{x}$

   d) $f(x) = \sin(x)$ und $g(x) = \cos(x)$

5. Wählen Sie C so, dass die Kurven sich nur berühren

   a) $f(x) = x^2 + C$ und $g(x) = 2x$

   b) $f(x) = (x - 2)^2 + 1$ und $g(x) = 4x + C$

6. Gegeben die Funktionen $f(x) = x^3 - 4x^2 - x + 3$ und $g(x) = Dx + 3$ mit den Schaubildern K_f und K_g. Wählen Sie D so, dass

   a) die Kurven einen gemeinsamen Punkt aufweisen

   b) die Kurven zwei gemeinsame Punkte aufweisen

   c) die Kurven drei gemeinsame Punkte aufweisen

   d) Gibt es auch ein D, so dass K_f und K_g keinen gemeinsamen Punkt aufweisen?

7. Die Kosten $K(n)$ eines Unternehmens können mithilfe der Kostenfunktion $K(n) = 2 + \sqrt{n}$ beschrieben werden. Der Umsatz $U(n)$ kann mithilfe der Funktion $U(n) = 0,2n$ beschrieben werden. U und K werden in Millionen EUR gemessen. n ist die verkaufte Stückzahl in 100.000 Stück (Verkaufszahlen und Produktionszahlen seien gleich). Bei wie viel produzierten Stück wird der break-even-point erreicht (das ist der Punkt, in dem Kosten und Umsatz sich schneiden bzw. der Gewinn erstmals positiv ist)?

3.10. Verschiebungen und Streckungen von Funktionsschaubildern

3.10.1. Verschiebung von Kurven

Addiert man zu einem Funktionsterm eine positive Konstante y_0, so verschiebt man das Schaubild dieser Funktion um y_0 nach oben.

Ersetzt man in einem Funktionsterm alle x durch $(x - x_0)$ mit $x > x_0$, so verschiebt man das Schaubild dieser Funktion um x_0 nach rechts.

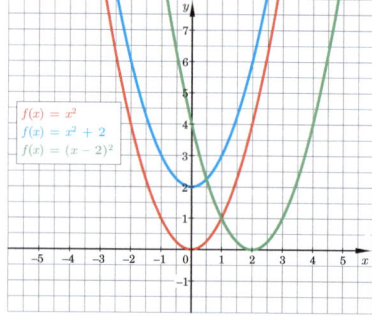

Abb. 3.74.: verschobene Parabeln.

Beispiel 1

Das Schaubild einer Exponentialfunktion ist in Abb. 3.75 gezeigt. Die Funktionsgleichung, die zu der um 2 nach rechts verschobenen Kurve gehört, erhält man, indem man alle x durch $(x - 2)$ ersetzt:

$$f(x) = e^{(x-2)} \tag{3.362}$$

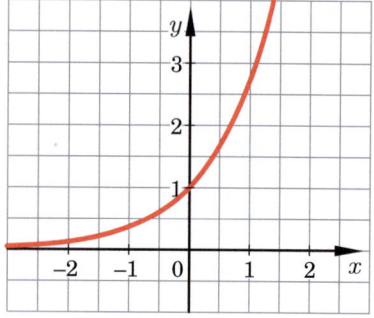

Abb. 3.75.: Das Schaubild von $f(x) = e^x$

Beispiel 2

Gegeben die Funktion f mit der Funktionsgleichung

$$f(x) = x \cdot e^{-2x} \tag{3.363}$$

Ihr Schaubild ist in Abb. 3.76 gezeigt. Die Funktionsgleichung, die zu der um 3 nach links verschobenen Kurve gehört, erhält man, indem man alle x durch $(x + 3)$ ersetzt:[91]

$$f(x) = (x + 3) \cdot e^{-2(x+3)} \tag{3.364}$$

Will man die Kurve noch um 1 nach oben verschieben (nicht mehr in Abb. 3.76 gezeigt), muss man noch 1 zum Funktionsterm dazu zählen:

$$f(x) = (x + 3) \cdot e^{-2(x+3)} + 1 \tag{3.365}$$

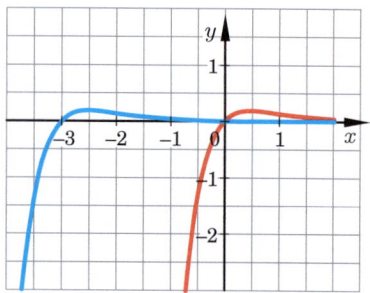

Abb. 3.76.: Das Schaubild von $f(x) = x \cdot e^{-2x}$ (rot) und $f(x) = (x + 3) \cdot e^{-2(x+3)}$ (blau)

---

[91]Ersetzen Sie immer mit den Klammern. Unnötige Klammern kann man in einem nächsten Schritt immer noch beseitigen.

Aufgaben

Verschiebung von Kurven

1. Finden Sie den Funktionsterm.

Die Kurve mit dem Funktions- term	soll verschoben werden	Der neue Funktions- term lautet
$f(x) = x$	um 1 nach oben	
$f(x) = x$	um 3 nach oben	
$f(x) = x$	um 1 nach rechts	
$f(x) = x$	um 1 nach oben und 1 nach rechts	
$f(x) = x^2$	um 1 nach oben	
$f(x) = x^2$	um 4 nach links	
$f(x) = x^2$	um 1 nach oben und 2 nach rechts	
$f(x) = e^x$	um 1 nach oben	
$f(x) = e^x$	um 4 nach links	
$f(x) = e^x$	um 3 nach unten und 2 nach links	
$f(x) = x^3$	um 4 nach unten	
$f(x) = x^5$	um 1 nach oben und 3 nach rechts	
$f(x) = \sqrt{x}$	um 1 nach oben und 3 nach rechts	
$f(x) = \frac{1}{x}$	um 1 nach oben und 3 nach rechts	

2. Beschreiben Sie verbal.

$f(x) = (x-2)^2$	
$f(x) - x^2 - 2$	
$f(x) = (x-2)^2 + 4$	
$f(x) = e^x + 3$	
$f(x) = e^{x-4}$	
$f(x) = (x+2)^2$	
$f(x) = \sqrt{x-3}$	
$f(x) = e^{x+5} - 1$	
$f(x) = \frac{1}{x-3}$	
$f(x) = \frac{1}{x} - 3$	
$f(x) = x + 3$	

3.10.2. Streckung und Stauchung von Kurven

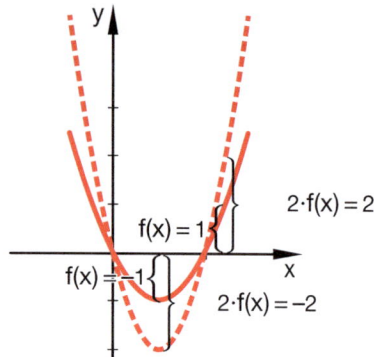

Abb. 3.77.: Die gestrichelte Kurve entsteht aus der durchgezogenen durch Streckung um Faktor 2

Multipliziert man einen Funktionsterm mit einer positiven Konstante C, so wird das Schaubild dieser Funktion entlang der y-Achse gestreckt. Anhand eines Beispiels (siehe Abb. 3.77) kann man sich das verständlich machen: Der Funktionswert zu einem x-Wert sei 1. Wenn man den ganzen Funktionsterm mit 2 multipliziert, ist der neue Funktionswert zum selben x-Wert 2. Der Funktionswert zu einem x-Wert sei -1. Wenn man den ganzen Funktionsterm mit 2 multipliziert, ist der neue Funktionswert zum selben x-Wert -2. So werden alle y-Werte mit dem Faktor 2 multipliziert und die Kurve wird gestreckt entlang der y-Achse. Ist C zwischen 0 und 1, so wird die Kurve um den Faktor C gestaucht entlang der y-Achse[92]

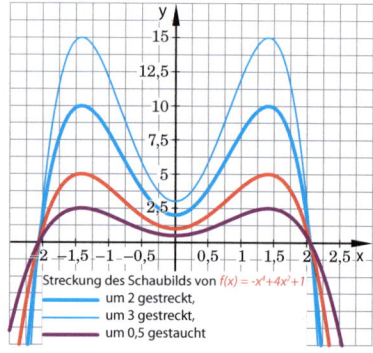

Abb. 3.78.: Streckung entlang der y-Achse:

Ersetzt man in einem Funktionsterm alle x durch (Dx) mit $D > 0$, so wird das Schaubild dieser Funktion entlang der x-Achse gestaucht. Beispiel: In Abb. 3.79 sind die Schaubilder der Funktionen

$$f(x) = -x^4 + 4x^2 + 1 \tag{3.366}$$

$$f(x) = -(2x)^4 + 4(2x)^2 + 1 \tag{3.367}$$

$$f(x) = -(3x)^4 + 4(3x)^2 + 1 \tag{3.368}$$

$$f(x) = -\left(\frac{x}{2}\right)^4 + 4\left(\frac{x}{2}\right)^2 + 1 \tag{3.369}$$

dargestellt.

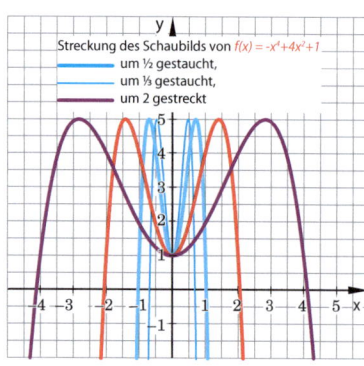

Abb. 3.79.: Streckung entlang der x-Achse:

---

[92]Der umgangssprachliche Sprachgebrauch lässt zwei Sprechweisen zu: „Die gestrichelte Kurve in Abb. 3.77 entsteht durch Stauchung der durchgezogenen Kurve um den Faktor 2". oder auch: „Die gestrichelte Kurve in Abb. 3.77 entsteht durch Stauchung der durchgezogenen Kurve um den Faktor $\frac{1}{2}$". Wir vereinbaren für dieses Buch, nur die erste Sprechweise zu nutzen oder eine Formulierung wie „Stauchung auf halbe Höhe" zu benutzen.

Aufgaben

Streckung und Stauchung

1. Finden Sie den Funktionsterm

Die Kurve mit dem Funktions- term	soll gestreckt werden	Der neue Funktions- term lautet
$f(x) = x$	um 2 entlang der y-Achse	
$f(x) = x$	um 2 entlang der y-Achse	
$f(x) = x^2$	um 5 entlang der y-Achse	
$f(x) = x^2$	um 3 entlang der x-Achse	
$f(x) = x^2$	um 2 entlang der y-Achse und um 4 entlang der x-Achse	
$f(x) = e^x$	um 2 entlang der x-Achse	
$f(x) = e^x$	um 3 entlang der y-Achse und um 2 entlang der x-Achse	
$f(x) = x^3$	um $\frac{3}{2}$ entlang der x-Achse	
$f(x) = x^5$	um $\frac{2}{3}$ entlang der y-Achse und um 4 entlang der x-Achse	
$f(x) = \sqrt{x}$	um $\sqrt{2}$ entlang der x-Achse	

2. Beschreiben Sie verbal.

$f(x) = 2x^2$	
$f(x) = 3e^x + 3$	
$f(x) = 0,5e^{4x}$	
$f(x) = (3x)^2$	
$f(x) = \sqrt{2x}$	
$f(x) = \frac{3}{x}$	

3.11. Umkehrfunktionen

3.11.1. Umkehrzuordnung

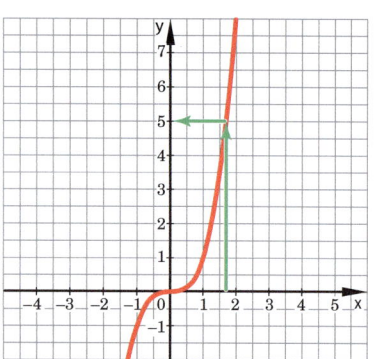

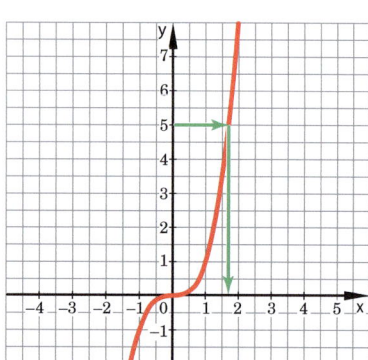

Abb. 3.81.: Die Zuordnung oben ordnet jedem x-Wert einen y-Wert zu. Die Zuordnung unten ordnet jedem y-Wert einen x-Wert zu.

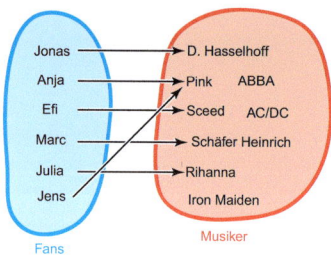 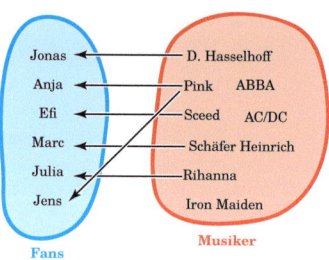

Abb. 3.80.: links: Jedem Fan wird ein Musiker zugeordnet; rechts: Jedem Musiker wird ein Fan zugeordnet.

Erinnern Sie sich noch an die Zuordnung Fan→Musiker? Diese Zuordnung kann man umkehren, so dass jedem Musiker ein Fan zugeordnet wird (Umkehrzuordnung). Betrachten wir das Schaubild in Abb. 3.81 oben. Jedem x-Wert wird ein y-Wert zugeordnet. Das gleiche Schaubild könnte man auch benutzen, um jedem y-Wert einen x-Wert zuzuordnen. Dazu muss man am Schaubild gar nichts ändern; man muss es nur auf andere Weise benutzen:

- Will man wissen, welcher y-Wert einem x-Wert zugeordnet ist, muss man den x-Wert auf der x-Achse suchen, eine vertikale Linie einzeichnen und den y-Wert ablesen, bei dem diese Linie die Kurve schneidet (siehe Abb. 3.81 oben).

- Will man wissen, welcher y-Wert einem x-Wert zugeordnet ist, muss man den y-Wert auf der y-Achse suchen, eine vertikale Linie einzeichnen und den x-Wert ablesen, bei dem diese Linie die Kurve schneidet (siehe Abb. 3.81 unten).

Dieser Umkehrung entspricht eine rechnerische Umkehrzuordnung. Die Kurve in Abb. 3.81 oben wird beschrieben durch die Gleichung

$$y = x^3 \qquad (3.370)$$

Weil y aus x berechnet wird, könnte man auch schreiben

$$y(x) = x^3 \qquad (3.371)$$

Das Schaubild in Abb. 3.81 unten zeigt, wie x aus y berechnet wird. Rechentechnisch entspricht diese Umkehrung dem Auflösen der Funktionsgleichung Gl. 3.370 nach x:

$$x(y) = \sqrt[3]{y} \qquad (3.372)$$

3.11.2. Umbenennung der Variablen

Die Schaubilder für die Zuordnung 3.371 und die Umkehrzuordnung 3.372 sind gleich. Allerdings werden sie unterschiedlich gelesen, wie wir im vorhergehenden Abschnitt gelernt haben. Die Elemente der Definitionsmenge der Umkehrzuordnung heißen y, und sie befinden sich auf der vertikalen Koordinatenachse in Abb. 3.81. Das ist unüblich und deshalb führt man in Gl. 3.372 eine Umbenennung durch: Man vertauscht die Namen x und y:

$$y(x) = \sqrt[3]{x} \qquad (3.373)$$

Damit haben wir etwas Wichtiges erreicht: Man erkennt wieder am Namen, welche Variable die unabhängige Variable sein soll. Durch die Umbenennung ändert sich auch das Schaubild: aus dem Schaubild in Abb. 3.81 rechts wird das Schaubild in Abb. 3.82. Man erkennt, dass die Umbenennung der Variablen einer Spiegelung des Schaubilds an der ersten Winkelhalbierenden entspricht.

3.11.3. Umkehrfunktion

Will man die Umkehrzuordnung einer vorgegebenen Funktion $f(x)$ bestimmen, so muss man die Gleichung $y = f(x)$ nach x auflösen und anschließend die Variablen x und y vertauschen.[93] Will man „nur" das Schaubild kennen, kann man dieses Wissen auch durch geometrische Spiegelung der Kurve an der ersten Winkelhalbierenden erreichen.

Nutzen wir unser neues Wissen, um das Schaubild der Umkehrzuordnung von $f(x) = \sin(x)$ zu zeichnen. Wir erstellen eine Sinuskurve (rot in Abb. 3.83) und spiegeln diese an der ersten Winkelhalbierenden (die gespiegelte Kurve ist grün in Abb. 3.83). Man erkennt: Die Umkehrzuordnung ist keine Funktion, denn es wird einem vorgegebenen x-Wert mehr als genau ein y-Wert zugeordnet (siehe Abb. 3.83). Die Erklärung und die Abhilfe liegen auf der Hand:

- Erklärung: Nur wenn $f(x)$ *monoton* ist, ist auch die Umkehrzuordnung zu $f(x)$ eine Funktion. Andernfalls ist sie „nur" eine Zuordnung.

- Abhilfe: Man zerteilt die Umkehrzuordnung in Äste, in denen die Umkehrung auch wieder den Anforderungen an eine Funktion genügt.

---

[93]Nochmals: die Umkehrung der Funktion steckt im Auflösen nach x, der Namenstausch ist der Konvention geschuldet.

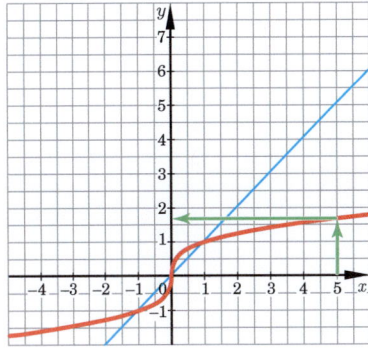

Abb. 3.82.: Durch Namenstausch von x und y ändert sich das Schaubild aus Abb. 3.81. Es wird an der 1. Winkelhalbierenden gespiegelt.

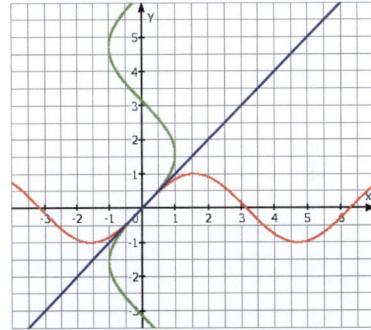

Abb. 3.83.: Das Schaubild K_f der Funktion $f(x) = \sin(x)$ (rot) und das an der ersten Winkelhalbierenden (blau) gespiegelte Schaubild (grün) 3.81

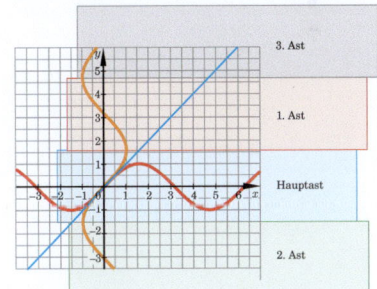

Abb. 3.84.: Erst die Teilung des Wertevorrats in der Weise, dass verschiedene Äste der Umkehrzuordnung (orangefarbene Kurve) entstehen, macht die Umkehr*zuordnung* zur Umkehr*funktion*. . Die Nummerierung der Äste ist nicht standardisiert. In der angelsächsischen Literatur findet man für die Umkehrung der Sinusfunktion auch folgende Konvention: Die Umkehr*zuordnung* wird Arcsin(x) genannt, die Umkehr*funktion* (Hauptast der Umkehrzuordnung) wird arcsin(x) genannt.

Der erste Ast dieser Umkehrzuordnung (der möglichst nahe am Koordinatenursprung liegt) wird meist „**die** Umkehrfunktion" genannt (obwohl strenggenommen jeder Ast der Umkehrung eine Umkehrfunktion wäre). In Tabelle 3.4 zeigen wir gebräuchliche Umkehrfunktionen der wichtigsten elementaren Funktionen.

Die Umkehrfunktion zur Funktion $f(x)$ wird manchmal mit dem Symbol $\overline{f}(x)$ beschrieben,[94] manchmal mit dem Symbol $f^{-1}(x)$. [95] Wir benutzen hier die normale Schreibweise für Funktionen und definieren sie in Worten.

Nun ist auch der Hintergrund der Regel „Die Wurzel ist eine positive Zahl" klar: Weil Parabeln geradzahliger Ordnung keine monotonen Kurven sind, muss man die Umkehrzuordnungen zu $f(x) = x^n$ in Äste zerlegen und deshalb ist die Wurzel als positive Zahl definiert. Für ungeradzahlige Potenzfunktionen ist diese Einschränkung nicht zwingend.[96]

Funktion $f(x)$	Umkehrfunkt. $g(x)$	D	W	Bemerkungen
$f(x) = x^2$	$g(x) = \sqrt{x}$	$\{x \mid x \epsilon \mathbb{R} \vee x \geq 0\}$	$\{x \mid x \epsilon \mathbb{R} \vee x \geq 0\}$	
$f(x) = x^n$	$g(x) = \sqrt[n]{x}$	$\{x \mid x \epsilon \mathbb{R} \vee x \geq 0\}$	$\{x \mid x \epsilon \mathbb{R} \vee x \geq 0\}$	$n > 1$ und gerade
$f(x) = x^n$	$g(x) = \sqrt[n]{x}$	$\{x \mid x \epsilon \mathbb{R} \vee x \geq 0\}$	$\{x \mid x \epsilon \mathbb{R} \vee x \geq 0\}$	$n > 1$ und ungerade[97]
$f(x) = \sin(x)$	$g(x) = \arcsin(x)$	$\{x \mid x \epsilon \mathbb{R} \vee -1 \leq x \leq 1\}$	$\{x \mid x \epsilon \mathbb{R} \vee -\pi \leq x \leq \pi\}$	
$f(x) = \cos(x)$	$g(x) = \arccos(x)$	$\{x \mid x \epsilon \mathbb{R} \vee -1 \leq x \leq 1\}$	$\{x \mid x \epsilon \mathbb{R} \vee 0 \leq x \leq 2\pi\}$	
$f(x) = \tan(x)$	$g(x) = \arctan(x)$	$\mathbb{R}$	$\{x \mid x \epsilon \mathbb{R} \vee 0 \leq x \leq 2\pi\}$	
$f(x) = e^x$	$g(x) = \ln(x)$	$\{x \mid x \epsilon \mathbb{R} \vee x > 0\}$	$\mathbb{R}$	
$f(x) = 10^x$	$g(x) = \log_{10}(x)$	$\{x \mid x \epsilon \mathbb{R} \vee x > 0\}$	$\mathbb{R}$	

Tab. 3.4.: Elementare Funktionen und ihre Umkehrfunktionen mit Definitionsbereich und Wertemenge der Umkehrfunktion

---

[94]was bei komplexen Zahlen zu Konflikten führt.

[95]Das ist bedenklich (auch wenn es zunehmend benutzt wird),
denn $f^{-1}(x) = \frac{1}{f(x)}$

[96]Sobald Sie etwas über komplexe Zahlen lernen, wird man die Beschränkung aufheben. Komplexe Zahlen sind nämlich gerade die Wurzeln aus negativen Zahlen.

Umkehrfunktionen

1. Geben Sie die Umkehrfunktionen an, einschließlich der Definitionsmenge und des Wertbereichs.

    a) $f(x) = 2x + 1$

    b) $f(x) = -3x + 2$

    c) $f(x) = e^x$

    d) $f(x) = 2x^2$

    e) $f(x) = 2x^2 + 5$

    f) $f(x) = -\frac{1}{x}$

2. Geben Sie die Umkehrfunktionen an, einschließlich der Definitionsmenge und des Wertbereichs.

    a) $f(x) = sin(x)$

    b) $f(x) = sin(3x)$

    c) $f(x) = e^x + 2$

    d) $f(x) = 2x^{-2} + 1$

    e) $f(x) = e^{-2x}$

    f) $f(x) = e^{-x} + 5$

    g) $f(x) = (x - 3)^{-1}$

    h) $f(x) = sin(x) + 1$

    i) $f(x) = cos(3x + 1)$

3. Zeichnen Sie die Schaubilder der Umkehrfunktionen. Schraffieren Sie ggf. die verschiedenen Äste.

    a) $f(x) = 2x^2$

    b) $f(x) = x^3 - x$

    c) $f(x) = 4xe^{-x}$

    d) $f(x) = 2x^2$

    e) $f(x) = x^3 - x$

    f) $f(x) = 4x^2 e^{-x}$

    g) $f(x) = (x - 3) e^{-x}$

    h) $f(x) = \sqrt{(x - 3)}e^{-x}$

    i) $f(x) = \frac{1}{\sqrt{x-2}}$

Umkehrfunktionen *(Fortsetzung)*

4. Welche der drei Kurven in der rechten Graphik stellt die Umkehrfunktion zur links dargestellten Funktion dar?

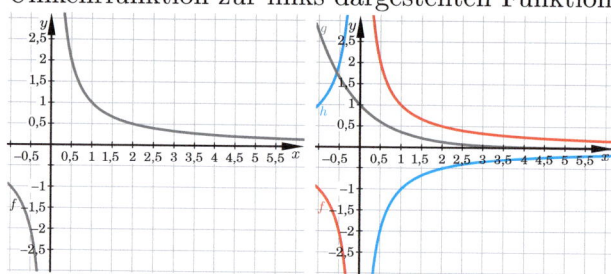

5. Welche der drei Kurven in der rechten Graphik stellt die Umkehrfunktion zur links dargestellten Funktion dar?

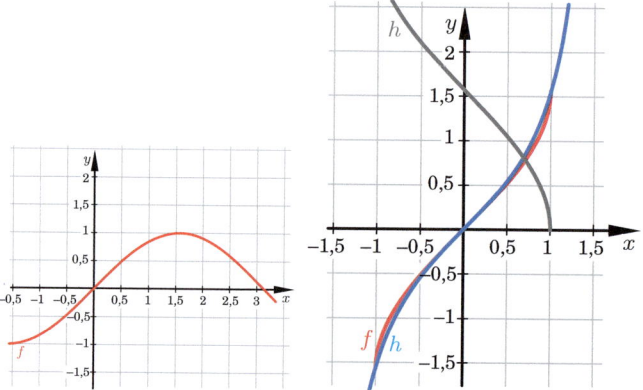

6. Bonusfrage: Können Sie alle Funktionen, die zu den Kurven in Aufgabe 5 führten, benennen?

3.12. Kaufmännische Funktionen II

Rufen Sie sich nochmals die wichtigsten Sachverhalte aus dem Abschnitt „Kaufmännische Funktionen (Abschnitt 3.4)" ins Gedächtnis:[98]

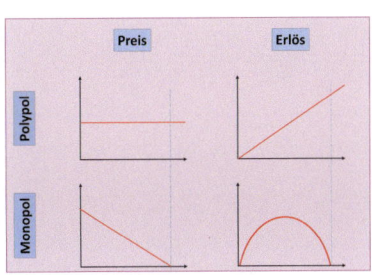

Abb. 3.85.: Preis- und Erlöskurven für Polypol und Monopol.

1. Gewinn ist Erlös minus Kosten.

2. Gewinn (siehe die Übersicht in Abb. 3.85):

    a) Im Polypol gilt: Der Preis p ist konstant, der Erlös ist proportional zur Stückzahl.

    b) Im Monopol gilt im einfachsten Fall: Der Preis ist linear abnehmend mit der Menge. Daraus folgt, dass die Erlöskurve eine nach unten offene Parabel ist.
    (Erlös = Preis mal Menge).

3. Kosten: einfache (sehr idealisierte) Kostenmodelle sind

    a) Proportionale Kosten.

    b) Proportionale Kosten mit einem Fixkostenblock.

3.12.1. Unternehmensziel: maximaler Gewinn

Ziel des unternehmerischen Handelns ist es (in der Regel) nicht, den Umsatz zu maximieren, sondern den Gewinn. Die Mischung aus optimaler Angebotsmenge und dem optimalen Preis um dieses Ziel zu erreichen, nennt man in der Betriebswirtschaft Cournot-Punkt.

Beim Terminus „maximaler Gewinn" ahnen Sie vermutlich schon, dass wir uns jetzt ans Ableiten machen wollen.

3.12.2. Gewinn im Polypol und Monopol - einfache Kostenstruktur

Im *Polypol* ist die Situation einfach: Der Preis ist fest, nämlich vom Markt vorgegeben und die Absatzmenge (d. h. das, was auf dem Markt untergebracht werden kann) auch. Der Erlös wird also durch eine Ursprungsgerade beschrieben. Nehmen wir – als einfachsten Fall der Kostenstruktur – an, die Kosten seien ebenfalls rein proportional. Die Aufgabe, den Gewinn zu maximieren, kommt der Aufgabe gleich, den Punkt in Abb 3.86 zu finden, in dem der Abstand zwischen der Erlös- und der Kostenkurve möglichst groß ist. Man erkennt: Der Gewinn steigt, je größer die abgesetzte Menge x ist. Somit besteht die Aufgabe für das einzelne Unternehmen darin, einen

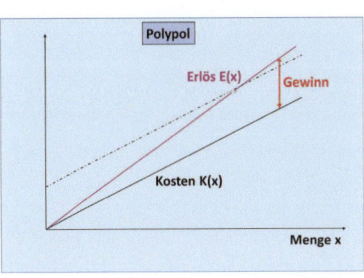

Abb. 3.86.: Erlös- und Kostenkurven für Polypol. Der Gewinn wird maximal, wenn der Abstand zwischen den Kurven maximal ist.

---

[98]Es ist wichtig, sich vor Augen zu halten, dass es sich hierbei nur um Modellfunktionen handelt. Im echten Leben werden Sie nicht umhinkommen, Kosten und Preis(Absatz)-Funktionen experimentell zu ermitteln und ggf. dann eine passende Modellfunktion zu finden!

möglichst hohen Marktanteil zu erreichen. Dies gilt sowohl für proportionale Kosten (durchgezogene Linie) als auch für proportionale Kosten mit einem Fixkostenblock (gestrichelte Line).

Im *Monopol* ist der Preis zwar nicht fest vom Markt vorgegeben, aber auch nicht völlig beliebig festlegbar. Er wird durch die Nachfragekurve vorgegeben. Ist sie – im einfachsten Fall – eine fallende Gerade, wird der Erlös zu einer nach unten offenen Parabel. Man erkennt in Abb. 3.87: Es gibt hier tatsächlich eine Absatzmenge x, bei welcher der Abstand zwischen der Erlöskurve und der Kostenkurve (d. h. der Gewinn) maximal ist. Somit besteht die Aufgabe für das Unternehmen darin, den Preis p so einzustellen, dass diese Menge x erreicht wird. Dieser Punkt wird *Cournot-Punkt* genannt.

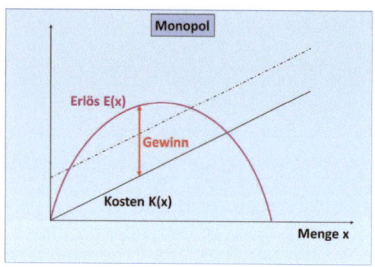

Abb. 3.87.: Erlös- und Kostenkurven für Monopol. Der Gewinn wird maximal, wenn der Abstand zwischen den Kurven maximal ist.

3.12.3. Gewinnmaximierung im Allgemeinen

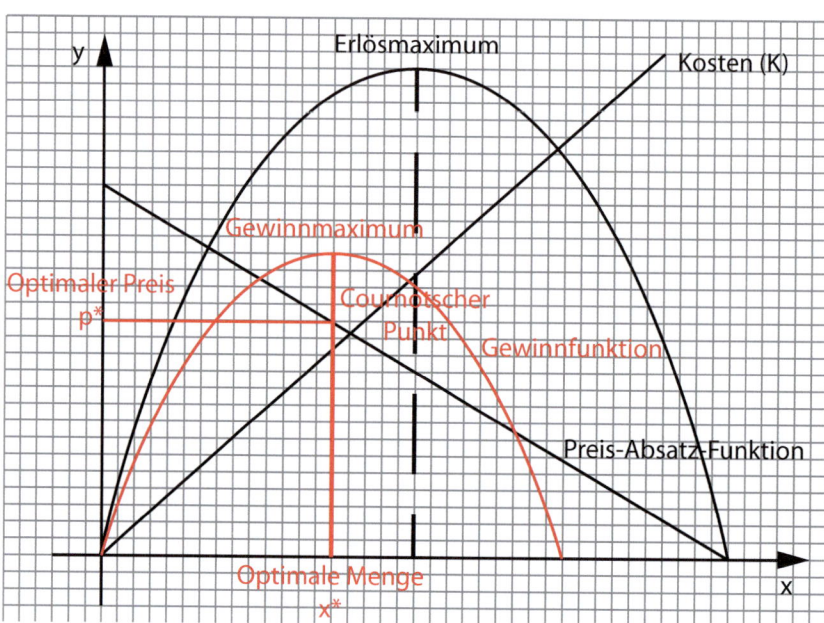

Abb. 3.88.: Das Gewinnmaximum ist der Punkt, an dem die Gewinnkurve ein Maximum hat oder der Abstand zwischen Erlös- und Kostenkurve am größten ist. Der Cournot-Punkt liegt auf der Preis(Absatz)-Funktion unter dem Gewinn-Maximum.

Bei einfachen Erlös- und Kostenkurven ist die Suche nach dem Punkt des größten Abstands, wie wir es in den vorhergehenden Abschnitten vorgeführt haben, sehr anschaulich. Bei realen Kostenstrukturen und bei echtem Nachfrageverhalten ist es oft einfacher, die Gewinnfunktion aufzustellen

$$\text{Gewinn }(x) = \text{Erlös }(x) - \text{Kosten }(x)$$

und im Weiteren diese Gewinnfunktion auf Maxima zu untersuchen (siehe Abb. 3.88). Der Cournot-Punkt ist dann die Projektion dieses

Maximums auf die Nachfragekurve.

Bevor wir uns im Folgenden mit der mathematischen Suche nach Maxima beschäftigen, vervollständigen wir unsere Übersetzungstabelle „kaufmännich-mathematisch":

Der/Die/Das ...	ist ...	der/des ...
Marktgleichgewicht im Polypol	der Schnittpunkt	Angebotskurve und der Nachfragekurve
Mindestpreis	der y-Achsenabschnitt	Angebotskurve
Prohibitivpreis (Höchstpreis)	"	Nachfragekurve
Sättigungsmenge	der x-Achsenabschnitt	Nachfragekurve
Break-Even-Point	Vorzeichenwechsel von - nach +	Gewinnfunktion
	der Schnittpunkt	Erlöskurve und der Kostenkurve
Gewinnmaximum	der Hochpunkt	Gewinnkurve
	der Punkt maximalen Abstands	Erlöskurve von der Kostenkurve
Cournot-Punkt	der Punkt (Optimalmenge|Optimalpreis)	—
	die Projektion des Gewinnmaximums	auf die Preis-Absatz-Kurve
Optimalmenge	die x-Koordinate	Gewinnmaximums
	die x-Koordinate	Cournot-Punkts
Optimalpreis	die y-Koordinate	Cournot-Punkts

Tab. 3.5.: Version 2 der Übersetzungstabelle „kaufmännisch – mathematisch"

Mit der Suche nach Maxima (oder allgemeiner Extrema) von vorgegebenen Funktionen beschäftigt sich das folgende Kapitel. Aus Abb. 3.88 und den dazugehörigen Ausführungen zu den speziellen Punkten von Kurven wissen wir schon:

Eine rechts gekrümmte Kurve hat dort ein Maximum, wo die Tangente an die Kurve horizontal verläuft.
Wenn es keinen solchen Punkt gibt, liegt das Maximum an einem Ende der Kurve.

Sind Sie mit Tangenten und Ableitungen vertraut, können Sie die folgenen Ausführungen bis zum Abschnitt 3.13.5 überspringen.

3.13. Tangenten an Kurven

3.13.1. Sehne-Sekante-Tangente

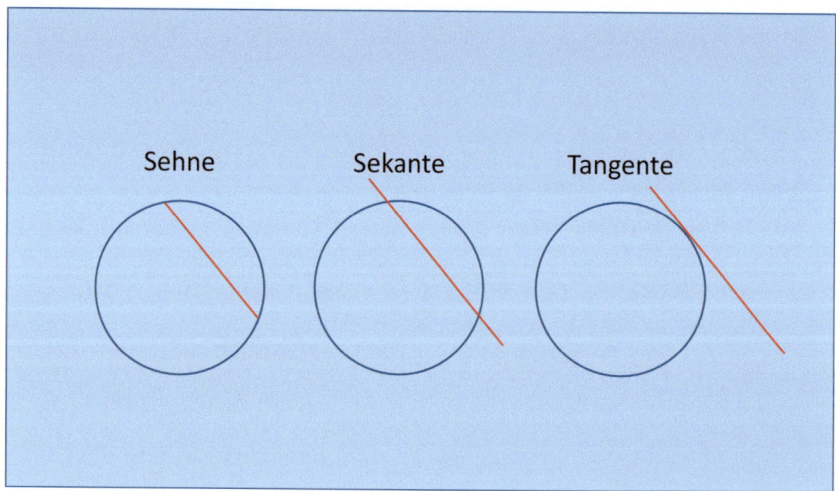

Abb. 3.89.: von links nach rechts: Sehne, Sekante, Tangente

Bevor wir uns mit der Steigung von Kurven beschäftigen, müssen wir drei Fachbegriffe aus der Mittelstufe in Erinnerung rufen:

- Die Sehne in einem Kreis verbindet 2 Punkte eines Kreises miteinander.

- Die Sekante in einem Kreis ist die Verlängerung der Sehne zu einer Geraden (lat. secare-schneiden).

- Die Tangente an einen Kreis ist eine Gerade, die den Kreis berührt, d. h. die genau einen Punkt mit dem Kreis gemeinsam hat.

3.13.2. Steigung von Kurven

Betrachten wir eine Normalparabel mit dem Scheitel im Ursprung und dem Punkt P(2|4). Gesucht sei die Gleichung der Tangente an die Parabel im Punkt P (das ist die Gerade, welche die Parabel in P berührt).

Um diese Frage zu beantworten, müssen wir etwas ausholen, denn wir können zwar eine Tangente aus dem Bauch heraus mit dem Lineal anlegen, aber eine exakte Konstruktion im geometrischen Sinne kennen wir nicht. Wählen wir einen weiteren Punkt Q, der ebenfalls auf der Parabel liegt, und zwar links vom Punkt P (nicht allzu weit). Die Verbindungslinie zwischen P und Q nennt man Sehne. Und wenn man die Strecke PQ über die beiden Endpunkte hinaus verlängert, erhält man eine sogenannte Sekante. Jetzt sind wir in der Lage, eine neue Definition für die Tangente anzugeben: Wenn Q

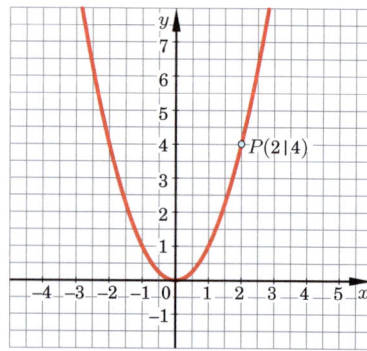

Abb. 3.90.: Eine Normalparabel mit dem Scheitel im Ursprung und mit dem Punkt P(2|4)

in Richtung des Punktes P strebt, dann nähert sich die Sekante an die Tangente an.

Um die Steigung der Tangente zu berechnen, berechnen wir also zuerst die Steigung einer Sekante (beispielsweise mit dem Punkt Q(1|1). Die Steigung einer Geraden berechnet man mit dem Steigungsdreieck, indem man zwei Punkte auf der Geraden untersucht und dann die Differenz ihrer y-Werte[99] durch die Differenz ihrer x-Werte[100] dividiert. In diesem Fall benutzen wir die bereits festgelegten Punkte P und Q:

$$m_1 = \frac{\Delta y}{\Delta x} = \frac{y_P - y_Q}{x_P - x_Q} = \frac{4-1}{2-1} = \frac{3}{1} = 3 \qquad (3.374)$$

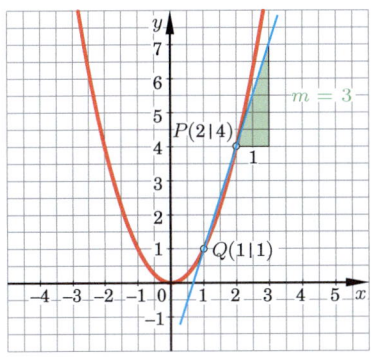

Abb. 3.91.: Die Sekante durch P und Q hat die Steigung 3

Jetzt lassen wir den Punkt Q langsam in Richtung des Punktes P wandern. Je nach Lage des Punktes Q erhalten wir folgende Sekantensteigungen:

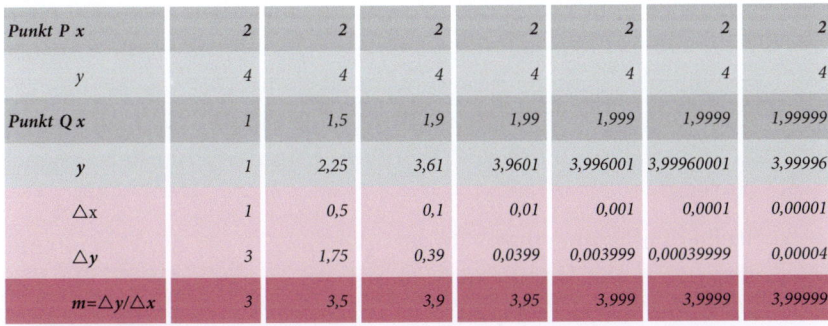

Punkt P x	2	2	2	2	2	2	2
y	4	4	4	4	4	4	4
Punkt Q x	1	1,5	1,9	1,99	1,999	1,9999	1,99999
y	1	2,25	3,61	3,9601	3,996001	3,99960001	3,99996
Δx	1	0,5	0,1	0,01	0,001	0,0001	0,00001
Δy	3	1,75	0,39	0,0399	0,003999	0,00039999	0,00004
$m = \Delta y/\Delta x$	3	3,5	3,9	3,95	3,999	3,9999	3,99999

Diese Tabelle legt scheinbar nahe, dass die Steigung der Tangente vier beträgt, denn je näher Q an P heranrückt, desto mehr nähert sich die Sekantensteigung offensichtlich an die 4 an. Aber das ist nur die halbe Wahrheit: auch eine Steigung von 4,00001 wäre mit der oben stehenden Tabelle vereinbar, denn die Tabelle liefert uns nur eine *untere* Grenze für die Tangentensteigung. Wir müssen deshalb noch einen zweiten Punkt R wählen, welcher ebenfalls auf der Parabel liegt – jedoch rechts von P.

---

[99]Das wird meist mit Δy bezeichnet, denn Δ wird in der Mathematik und den Naturwissenschaften oft für Differenzen benutzt.

[100]Das wird meist mit Δx bezeichnet.

Wiederum lassen wir den Punkt R in Richtung des Punktes P wandern und berechnen jeweils die Steigung der Sekante:

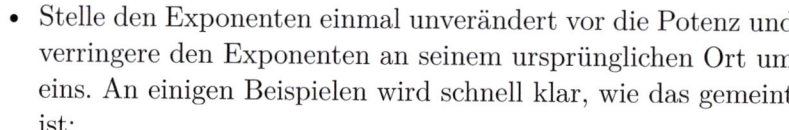

Punkt P x	2	2	2	2	2	2	2
y	4	4	4	4	4	4	4
Punkt R x	3	2,5	2,1	2,01	2,001	2,0001	2,00001
y	9	6,25	4,41	4,0401	4,004001	4,00040001	4,00004
△x	1	0,5	0,1	0,01	0,001	0,0001	0,00001
△y	5	2,25	0,41	0,0401	0,004001	0,00040001	0,0000400001
m=△y/△x	5	4,5	4,1	4,01	4,001	4,0001	4,00001

Nachdem wir die Sekantensteigung sowohl von unten als auch von oben anscheinend beliebig nahe an die 4 heranführen können, muss die Tangentensteigung wohl 4 betragen.

Jetzt stellt sich die Frage, ob wir jedes Mal, wenn wir die Steigung einer Tangente in einem Punkt P ausrechnen wollen, zwei Tabellen wie die obenstehenden ausfüllen müssen. Die beruhigende Antwort ist: mitnichten! Vielmehr gibt es eine Rechenregel, welche uns erlaubt, die Steigung der Tangente direkt aus dem Funktionsterm einer Potenzfunktion und dem x-Wert des Punktes P zu berechnen. Sie lautet:

- Stelle den Exponenten einmal unverändert vor die Potenz und verringere den Exponenten an seinem ursprünglichen Ort um eins. An einigen Beispielen wird schnell klar, wie das gemeint ist:

    – aus x^2 wird $2x$

    – aus x^3 wird $3x^2$

    – aus x^5 wird $5x^4$

    – aus $x^{\frac{1}{2}}$ wird $\frac{1}{2}x^{-\frac{1}{2}}$

- Setze den x-Wert des Punktes P ein.

Prüfen Sie diese Regel, indem Sie sich eine Potenzfunktion vorgeben, diese zeichnen und die Tangente an einen beliebigen Punkt einzeichnen. Danach berechnen Sie die Steigung mit der obigen Regel. Es klappt!

Die Regel liefert uns sogar noch mehr, als wir ursprünglich erreichen wollten. Man kann den Term $2x$ auch seinerseits als Term einer neuen Funktion auffassen, nämlich einer Funktion, die uns an jedem x-Wert die Steigung der Normalparabel bei diesem x-Wert liefert. Man nennt diese neue Funktion *Ableitung* oder auch *Ableitungsfunktion* (der quadratischen Funktion). In der Mathematik wird die Ableitung mit einem kleinen Strich gekennzeichnet, also so:

$$f(x) = x^2 \tag{3.375}$$
$$f'(x) = 2x \tag{3.376}$$

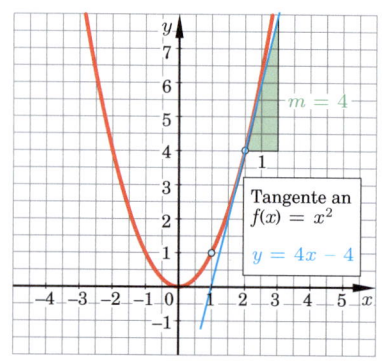

Abb. 3.92.: Die Tangente an K_f in P hat die Steigung 4

Definition Ableitung

Die Ableitung einer Funktion liefert die Steigung des Schaubildes der Funktion

Leider hat diese Regel einen Fehler: Sie gilt nämlich in dieser schlichten Einfachheit nur für Potenzen. Aber es gibt noch einige andere Regeln, mit deren Hilfe wir auch Ableitungen anderer Funktionen berechnen können.

Ableitungsregeln

	Allgemeine Regeln	Funktion $f(x)$	Ableitung $f'(x)$
1	Potenzregel	$f(x) = x^m$	$f'(x) = mx^{m-1}$
2	Summen werden gliedweise abgeleitet.	$g(x) + h(x)$	$g'(x) + h'(x)$
3	Die Ableitung einer einfachen Zahl ist null.	$f(x) = c$	$f'(x) = 0$
4	Konstante Vorfaktoren bleiben bestehen.	$f(x) = c \cdot h(x)$	$f'(x) = c \cdot h'(x)$

Mit diesen Regeln können wir bereits Polynomfunktionen ableiten.

Beispiel:

$$
\begin{aligned}
f(x) &= 3x^5 + 2x^3 + x + 5 & (3.377) \\
f'(x) &= 5 \cdot 3x^{5-1} + 3 \cdot 2x^{3-1} 1 \cdot x^{1-1} + 0 & (3.378) \\
&= 15x^4 + 6x^2 + 1 & (3.379)
\end{aligned}
$$

Aufgaben

Ableitungen

1. Leiten Sie ab
   a) $f(x) = 2x^3$ b) $f(x) = x^5$
   c) $f(x) = 3x^2$ d) $f(x) = 4x^4$

2. Leiten Sie ab
   a) $f(x) = 4x^3 + 2$ b) $f(x) = 8x^4 + 2x$
   c) $f(x) = 4x^2 + 2$ d) $f(x) = 3x^4 - 2x + 5x^2$

3. Leiten Sie ab
   a) $f(x) = \frac{1}{x}$ b) $f(x) = \frac{3}{x^2}$
   c) $f(x) = -\frac{3}{x^2}$ d) $f(x) = -\frac{5}{x^4}$

Um beliebige Funktionen ableiten zu können, brauchen Sie die folgenden Regeln, deren Herleitungen im Anhang zu finden sind:

	Regeln für spezielle Funktionen	Funktion $f(x)$	Ableitung $f'(x)$
5	Exponentialfunktion	$f(x) = e^x$	$f'(x) = e^x$
6	Sinusfunktion	$f(x) = sin(x)$	$f'(x) = \cos(x)$
7	Cosinusfunktion	$f(x) = \cos(x)$	$f'(x) = -sin(x)$
8	Logarithmusfunktion	$f(x) = ln(x)$	$f'(x) = \frac{1}{x}$

und für Ableitungen zusammengesetzter Funktionen:

	Regeln für Verknüpfungen von Funktionen	Funktion $f(x)$	Ableitung $f'(x)$
	Summenregel (siehe Regel 2)	$g(x) + h(x)$	$g'(x) + h'(x)$
9	Produktregel: Ableitung eines Produkts ist Ableitung des ersten Faktors mal zweiter Faktor plus erster Faktor mal Ableitung des zweiten Faktors.	$f(x) = g(x) \cdot h(x)$	$f'(x) = g'(x) \cdot h(x) + g(x) \cdot h'(x)$
10	Kettenregel	$f(x) = f(u(x))$	$f'(x) = g'(u)\,\vert_{u=u(x)} \cdot u'(x)$ wobei $g'(u)\vert_{u=u(x)}$ bedeutet, dass g nach u abgeleitet wird und dann $u(x)$ für u eingesetzt wird (*äußere Ableitung*). $u'(x)$ nennt man die *innere Ableitung*.

Mit diesen Regeln können wir schon schwierigere Funktionen ableiten. Einige Beispiele für die **Produktregel**:

$$f(x) = x^2 \cdot sin(x)$$
$$f'(x) = \underbrace{2x}_{\text{1. Term abgeleitet}} \cdot sin(x) + x^2 \cdot \underbrace{cos(x)}_{\text{2. Term abgeleitet}}$$

$$f(x) = (x-1)e^x$$
$$f'(x) = \underbrace{1}_{\text{1. Term abgeleitet}} \cdot e^x + (x-1) \cdot \underbrace{e^x}_{\text{2. Term abgeleitet}}$$

Abschließend ein Beispiel für die **Kettenregel**:[101]

$$f(x) = sin(3x)$$
$$f'(x) = \underbrace{cos(3x)}_{\text{äußere Ableitung}} \cdot \underbrace{3}_{\text{innere Ableitung (}3x\text{ abgeleitet)}}$$

$$f(x) = (5x - 1)^2$$
$$f'(x) = \underbrace{2(5x - 1)}_{\text{äußere Ableitung}} \cdot \underbrace{5}_{\text{innere Ableitung (}5x - 1\text{ abgeleitet)}}$$

Aufgaben

Ableitungen

1. Leiten Sie ab mit Hilfe der Produktregel. Überprüfen Sie Ihr Ergebnis, indem Sie den Funktionsterm ausmultiplizieren und dann nochmals ableiten.

   a) $f(x) = (x - 1)(x + 3)$

   b) $f(x) = (3x - 5)(2x + 1)$

   c) $f(x) = (2x^2 - 1)(x + 4)$

   d) $f(x) = (x^2 - x + 2)\,e^x$

2. Tragen Sie die Ableitung(en) in Spalte 2 und die zur Berechnung verwendete(n) Regel(n) in Spalte 3 ein.

$f(x) =$	$f'(x) =$	verwendete Regel(n)
x^4		
$x \cdot x^5$		
$5x^4$		
$x^2 + x^3$		
$x^4 - 1$		
5		
$3x^4$		
$3x \cdot x^5 + x^2$		
$(5x^2 - 3x)\,2$		
$x^3(x^5 - 5x)$		
$\frac{1}{x^2}$		
$4x^3\left(3x^2 - \frac{1}{x^2}\right)$		

---

[101] Die Kettenregel steht hier, weil wir es cool fanden, alle Regeln in einer handlichen Tabelle zu haben. Aber keine Sorge: Unten gibt es ein extra Kapitel nur für die Kettenregel. Und erst dort müssen Sie die dann auch können.

3.13.3. Die Kettenregel

Verkettung von Funktionen

Manchmal wirkt eine Funktion nicht auf eine unabhängige Variable, sondern auf das Ergebnis einer anderen Funktion. Das nennt man eine Verkettung. Beispiel gefällig? Die Funktion

$$f(x) = (x - 2)^2 \qquad (3.380)$$

kann man sich vorstellen als Verkettung der Funktionen[102] $h(x) = x^2$ und $g(x) = x - 2$

h wirkt also jetzt nicht mehr auf x, sondern auf g. Man schreibt das auch als

$$h \circ g \qquad (3.381)$$

Die Funktion g, die auf x wirkt, nennt man die innere Funktion. Die Funktion, die auf g wirkt, nennt man die äußere Funktion.
Vervollständigen Sie zur Übung die Spalte 3:

$h(x)$	$g(x)$	$h \circ g$	$g \circ h$
$x - 2$	x^2	$x^2 - 2$	
$sin(x)$	x^2	$sin(x^2)$	
$x - 2$	e^x	$e^x - 2$	
e^x	$x - 2$	e^{x-2}	
$x + 5$	$\sqrt{x}$		
$x + 1$	$sin(x)$		
$3x$	$\sqrt{x}$		
e^{2x}	$\sqrt{x}$		
x^{-1}	$x - 3$		
$x + 2$	e^x		
$x^2 + 5x - 2$	$x + 4$		
$x - 3$	x^4		
x^3	e^{x-1}		

An den Zeilen 3 und 4 der Spalte 3 erkennt man übrigens, dass die Verkettung nicht kommutativ ist, d.h. dass es sehr wohl auf die Reihenfolge der Verkettung ankommt. Tragen Sie in die vierte Spalte das Ergebnis der Verkettung in vertauschter Reihenfolge ein.

---

[102]Achtung! Die rechte Funktion wird zuerst ausgeführt. Sie wirkt also auf das x, die unabhängige Variable.

Aufgaben

Verkettung von Funktionen

1. P sei die Normalparabel, Q sei die um 2 nach oben verschobene Normalparabel. Wie hängen die Funktionen zusammen? Erklären Sie mit Hilfe von Verkettungen.

2. P sei die Normalparabel, Q sei die um 2 nach rechts verschobene Normalparabel. Wie hängen die Funktionen zusammen? Erklären Sie mit Hilfe von Verkettungen.

3. Geben Sie die Definitionsmengen der Teilfunktionen und der verketteten Funktionen an:

$h(x)$	$g(x)$	$h \circ g$	D_h	D_g	$D_{h \circ g}$
$x - 2$	x^2	$x^2 - 2$			
$sin(x)$	x^2	$sin(x^2)$			
$x - 2$	e^x	$e^x - 2$			
e^x	$x - 2$	e^{x-2}			
$x + 5$	$\sqrt{x}$	$\sqrt{x} + 5$			
$x + 1$	$sin(x)$	$sin(x) + 1$			
$3x$	$\sqrt{x}$	$3\sqrt{x}$			

4. Geben Sie die Verkettungen an:

$h(x)$	$g(x)$	$h \circ g$	$g \circ h$
$x - 2$	x^3		
$x + 2$	x^2		
$x - 2$	e^x		
$x + 3$	e^{-x}		
$x + 5$	$\sqrt{x}$		
$x + 1$	$\sqrt[3]{x}$		
$3x$	$x^{\frac{1}{3}}$		
e^{2x}	x^{-1}		
e^{x^2}	$x - 3$		
e^{5x}	$\frac{1}{5}x^{-1}$		

$h \circ g$	$h(x)$	$g(x)$
$(x-2)^2$	x^2	$x-2$
$sin^2(x)$	x^2	$sin(x)$
$(x-2)^4$	x^4	$x-2$
	x^2	$(x-2)^2$
	x^8	$\sqrt{x-2}$

Umkehrung der Verkettung von Funktionen

Jetzt kann man die Sache auch umdrehen: Man stellt eine vorgegebene Funktion als Verkettung zweier anderer Funktionen dar. Wieder kann eine Reihe kleiner Beispiele das am einfachsten illustrieren:

Die ersten beiden Beispiele waren ja ziemlich einfach (hoffen wir), aber in der dritten Zeile und der vierten Zeile erkennen wir, dass es mehr als eine Lösung der Aufgabenstellung gibt. Auch in der fünften Zeile steht eine Lösung zur Aufgabe aus der Zeile drei.

Damit kommen wir zur schlechten Nachricht: es gibt tatsächlich viele Lösungen für die Umkehrung der Verkettung, aber die gute Nachricht folgt: Keine ist falsch.[103]

Aufgaben

Verkettung von Funktionen II

1. Ergänzen Sie

$h \circ g$	$h(x)$	$g(x)$
$(x-3)^2$	x^2	
$sin^2(3x)$	x^2	
$(x-2)^6$	x^6	
$(x+3)^6$	x^2	
e^{4x}	x^4	
e^{2x}	$\sqrt{x}$	
e^{2x}	x^2	

2. Geben Sie eine mögliche Verkettung an. Nennen Sie eine andere Verkettung als in der vorhergehenden Aufgabe:

$h \circ g$	$h(x)$	$g(x)$
$(x-3)^2$		
$sin^2(3x)$		
$(x-2)^6$		
$(x+3)^6$		
e^{4x}		
e^{2x}		
e^{2x}		

---

[103]Allerdings erkennen wir im nächsten Abschnitt, dass es glückliche und unglückliche Lösungen für das „Verkettung rückwärts-Problem" gibt.

Ableitung von verketteten Funktionen

Die Verkettung war eigentlich nur die Vorübung zur Kettenregel der Ableitung. Die ist ganz nützlich, denn solche Funktionen[104] wie

$$f(x) = sin(\omega t) \tag{3.382}$$

wobei ω einfach eine Zahl ist, werden die wenigsten *stante pede* richtig ableiten. Hier schlägt die Stunde der Kettenregel.[105]

Wir haben uns dazu eine kleine Rechentabelle zurechtgelegt. Ob Sie die zum Lernen heranziehen und dann wieder vergessen oder ob Sie die immer benutzen als eine Art Nebenrechnung, sei Ihnen freigestellt. Am besten wir lernen die Benutzung des Rechenschemas anhand eines Beispiels.

Beispiel: Gesucht sei die Ableitung der Funktion

$$f(x) = (3x - 2)^2 \tag{3.383}$$

die man auch als Verkettung der Funktionen[106]

$$g(x) = 3x - 2 \qquad \text{innere Funktion} \tag{3.384}$$

und

$$h(g) = g^2 \qquad \text{äußere Funktion} \tag{3.385}$$

schreiben kann. Um die Ableitung zu berechnen, machen wir eine kleine Tabelle:

$h(g)$ äußere Funktion	$g(x)$ innere Funktion	$h'(g)$ äuß. Fkt (nach g) ableiten	$h'(g)\vert_x$ g(x) in äuß. Ableitung einsetzen	$g'(x)$ inn. Fkt (nach x) ableiten

Die ersten beiden Spalten können wir gleich ausfüllen:

$h(g)$ äußere Funktion	$g(x)$ innere Funktion	$h'(g)$ äuß. Fkt (nach g) ableiten	$h'(g)\vert_x$ g(x) in äuß. Ableitung einsetzen	$g'(x)$ inn. Fkt (nach x) ableiten
g^2	$3x - 2$			

[104]die übrigens die Schwingung eines Pendels beschreibt oder einen Wechselstrom

[105]und eines einfachen Schemas, um die Kettenregel richtig anzuwenden!

[106]Natürlich wissen wir uns zu helfen: Man multipliziert die Klammer aus und erspart sich die Kettenregel. Aber das machen wir jetzt nicht – bestenfalls, um unser Ergebnis zu überprüfen!

Jetzt leiten wir die äußere Funktion ab (Spalte 3), wobei wir das Argument g wie eine unabhängige Variable behandeln. Auch die Ableitung der inneren Funktion (in Spalte 5) sollte kein Problem darstellen:

$h(g)$ äußere Funktion	$g(x)$ innere Funktion	$h'(g)$ äuß. Fkt (nach g) ableiten	$h'(g)|_x$ g(x) in äuß. Ableitung einsetzen	$g'(x)$ inn. Fkt (nach x) ableiten
g^2	$3x - 2$	$2g$		3

Jetzt setzen wir die Definition von g (aus Spalte 2) in die Ableitung $h'(g)$ in Spalte 3 ein. Das Ergebnis tragen wir in Spalte 4 ein:

$h(g)$ äußere Funktion	$g(x)$ innere Funktion	$h'(g)$ äuß. Fkt (nach g) ableiten	$h'(g)|_x$ g(x) in äuß. Ableitung einsetzen	$g'(x)$ inn. Fkt (nach x) ableiten
g^2	$3x - 2$	$2g$	$2(3x - 2)$	3

Die Ableitung ist das Produkt aus den letzten beiden Spalten:

$$f(x) \;=\; (3x - 2)^2 \Rightarrow f'(x) = \underbrace{2\,(3x - 2)}_{\text{äußere Ableit.}} \cdot \underbrace{3}_{\text{innere Ableit.}} \qquad (3.386)$$

Das üben wir nochmals an drei Beispielen.

Beispiel 1:   Gesucht sei die Ableitung der Funktion

$$f(x) = e^{\left(x^2\right)} \qquad (3.387)$$

Um die Ableitung zu berechnen, benutzen wir unser Schema:

$h(g)$	$g(x)$	$h'(g)$	$h'(g)|_x$	$g'(x)$
e^g	x^2	e^g	$e^{\left(x^2\right)}$	$2x$

und damit erhalten wir für die Ableitung:

$$f'(x) = e^{\left(x^2\right)} \cdot 2x \qquad (3.388)$$

Beispiel 2:   Gesucht sei die Ableitung der Funktion

$$f(x) = \sqrt{3x - 5} \tag{3.389}$$

Um die Ableitung zu berechnen, benutzen wir unser Schema:

$h(g)$	$g(x)$	$h'(g)$	$h'(g)\vert_x$	$g'(x)$
$\sqrt{g}$	$3x - 5$	$\frac{1}{2\sqrt{g}}$	$\frac{1}{2\sqrt{3x-5}}$	3

und damit erhalten wir für die Ableitung:

$$f'(x) = \frac{1}{2\sqrt{3x - 5}} \cdot 3 \tag{3.390}$$

Beispiel 3:   Gesucht sei die Ableitung der Funktion

$$f(x) = 3sin(ax + b) \tag{3.391}$$

Um die Ableitung zu berechnen, benutzen wir unser Schema:[107]

$h(g)$	$g(x)$	$h'(g)$	$h'(g)\vert_x$	$g'(x)$
$sin(g)$	$ax + b$	$cos(g)$	$cos(ax + b)$	a

und damit erhalten wir für die Ableitung:

$$f'(x) = 3cos(ax + b) \cdot a \tag{3.392}$$

Aufgaben

Kettenregel

1. Gegeben die Funktion $f(x) = (x - 3)^2$. Berechnen Sie die Ableitung

   a) indem Sie den Funktionsterm ausmultiplizieren und die Potenzregel anwenden

   b) indem Sie die Potenz als Produkt schreiben

   $$f(x) = (x - 3)(x - 3) \tag{3.393}$$

   und die Ableitung mit Hilfe der Produktregel berechnen

   c) indem Sie die Kettenregel anwenden.

---

[107]Die 3 bleibt ja als Vorfaktor einfach erhalten. Deshalb kann man sie in der Tabelle weglassen und nachher wieder davor setzen.

Aufgaben

Kettenregel *(Fortsetzung)*

2. Berechnen Sie die Ableitungen mit Hilfe der Kettenregel. Zur Korrektur vereinfachen Sie den Funktionsterm so, dass er ohne Kettenregel abgeleitet werden kann.

   a) $f(x) = (x - 1)^3$
   b) $f(x) = (2x - 2)^2$
   c) $f(x) = (2x - 1)^3$
   d) $f(x) = (4x - 1)^5$
   e) $f(x) = (x^2 - 4)^2$
   f) $f(x) = (2x^3 - 4)^2$
   g) $f(x) = (3x^2 - 3)^3$
   h) $f(x) = (x^2 - 4x)^2$
   i) $f(x) = (x^3 - 4x)^2$
   j) $f(x) = \left(3x^2 - \frac{3}{x}\right)^4$

3. Berechnen Sie die Ableitungen mit Hilfe der Kettenregel. Zur Korrektur vereinfachen Sie den Funktionsterm (mit negativen und gebrochenen Exponenten) so, dass er ohne Kettenregel abgeleitet werden kann.

   $f(x) = \sqrt{x^3}$

   a) $f(x) = \sqrt{2x}$
   b) $f(x) = \sqrt{4x^3}$
   c) $f(x) = \sqrt[4]{2x^3}$
   d) $f(x) = -\sqrt[3]{(2x)^2}$
   e) $f(x) = \sqrt[5]{4x^2}$
   f) $f(x) = \frac{1}{\sqrt[4]{2x^3}}$

4. Berechnen Sie die Ableitungen mit Hilfe der Kettenregel.

   a) $f(x) = e^{3x}$
   b) $f(x) = e^{-x}$
   c) $f(x) = e^{-2x}$
   d) $f(x) = e^{x^2}$
   e) $f(x) = e^{-2x}$
   f) $f(x) = e^{-x^2}$

5. Berechnen Sie die Ableitungen mit Hilfe der Kettenregel.

   a) $f(x) = \frac{1}{(x-1)^2}$
   b) $f(x) = \frac{1}{(x-3)^4}$
   c) $f(x) = \frac{1}{(x^2-1)^2}$
   d) $f(x) = \frac{1}{(5x-1)^3}$
   e) $f(x) = \frac{1}{(x-3)^2}$
   f) $f(x) = \frac{1}{(x^3-5)^2}$

3.13.4. Ableitungen berechnen mit FreeGeo

Der GTR berechnet nur numerisch den Wert der Ableitung an einem bestimmten x-Wert. Den Funktionsterm der Ableitungsfunktion bekommt man mit FreeGeo.

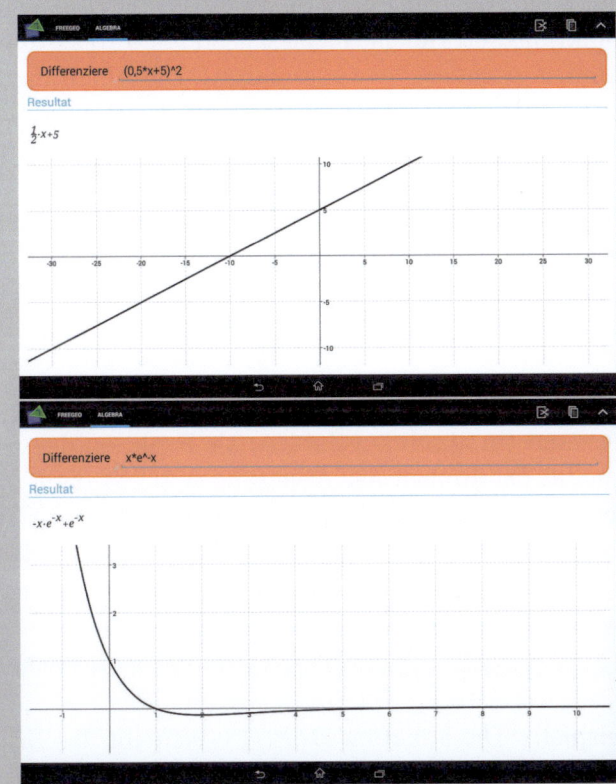

Abb. 3.93.: So berechnet man die Ableitungsfunktion mit der Android-App FreeGEO im Algebra-Modus

Im Algebra-Modus berechnet man die Ableitungsfunktion mit dem Befehl *Differenziere* aus dem pull-down-Menü (siehe Abb. 3.93).

Es gibt auch eine zweite Möglichkeit im Grafik-Modus:

- In der Werkzeugleiste links f(x) auswählen, im Untermenü *Funktion* wählen und den Funktionsterm eingeben

- Die Funktion wird gezeichnet

- In der Werkzeugleiste links erneut f(x) auswählen, im Untermenü *Ableitung* wählen

- Die zuerst gezeichnete Funktionsschaubild (von $f(x) = 0,2x^3$) antippen. Die Gleichung der Ableitung wird angezeigt und ihr Schaubild wird dargestellt.

3.13.5. Bedeutung der Ableitung

Kehren wir nochmals zu unserer Definition der Ableitung zurück:[108]

$$f'(x) = \frac{\Delta y}{\Delta x} \text{ wobei } \Delta x \text{ beliebig klein werden soll} \qquad (3.394)$$

Im Zähler steht also die Änderung des Funktionswerts. Und weil die Änderung des Funktionswerts alleine nichtssagend ist, wird sie durch den Δx-Wert geteilt („normiert" gewissermaßen). Die Ableitung ist also eine *Änderungsrate*. Wenn die x-Werte und die y-Werte der Funktion dimensionslos sind (wie es in der Mathematik meist der Fall ist), ist die Änderungsrate ebenfalls dimensionslos. Wenn die x-Werte und die y-Werte der Funktion jedoch dimensionsbehaftet sind, ist die Einheit der Ableitung der Quotient aus der Einheit der y-Werte und der x-Werte.

> **Ableitung bedeutet**
>
> Die Ableitung einer Funktion gibt die Änderungsrate der Funktion oder die Steigung des Funktions-Schaubildes wieder.

Ein Beispiel: Gegeben sei die Funktion $N(t)$, welche die Bevölkerung in Deutschland (in absoluten Zahlen) als Funktion der Zeit (in Jahren[109]) angibt. Die Einheit der Ableitung $N'(t)$ ist dann a^{-1} oder $\frac{1}{a}$. Die Ableitung gibt die *Bevölkerungsänderungsrate* an. Würde t in Sekunden gemessen in der Funktion N, wäre die Einheit[110] s^{-1} oder $\frac{1}{s}$. Aber natürlich käme dann auch eine kleinere Maßzahl heraus, wenn die Ableitung berechnet wird.

Ein weiteres Beispiel: Die Funktion $BIP(t)$ beschreibt das Bruttoinlandsprodukt von Deutschland (in EUR) als Funktion der Zeit (in Jahren). Die Einheit der Ableitung $BIP'(t)$ ist dann oder $\frac{EUR}{a}$ oder[111] EUR/Jahr. Die Ableitung gibt das *Wirtschaftswachstum* an.

Größe	Ableitung
Bevölkerungs- zahl	Bevölkerungs- wachstum
Bruttoinlands- produkt	Wirtschafts- wachstum
Arbeit	Leistung
Ladung	Stromstärke
Ort	Geschwindig- keit
Geschwindig- keit	Beschleunigung
Impuls p	Kraft F

Weitere Beispiele finden sich in der Physik: So ist der elektrische Strom I definiert als die Änderung der Ladung Q pro Zeit t oder die Leistung P ist definiert als verrichtete Arbeit W geteilt durch die Zeit,[112] was eine Ableitung nach der Zeit ergibt, wenn die verrichtete Arbeit zeitlich variiert. Wieder 2 Ableitungen!

In nebenstehender Tabelle listen wir Größen auf, deren Ableitung (Änderungsrate) wieder eine Rolle in der Anwendung spielt.

---

[108]Eleganter geht das mit dem *lim*-symbol.

[109]Erinnern Sie sich: a ist das Symbol für die Zeiteinheit „Jahre".

[110]s ist das Kurzzeichen für die Zeiteinheit „Sekunden".

[111]Eigentlich ist die erste Einheit alternativlos. *Jahr* wird mit a abgekürzt. Aber – obwohl nicht DIN-konform – werden Sie die zweite Einheit häufiger finden als die erste.

[112]So kennen Sie es vermutlich aus dem Physikunterricht. Aber das gilt nur, wenn in gleichen Zeitintervallen gleiche Arbeit verrichtet wird. Ansonsten muss man das betrachtete Zeitintervall hinreichend klein machen.

Gelöste Beispielaufgabe: Aktienkurs

Aufgabe

Die Entwicklung des deutschen Aktienindex während der 10 Handelstage zwischen 23.2.2015 und 6.3.2015 lässt sich mit Hilfe der Funktion $A(t)$

$$A(t) = -0,1803t^6 + 5,8159t^5 - 72,176t^4$$
$$+ 433,82t^3 - 1308t^2 + 1890,3t + 10155 \quad (3.395)$$

beschreiben. Dabei ist A der Dax-Stand um 17:00 und t die Zeit in Tagen ab dem 22.2.2015. Einheiten haben wir ansonsten vernachlässigt.

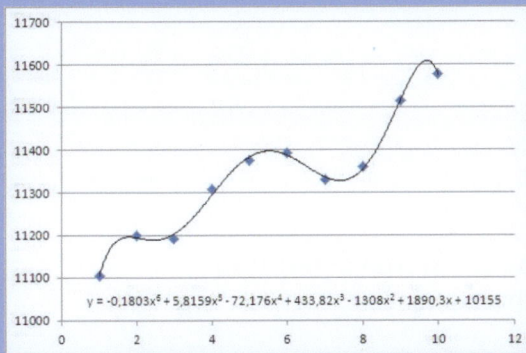

a.) Berechnen Sie die DAX-Änderungsrate in dieser Zeit

b.) Geben Sie die DAX-Änderungsrate am 24.2.2015 und am 5.3.2015 an.

Hinweis: Während solche Modellfunktionen in der Mitte des betrachteten Intervalls ganz passabel sind, sind sie am letzten Tag mit Vorsicht zu genießen. Das liegt am Modellierungsprozess und man erkennt es daran, dass zwischen dem äußersten und dem zweitäußersten Datenpunkt die Modellfunktion eine Krümmung hat, die nicht durch „echte" Daten nahegelegt wird.

Lösung

a.) Das DAX-Wachstum ist die *durchschnittliche* Änderung des Funktionswerts:

$$a = \frac{A(1) - A(10)}{10} \quad (3.396)$$

$$= \frac{11577 - 11104}{10} \quad (3.397)$$

$$= 47,3 \quad (3.398)$$

b.) Die Änderungsrate ist *der* Wert der Ableitung bei $t = 2$ und $t = 9$. Also berechnen wir zuerst die Ableitungsfunktion (wieder ohne Berücksichtigung der Einheiten der Koeffizienten):

$$A'(t) = -6 \cdot 0,1803t^5 + 5 \cdot 5,8159t^4 - 4 \cdot 72,176t^3 +$$
$$3 \cdot 433,82t^2 - 2 \cdot 1308t + 1890,3 \quad (3.399)$$

und setzen jetzt die entsprechenden t-Werte ein:

$$A'(2) = -14,8 \quad (3.400)$$
$$A'(9) = 210,7 \quad (3.401)$$

3.13.6. Anwendung: Grenzkosten und Durchschnittskosten

Erinnern Sie sich noch an die einleitenden Beispiel zum Analysis-Kapitel?

Ein Kabelnetzbetreiber errichtet ein neues Kabelnetz.
Er gräbt die Erde auf und verlegt ein Kabelnetz, mit dem 40.000 Haushalte (verteilt auf 10.000 Häuser zu je 4 Wohnungen) erreichbar sind. Das kostet ihn 20.000.000 EUR. Die Hausverkabelung (400 EUR pro Haus) macht er nur in den 8000 Häusern, in denen wenigstens ein Kunde ist. Routerkapazität schafft er nur für die 28.000 Haushalte, die wirklich Kunden werden wollen (plus 1000, die er in der kommenden Weihnachtsaktion zu gewinnen hofft). Das kostet ihn 1,2 Millionen EUR. Anschlussdosen in der Wohnung (Kosten 30 EUR pro Wohnung) werden erst gesetzt, wenn der Haushalt Kunde wird.

Die Durchschnittskosten pro Kunde sind schnell errechnet. Man addiert alle Kosten und teilt die Summe durch die Anzahl aller Kunden:

	Einheitskosten/EUR	Einh.	Kosten/EUR
Kabelnetz	20.000.000	1	20.000.000
Hausverkabelung	400	8000	3.200.000
Router	1.200.000	1	1.200.000
Anschlussdosen	30	28.000	840.000
Summe			25.240.000
Kunden		28.000	
Durchschn. Kosten pro Kunde			901,43

Dann fragt der Vorstand: „Wie gut ist danach unsere erreichte Wettbewerbssituation im Vergleich zum lokalen etablierten Anbieter? Was muss der Mitbewerber für einen neu an sein existierendes Netz anzuschließenden Kunden investieren? Und wir"?

Was der Wettbewerber zahlen muss, entzieht sich unserer Kenntnis. Aber der betrachtete Kabelnetzbetreiber muss für einen Neukunden in einem schon verkabelten Haus nur noch die Anschlussdose bezahlen, also 30 EUR.

Die 901,43 EUR nennt man die *Durchschnittskosten*, die 30 EUR nennt man die *Grenzkosten*.[113] Die im Allgemeinen komplexe Kostensituation wird man versuchen, in eine einfache Modellfunktion zu gießen, die nur noch die Kosten K als Funktion der Kundenzahl (oder der produzierten Einheiten) n beinhaltet:[114] $K(n)$. In unserem Fall hat ein Controller nach vielen Versuchen

$$K(n) = 2 \cdot 10^7 + 4,0508 \cdot 10^5 \cdot \sqrt[4]{n} \qquad 20.000 \leq n \leq 29.000 \vee n = 0$$
$$(3.402)$$

ermittelt. Weil er weiß, dass diese Kostenfunktion nicht für beliebige Kundenzahlen gilt[115] hat er den Definitionsbereich eingeschränkt. Diese Kosten hat er graphisch dargestellt (auch in dem Bereich, in dem die Funktion nicht gültig sein soll.

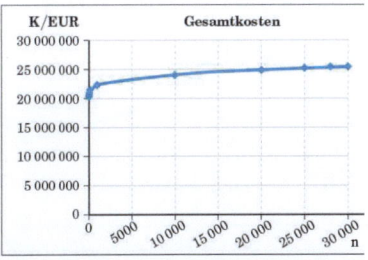

Abb. 3.94.: Die Kosten eines Kabelnetzes in Abhängigkeit von der Nutzerzahl.

---

[113]Bestimmt ist Ihnen aufgefallen, dass in diesem Beispiel ein Neukunde in einem *nicht* angeschlossenen Haus mit höheren Grenzkosten verbunden wäre. Das wollen wir momentan außer Acht lassen.

[114]Mit vielen Annahmen und Vereinfachungen

[115]Bei 29.000 Kunden braucht er einen neuen Router, und für 10.000 Kunden würde man besser das Netz nicht bauen oder anders bauen. Das ist, wo die Tragödie oft anfängt: Nichtbeachtung des Definitionsbereichs ....

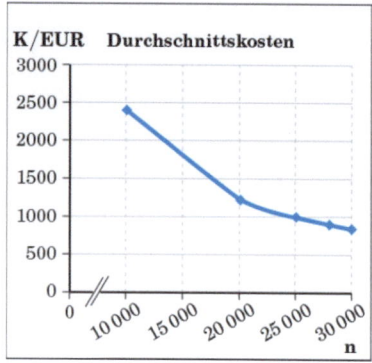

Abb. 3.95.: Die Durchschnittskosten des Kabelnetzbetreibers als Funktion der Kundenzahl n

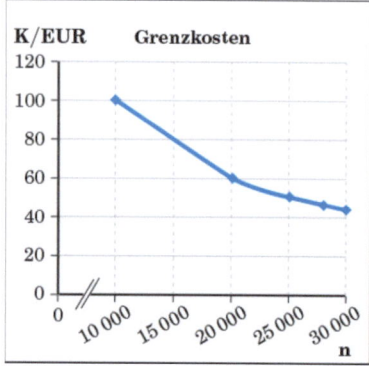

Abb. 3.96.: Die Grenzkosten des Kabelnetzbetriebers als Funktion der Kundenzahl n

Die **Durchschnittskosten** sind

$$K_{Durchschnitt}(n) = \frac{\Delta K}{\Delta n} \qquad \text{wobei } \Delta n \text{ möglichst groß ist} \quad (3.403)$$

Man erkennt in unserem Beispiel: Die Durchschnittskosten fallen mit steigender Nutzerzahl n, aber auch der 30.000-te Nutzer trägt noch die Bürde der hohen Anfangsinvestitionen.

Im Gegensatz dazu sind die **Grenzkosten**:

$$K_{Grenz}(n) = \frac{\Delta K}{\Delta n} \qquad \text{wobei } \Delta n = 1 \quad (3.404)$$

Letzteres erinnert stark an die Definition der Ableitung[116] und deshalb berechnet der Controller nicht jedes Mal die Grenzkosten aus der Tabelle der Kostenfunktion, sondern er nimmt die Ableitung der Kostenfunktion:

$$K'(n) = 4,0508 \cdot 10^5 \cdot \frac{1}{4} n^{-\frac{3}{4}} \qquad 20.000 \le n \le 29.000 \quad (3.405)$$

> **Merksatz**
>
> Die Durchschnittskosten sind die Gesamtkosten geteilt durch die gesamte Stückzahl. Die Durchschnittskosten sind die Steigung der Ursprungsgerade, die durch den Punkt $(n|K(n))$ im K(n)-Schaubild geht (hier rot).
>
> Die Grenzkosten sind die Ableitung der Kosten nach der Stückzahl. Die Grenzkosten sind die Steigung der Tangente an das Schaubild von K(n) im Punkt $(n|K(n))$ (hier grün).
>
>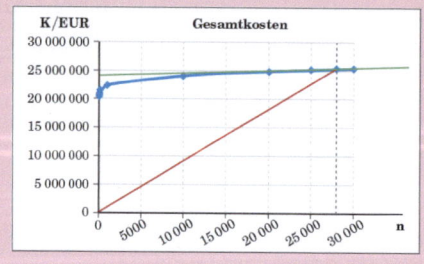

---

[116]was nicht ganz stimmt. Die Ableitung ist so definiert, dass Δn gegen Null geht. Aber es gibt keine halben Kunden. Δn geht also „nur" gegen 1. Aber man nimmt trotzdem die Ableitung,

- weil der Fehler für große n vernachlässigbar klein ist und
- weil es einfacher zu rechnen ist und
- weil man so die Grenzkosten als Funktion der Kundenzahl angeben kann.

Kosten

1. Die Kostenstruktur einer Firma wird duch folgende Kostenblöcke charakterisiert:

   - Die Fixkosten betragen 500.000 EUR.

   - Die variablen Kosten haben eine proportionale Komponente mit 53 EUR/Stück.

   - Die variablen Kosten haben eine degressive Komponente mit $\frac{120}{x}$ EUR/Stück.

   a) Geben Sie die Kostenfunktion $K(x)$ an.

   b) Geben Sie die Durchschnittskostenfunktion $k(x)$ an.

   c) Geben Sie die Grenzkostenfunktion $K_G(x)$ an.

   d) Fertigen Sie eine Graphik an, in der $K(x)$, der Fixkostenanteil von $K(x)$ und der variable Anteil an $K(x)$ dargestellt sind.

Kosten *(Fortsetzung)*

2. Ein Friseursalon hat Fixkosten von 75.000 EUR im Jahr. Die „Angestellten" hat der pfiffige Inhaber alle auf Provisionsbasis eingestellt. Sie bekommen 10 EUR pro Haarschnitt. Außerdem fallen pro Kunde 2 EUR an für Verbrauchsmaterialien (Shampoo, Kur, ein Getränk). Die Handtücher liefert ein Wäscheservice, der dafür 0,8 EUR pro Kunde erhält.

   a) Geben Sie die Kostenfunktion $K(x)$ an.

   b) Fertigen Sie eine Graphik an, in der $K(x)$, der Fixkostenanteil von $K(x)$ und der variable Anteil an $K(x)$ dargestellt sind.

   c) Geben Sie die Durchschnittskostenfunktion $k(x)$ an.

   d) Geben Sie die Grenzkostenfunktion $K_G(x)$ an.

   e) Berechnen Sie die Gesamtkosten, die Durchschnittskosten und die Grenzkosten für 6212 Frisuren pro Jahr.

3. Ein Softwarehersteller hat Fixkosten von 10.000.000 EUR im Jahr. Die Herstellung einer Kopie der Software kostet 0,92 EUR. Dabei ist es unerheblich, ob er Datenträger herstellt oder einen Download anbietet.

   a) Geben Sie die Kostenfunktion $K(x)$ an.

   b) Fertigen Sie eine Graphik an, in der $K(x)$, der Fixkostenanteil von $K(x)$ und der variable Anteil an $K(x)$ dargestellt sind.

   c) Wie lautet die Durchschnittskostenfunktion $k(x)$?

   d) Geben Sie die Grenzkostenfunktion $K_G(x)$ an.

   e) Berechnen Sie Gesamtkosten, Durchschnittskosten und Grenzkosten, wenn der Hersteller

      i. 10 Kopien pro Jahr verkauft.

      ii. 10.000 Kopien pro Jahr verkauft.

Kosten *(Fortsetzung)*

4. Die Kostenstruktur einer Firma, die deutschlandweit Mobilfunkverträge vertreibt, wird duch folgende Kostenblöcke charakterisiert:

   - Der Vorstand erhält 500.000 EUR pro Jahr.

   - Die Kosten für die Gebäude betragen 2,5 Mio EUR pro Jahr (es handelt sich um viele kleine Niederlassungen und die Unternehmenszentrale).

   - Das Marketingbudget beträgt 1.200.000 EUR / Jahr.

   - Der Vertrieb arbeitet ausschließlich auf Provisionsbasis und erhält 80 EUR pro abgeschlossenem Vertrag.

   a) Geben Sie die Kostenfunktion $K(x)$ an.

   b) Fertigen Sie eine Graphik an, in der $K(x)$, der Fixkostenanteil von $K(x)$ und der variable Anteil an $K(x)$ dargestellt sind.

   c) Wie lautet die Durchschnittskostenfunktion $k(x)$?

   d) Zeichnen Sie das Schaubild von $k(x)$.

   e) Geben Sie die Grenzkostenfunktion $K_G(x)$ an.

   f) Im Budget sind die Gesamtkosten mit 12,2 Mio EUR ausgewiesen. Mit wie vielen abgeschlossenen Verträgen rechnet der Finanzchef?

Aufgaben

Ableitung in Anwendungen

1. Richtig oder falsch. Korrigieren Sie ggf. die Aussage, so dass ein richtiger Satz daraus wird. Vermeiden Sie triviale Verbesserungen durch bloßes Einfügen eines „nicht" oder „kein".

   a) Wenn die Grenzkosten höher sind als die Durchschnittskosten, dann hat der Produzent möglicherweise ein Problem: die Kosten explodieren und es wäre besser, weniger zu produzieren, wenn es keine guten Gründe fürs Wachstum gibt.

   b) Wenn das Schaubild von f(x) ein Maximum hat, schneidet die erste Ableitungsfunktion die x-Achse.

2. Ein Mobiltelefon-Produzent hat die folgende Kostenfunktion:

$$K(n) = 12,4 + 8,83n + ne^{-2n}$$

   wobei n die Produktionszahl in Millionen Stück und K die Kosten in Millionen EUR sind.

   a) Zeichnen Sie die Kostenfunktion bis 4 Millionen produzierte Telefone.

   b) Geben Sie seine Grenzkosten und seine Durchschnittskosten für 1 Mio produzierte Telefone pro Jahr an.

3. Der Temperaturverlauf von heißem Kaffee in einem Pappbecher, der sich in einem 24° warmen Raum befindet, wird durch folgende Gleichung beschrieben:

$$T(t) = 35° \, e^{-\frac{t}{2h}} + 24°$$

   wobei t die Zeit in Stunden nach dem Einschenken ist.

   a) Geben Sie die mittlere Abkühlrate in der ersten Stunde nach dem Einschenken an.

   b) Geben Sie die Abkühlrate unmittelbar nach dem Einschenken an.

3.14. Höhere Ableitungen

3.14.1. Mehrfaches Ableiten

Natürlich kann man auch die Ableitungsfunktion wieder ableiten:

$$f(x) = 4x^5 \tag{3.406}$$
$$f'(x) = 20x^4 \tag{3.407}$$
$$f''(x) = 80x^3 \tag{3.408}$$

und auch die Ableitung der Ableitung kann man nochmals ableiten:

$$f'''(x) = 240x^2 \tag{3.409}$$

Man nennt dies die zweite (dritte, vierte, ...) Ableitung und kennzeichnet sie entweder mit mehreren Strichen oder mit einer arabischen Zahl in Klammern. Beispiel:

$$f'''(x) = 240x^2 = f^{(3)}(x) \tag{3.410}$$

3.14.2. Krümmung von Kurven

Welche Bedeutung hat die zweite Ableitung? Beginnen wir unsere Betrachtungen in Abb. 3.97 oben. Von einer (beliebigen und unbekannten) Funktion kennen wir nur die zweite Ableitung. Diese soll positiv sein.

Eine positive zweite Ableitung bedeutet, dass die Stammfunktion[117] zur zweiten Ableitung (also die erste Ableitung) monoton steigend sein muss.[118] Wir können keine Aussage machen, ob die erste Ableitung positiv oder negativ ist. Ohne Beschränkung der Allgemeinheit[119] nehmen wir jetzt an, die erste Ableitung sei positiv und steigend. (Abb. 3.97)

Eine positive erste Ableitung bedeutet, dass die Ursprungsfunktion monoton steigend sein muss. Und weil der Wert der Ableitung immer größer wird, wird die Steigung der Ausgangsfunktion immer größer. Die Ausgangsfunktion hat also eine Linkskurve als Schaubild: (Abb. 3.97 unten)

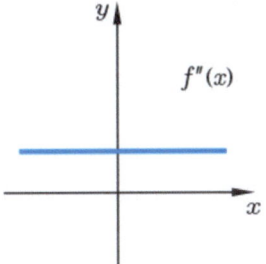

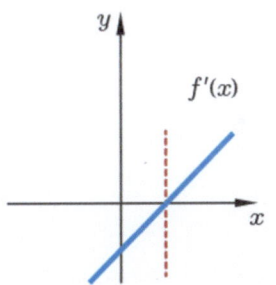

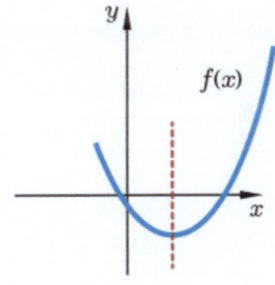

Abb. 3.97.: Von der zweiten Ableitung (oben) zur Ursprungsfunktion (unten).

---

[117]Ein neues Wort zu dieser Zeit. Die Stammfunktion ist die Ursprungsfunktion zu einer betrachteten Ableitung.

[118]sogar streng monoton

[119]In Zukunft als oBdA abgekürzt.

> **Linkskurve**
>
> Wenn die zweite Ableitung einer Funktion positiv ist an einer Stelle, dann ist das Schaubild dieser Funktion an dieser Stelle eine Linkskurve.

Analog zu diesen Erwägungen kann man auch feststellen:

> **Rechtskurve**
>
> Wenn die zweite Ableitung einer Funktion negativ ist an einer Stelle, dann ist das Schaubild dieser Funktion an dieser Stelle eine Rechtskurve.

3.14.3. Extrema und Sattelpunkte

Erinnern wir uns an den Beginn des Analysis-Kapitels.

Einen *Hochpunkt* (oder lokales Maximum) haben wir dadurch charakterisiert, dass dort die Kurve

- eine horizontale Tangente hat und

- eine Rechtskurve ist.

Das bedeutet mit unserem neu gewonnenen Wissen über Ableitungen, dass eine Kurve ein Maximum aufweist, wenn dort die erste Ableitung Null ist und die zweite Ableitung negativ ist.

Ebenso können wir für den Tiefpunkt einer Kurve (auch als lokales Minimum bekannt) feststellen, dass dort

- die erste Ableitung der zugehörigen Funktion Null sein muss und

- die zweite Ableitung größer sein muss als Null.

Wollen wir also die Lage von Extremwerten rechnerisch bestimmen, so müssen wir nach Punkten suchen, an welchen diese beiden Kriterien rechnerisch erfüllt sind. Punkte, an denen die zweite Ableitung ungleich Null ist, gibt es wie Sand am Meer. Punkte mit horizontaler Tangente sind dagegen vergleichsweise wenige zu erwarten.[120] Deshalb ist es klug, zuerst nach Punkten mit horizontaler Tangente zu suchen, d. h. die erste Ableitung gleich Null zu setzen und dann zu prüfen, ob an den gefundenen Punkten die zweite Ableitung auch tatsächlich ungleich Null ist (wenn man nach beliebigen Extrema sucht) oder kleiner Null ist (wenn man nach Maxima sucht) oder größer Null ist (wenn man nach Minima sucht). Die erste Bedingung nennt man notwendige Bedingung, die zweite nennt man

---

[120]Für Geraden gilt das natürlich nicht. Aber Geraden sind auch nicht die dankbarsten Kurven, um Extremwerte zu suchen ...

hinreichende Bedingung oder vollends hinreichende Bedingung. Das fassen wir zusammen:

> ### Maximum
>
> Das Schaubild einer Funktion hat ein Maximum an einer Stelle x_0, wenn die 1. Ableitung der Funktion an der Stelle Null ist (notwendige Bedingung) und wenn gleichzeitig die zweite Ableitung der Funktion an dieser Stelle kleiner als Null ist (hinreichende Bedingung).

> ### Minimum
>
> Das Schaubild einer Funktion hat ein Minimum an einer Stelle x_0, wenn die 1. Ableitung der Funktion an der Stelle Null ist (notwendige Bedingung) und wenn gleichzeitig die zweite Ableitung der Funktion an dieser Stelle größer als Null ist (hinreichende Bedingung).

Anstatt einen Hochpunkt als Punkt mit horizontaler Tangente in einer rechts gekrümmten Kurve zu definieren, könnte man ihn auch als Punkt mit horizontaler Tangente beschreiben, wobei die Kurve links vom Hochpunkt streng monoton steigend ist und rechts davon streng monoton fallend ist. Diese Definition führt zu einer leicht geänderten Rechenvorschrift:

> ### Maximum (alternative Definition mit Vorzeichenwechsel)
>
> Das Schaubild einer Funktion hat ein Maximum an einer Stelle x_0, wenn die 1. Ableitung der Funktion bei x_0 Null ist (notwendige Bedingung) und die erste Ableitung bei x_0 einen Vorzeichenwechsel von positiv nach negativ erfährt (hinreichende Bedingung).

Analog kann man auch das Kriterium für Tiefpunkte in alternativer Weise formulieren:

> ### Minimum (alternative Definition mit Vorzeichenwechsel)
>
> Das Schaubild einer Funktion hat ein Minimum an einer Stelle x_0, wenn die 1. Ableitung der Funktion bei x_0 Null ist (notwendige Bedingung) und die erste Ableitung bei x_0 einen Vorzeichenwechsel von negativ nach positiv erfährt (hinreichende Bedingung).

Meist ist es einfacher den Wert der zweiten Ableitung zu berechnen als die erste Ableitung auf Vorzeichenwechsel zu untersuchen, aber mitunter ist dieses alternative Kriterium nützlich.

An dieser Stelle ist ein Vorbehalt angebracht: Die beiden Rechenvorschriften sind nicht ganz kongruent. Das illustriert ein einfaches

Beispiel:

Man untersuche das Schaubild der Funktion

$$f(x) = x^4 \tag{3.411}$$

auf Extremwerte.

Achtung! $f''' \neq 0$

Die Ableitungen sind schnell berechnet:

$$f'(x) = 4x^3 \tag{3.412}$$
$$f''(x) = 12x^2 \tag{3.413}$$
$$f'''(x) = 24x \tag{3.414}$$
$$f^{(4)}(x) = 24 \tag{3.415}$$

und man erkennt, dass die erste Ableitung Null wird für $x = 0$ (notwendige Bedingung).

Leider ist die hinreichende Bedingung verletzt, denn $f''(0) = 0$. In der alternativen Formulierung hingegen wäre die hinreichende Bedingung erfüllt, denn $f'(x) = 4x^3$ erfährt einen Vorzeichenwechsel bei $x = 0$.

Die Auflösung liegt darin, dass $x = 0$ eine dreifache Nullstelle der ersten Ableitung ist. Somit erfährt die erste Ableitung einen Vorzeichenwechsel, hat aber bei der Nullstelle ihrerseits eine horizontale Tangente (was zu einer Nullstelle in der zweiten Ableitung führt). Weil Nullstellen mit einer ungeradzahligen Vielfachheit (also einfache, dreifache, fünffache, etc.) einen Vorzeichenwechsel mit sich bringen, kann man auch formulieren:

> **Extrema**
>
> Das Schaubild einer Funktion hat ein Extremum an einer Stelle x_0, wenn die 1. Ableitung der Funktion bei x_0 eine Nullstelle mit ungeradzahliger Vielfachheit hat.

Bleibt noch der Sattelpunkt als dritter spezieller Punkt mit horizontaler Tangente. Man ahnt schon: Ein Sattelpunkt liegt vor, wenn die erste Ableitung eine Nullstelle mit geradzahliger Vielfachheit hat.[121] Warum das so ist, besprechen wir gleich im Abschnitt über Wendepunkte.

---

[121]Oder wenn die erste und die zweite Ableitung gleich Null sind und die dritte ungleich Null ist.

3.14.4. Wendepunkte

Aus dem Abschnitt über Krümmung wissen wir schon:

- Wenn die zweite Ableitung einer Funktion negativ ist, ist das Schaubild der Funktion eine Rechtskurve.

- Wenn die zweite Ableitung einer Funktion positiv ist, ist das Schaubild der Funktion eine Linkskurve.

Ein Wendepunkt liegt am Übergang zwischen Links- und Rechtskurve. Also muss die zweite Ableitung von negativem Vorzeichen zu positivem Vorzeichen wechseln, oder andersherum,[122] aber auf jeden Fall muss ein Vorzeichenwechsel der zweiten Ableitung stattfinden.[123] Die Forderung, dass ein Vorzeichenwechsel der zweiten Ableitung (bei einem x-Wert, den wir jetzt x_0 nennen wollen) stattfinden soll, kann man auch anders formulieren:

- Bei x_0 muss die zweite Ableitung gleich Null sein, sonst kann sie ja nicht das Vorzeichen wechseln.[124]

- Bei x_0 muss die dritte Ableitung ungleich Null sein. Das bedeutet, dass die zweite Ableitung monoton ist (egal ob fallend oder steigend). Und das muss sie wohl schon sein, wenn sie von + nach − oder von − nach + sein soll.

Jetzt haben wir also 2 Sätze von Bedingungen für den WP: Entweder Vorzeichenwechsel und Stetigkeit der zweiten Ableitung oder $f''(x) = 0$ und $f'''(x) \neq 0$. Wie schon bei Extremwerten untersuchen wir $f''(x) = 0$ als erstes (notwendige Bedingung) und $f'''(x) \neq 0$ als zweites für die Punkte, an denen die erste Bedingung erfüllt ist (hinreichende Bedingung):

---

[122] Man könnte auch sagen, ein Maximum ist ein Wechsel von steigend zu fallend und deshalb muss ein Vorzeichenwechsel der ersten Ableitung von Plus nach Minus stattfinden. Jetzt wären die Argumentationslinien symmetrisch.

[123] Bei Extremwerten wird oft zwischen Maximum und Minimum unterschieden. Bei Wendepunkten ist die analoge Unterscheidung zwischen Rechts−>Links und Links−>Rechts nicht von Interesse. Deshalb reicht der Vorzeichenwechsel der zweiten Ableitung aus.

[124] Für uns einfache, nach elementarem Mathe-Verständnis strebende Menschen ist das ja plausibel, dass man von + nach - nur über Null kommt. In Wirklichkeit ist es nicht ganz so einfach, denn die zweite Ableitung könnte ja springen und die Null auslassen. Und in der Tat: die Funktion $f(x) = \frac{1}{x^3}$ springt bei $x = 0$ von - nach + ohne die x-Achse zu schneiden. Dass eine Funktion NICHT springt, nennt der Mathematiker „stetig". (und auch das ist eine eher hemdsärmelige Definition der Stetigkeit). Aber andererseits: Funktionen, deren zweite Ableitung bei x_0 springt, haben auch keinen Wendepunkt bei x_0. So stimmt es dann doch wieder ...

Wendepunkt

Das Schaubild einer Funktion hat einen Wendepunkt an einer Stelle x_0, wenn an dieser Stelle die zweite Ableitung Null ist (notwendige Bedingung) und die dritte Ableitung kleiner als Null ist (hinreichende Bedingung).

Ein Sattelpunkt ist ein Wendepunkt mit horizontaler Tangente. Das heißt, er muss neben den Bedingungen für einen Wendepunkt auch noch $f'(x) = 0$ (wegen der horizontalen Tangente) erfüllen.

Sattelpunkt

Das Schaubild einer Funktion hat einen Sattelpunkt an einer Stelle x_0, wenn an dieser Stelle die erste Ableitung Null ist (notwendige Bedingung) und die zweite Ableitung gleich Null ist (hinreichende Bedingung) und die dritte Ableitung ungleich Null ist (weitere hinreichende Bedingung).

3.14.5. Zusammenfassung:
Spezielle Punkte und spezielle Ableitungen

	$f(x)$	$f'(x)$	$f''(x)$	$f'''(x)$
Nullstellen	$f(x) = 0$			
monoton steigend		$f'(x) \geq 0$		
streng monoton steigend		$f'(x) > 0$		
monoton fallend		$f'(x) \leq 0$		
streng monoton fallend		$f'(x) < 0$		
Maximum		$f'(x) = 0$	$f''(x) < 0$	
Minimum		$f'(x) = 0$	$f''(x) > 0$	
Sattelpunkt		$f'(x) = 0$	$f''(x) = 0$	$f'''(x) \neq 0$
Wendepunkt			$f''(x) = 0$	$f'''(x) \neq 0$
Rechtskurve			$f''(x) < 0$	
Linkskurve			$f''(x) > 0$	

Aufgaben

Extrema und Wendepunkte

1. Untersuchen Sie die folgenden Funktionen auf Extremwerte. Untersuchen Sie hierfür den Vorzeichenwechsel der ersten Ableitung.

   a) $f(x) = 2x^2$

   b) $f(x) = x^3 - x$

   c) $f(x) = 2xe^x$

   d) $f(x) = 4xe^{-x}$

   e) $f(x) = 4x^2e^{-x}$

   f) $f(x) = (x-3)\,e^{-x}$

2. Untersuchen Sie die Funktionen aus der vorhergehenden Aufgabe erneut auf Extremwerte. Untersuchen Sie die Krümmung des Schaubilds, um festzustellen, ob die hinreichende Bedingung erfüllt ist.

3. Gegeben sei die Funktion $f : x \to f(x)$ mit dem Schaubild K_f. Suchen Sie die Hochpunkte und Tiefpunkte von K_f.

   a) $f(x) = \frac{1}{2}x^4 - 2x^2$

   b) $f(x) = (x-2)(x+4)(4x-1)$

   c) $f(x) = 3\sin(x)$

   d) $f(x) = \sin(3x)$

   e) $f(x) = \cos(x-1)$

   f) $f(x) = \frac{1}{2}x^4 - 2x^2$

   g) $f(x) = \frac{1}{6}\left(3x^4 - 2x^3 - 33x^2 + 60x - 6\right)$

   h) $f(x) = \frac{1}{12}\left(3x^4 - 2x^3 - 39x^2 - 36x + 12\right)$

4. Gegeben sei die Kurve K_f als Schaubild der Funktion f mit $f(x) = x^2e^x + 1$. Untersuchen Sie K_f ohne Zuhilfenahme des GTR

   a) auf Schnittpunkte mit der x-Achse

   b) auf Extrema

   c) auf Wendepunkte

Aufgaben

Extrema und Wendepunkte *(Fortsetzung)*

5. Richtig oder falsch? Wenn Sie „falsch" markieren, verbessern Sie bitte die Aussage, so dass eine richtige Aussage daraus wird. Achten Sie auch auf Formalismen und den korrekten Gebrauch der Fachsprache! Vermeiden Sie triviale Korrekturen (durch Einfügen der Worte *nicht* oder *kein*)

a) Wenn sich die Ableitungen zweier Funktionen schneiden, dann verlaufen die beiden Funktionen bei diesem x-Wert parallel.

b) Eine Funktion, in der nur gerade Potenzen vorkommen, ist achsensymmetrisch.

c) Wenn die Ableitung monoton fallend ist, ist das Schaubild der Kurve rechtsgekrümmt.

d) Wenn das Schaubild der zweiten Ableitung oberhalb der x-Achse verläuft, ist das Schaubild der ersten Ableitung streng monoton fallend.

e) Wenn das Schaubild der ersten Ableitung einen Hochpunkt hat, hat das Schaubild der Funktion einen Wendepunkt.

f) Wenn das Schaubild der ersten Ableitung einen Sattelpunkt hat, hat das Schaubild der Funktion einen Wendepunkt.

g) Wenn das Schaubild der ersten Ableitung bei x_0 einen Sattelpunkt hat, ist die zweite Ableitung in der Umgebung von x_0 monoton, aber nicht streng monoton.

h) Wenn das Schaubild der ersten Ableitung bei x_0 einen Sattelpunkt hat, schneidet das Schaubild der zweiten Ableitung bei x_0 die x-Achse.

3.14.6. Extremwerte und beschränkter Definitionsbereich

Die Körpertemperatur $T(t)$ eines Patienten kann mit Hilfe der Körpertemperaturfunktion

$$T(t) = -\frac{1}{16}t^4 + \frac{7}{12}t^3 - \frac{15}{8}t^2 + \frac{9}{4}t + 39 \qquad (3.416)$$

beschrieben werden, wobei t die Behandlungsdauer in Tagen ist. Gesucht ist die minimale und die maximale Körpertemperatur innerhalb der Behandlungsdauer (5 Tage).

Wir berechnen zuerst die potentiell wichtigen Ableitungen:

$$f'(t) \;=\; -\frac{1}{4}t^3 + \frac{7}{4}t^2 - \frac{15}{4}t + \frac{9}{4} \qquad (3.417)$$

$$f''(t) \;=\; -\frac{3}{4}t^2 + \frac{14}{4}t - \frac{15}{4} \qquad (3.418)$$

$$f'''(t) \;=\; -\frac{6}{4}t + \frac{14}{4}t \qquad (3.419)$$

und bearbeiten sodann die notwendige Bedingung für Extremwerte:

$$f'(t) \;=\; 0 \qquad (3.420)$$

$$-\frac{1}{4}t^3 + \frac{7}{4}t^2 - \frac{15}{4}t + \frac{9}{4} \;=\; 0 \mid \cdot 4 \qquad (3.421)$$

$$-t^3 + 7t^2 - 15t + 9 \;=\; 0 \qquad (3.422)$$

Man erkennt, dass $t_1 = 1$ eine Lösung ist[125] und kann diese Nullstelle abdividieren[126]

$$\left(-t^3 + 7t^2 - 15t + 9\right) : (t-1) \;=\; \left(-t^2 + 6t - 9\right) \quad (3.423)$$

$$=\; -\left(t^2 - 6t + 9\right) \quad (3.424)$$

$$=\; -(t-3)^2 \quad (3.425)$$

und findet so die beiden anderen Nullstellen $t_{2/3} = 3$ (doppelte NS).

Jetzt wenden wir uns den hinreichenden Bedingungen[127], [128] zu.

$$f''(1) \;=\; -\frac{4}{4} = -1 \implies \text{Maximum} \qquad (3.426)$$

$$f''(3) \;=\; 0 \implies \text{kein Extremwert} \qquad (3.427)$$

Die Fieberkurve hat also ein Maximum und einen Sattelpunkt, aber kein Minimum. Genauer gesagt hat sie kein Minimum mit einer horizontalen Tangente. Je nach Heilungserfolg wird der Funktionswert bei t=0 oder bei t=5 den kleinsten Funktionswert darstellen, den die Fieberkurve annehmen kann. Das Minimum am Rand des Definitionsbereichs (das wir gleich noch suchen müssen) braucht keine horizontale Tangente. Wie kann man es dann finden? Ganz einfach: Man berechnet die Funktionswerte und schaut, welcher kleiner ist.

---

[125]indem man probiert

[126]eine gute Gelegenheit, mal wieder Polynomdivision zu üben!

[127]„Bedingungen", weil man die ja für jedes x_i, das die notwendige Bedingung erfüllt, getrennt abarbeiten muss

[128]wobei man schon ahnt, dass $t = 3$ keinen Extremwert liefert, denn die doppelte Nullstelle der ersten Ableitung wird zu einem Sattelpunkt führen

Also los:

$$f(0) = 39 \tag{3.428}$$
$$f(5) \approx 37,2 \tag{3.429}$$

Das Minimum liegt demnach bei $t = 5$. Es beträgt Körpertemperatur und nicht Kühlhaustemperatur und das ist auch gut so.

Aufgaben

Randextrema

Untersuchen Sie auf Extremwerte, insbesondere an den Rändern des Definitionsbereichs. Geben Sie an, welches Maximum das absolute Maximum ist und welches Minimum das absolute Minimum ist.

1. Beachten Sie die verschiedenen Schreibweisen für eingeschränkte Definitionsmengen.

   a) $f(x) = 2x^2$ für $-2 \leq x \leq 3$

   b) $f(x) = x^3 - x$ für $-1 \leq x \leq 5$

   c) $f(x) = 2xe^x$ mit $D = \mathbb{R}^+$

   d) $f(x) = 4xe^{-x}$ mit $D = \{x \mid -10 \leq x \leq 10 \vee x \epsilon \mathbb{R}\}$

   e) $f(x) = 2x^2$ für $-2 \leq x < 3$

   f) $f(x) = x^3 - x$ für $-1 < x \leq 5$

   g) $f(x) = 4x^2 e^{-x}$ für $-2 \leq x \leq 3$

   h) $f(x) = (x - 3)e^{-x}$ für $x \epsilon [-10; 10]$

2. Untersuchen Sie auf Extremwerte.

   a) $f(x) = \frac{1}{2}x^4 - 2x^2$ für $-5 \leq x \leq 10$

   b) $f(x) = (x - 2)(x + 4)(4x - 1)$ für $-10 \leq x \leq 10$

   c) $f(x) = \frac{1}{6}\left(3x^4 - 2x^3 - 33x^2 + 60x - 6\right)$
   für $-1 \leq x \leq 1$

   d) $f(x) = \frac{1}{12}\left(3x^4 - 2x^3 - 39x^2 - 36x + 12\right)$
   für $-2 \leq x \leq 2$

Aufgaben: Klausurvorbereitung

1. Gegeben seien die folgenden Funktionen:

   Angebotsfunktion $p(x) = 414 + 0,3\,x$

   Nachfragefunktion $p(x) = 738 - 0,6\,x$

   a) Bestimmen Sie den Mindestpreis.

   b) Bestimmen Sie den Punkt des Marktgleichgewichts.

   c) Der Marktpreis beträgt 519 Euro. Berechnen Sie Angebot und Nachfrage. Was bedeutet das?

   d) In der zurückliegenden Saison hat der Anbieter folgende Erfahrungswerte ermittelt:

   Maximalpreis: 720 EUR

   Sättigungsmenge: 900 Stück

   Bestimmen Sie mit diesen Angaben die (lineare) Nachfragefunktion (Preis-Absatzfunktion) der zurückliegenden Saison.

2. Ein Unternehmen bietet ein Produkt an, für das folgende Nachfragefunktion gilt:

   $x(p) = 50 - p$ (x bezeichne die Nachfrage und p bezeichne den Preis).

   Die Kostenfunktion des Unternehmens lautet:

   $K(x) = 80 + 10\,x$ (x bezeichne die Produktionsmenge und K die Kosten).

   a) Bestimmen Sie die Umsatzfunktion (Erlösfunktion).

   b) Zeigen Sie, dass die Gewinnfunktion die Gleichung $G(x) = -x^2 + 40\,x - 80$ hat. (1 Punkt)

   c) Für welche Produktionsmenge ist der Gewinn maximal? (2 Punkte) Wie hoch ist dieser Gewinn? Für welchen Preis wird er erzielt?

   d) Bestimmen Sie den Produktionsbereich, in dem ein echter Gewinn erzielt wird. (Berechnung und Begründung)

3. Durch die Nachfragefunktion $p_D(x) = 1254 - 2,75x$

   und die Angebotsfunktion $p_S(x) = 864 + 1,25x$ hängt der Preis eines Produkts linear von der Nachfrage bzw. dem Angebot ab.

   Berechnen Sie damit

   a) die Sättigungsmenge

   b) den Maximalpreis (Prohibitivpreis)

   c) den Mindestpreis

   d) die Menge und den Preis im Marktgleichgewicht

   Erläutern Sie kurz die Begriffe

   e) Sättigungsmenge

   f) Maximalpreis (Prohibitivpreis)

   g) Mindestpreis

   h) Marktgleichgewicht

   i) Wie hoch sind Angebot und Nachfrage bei einem Preis von 995,50 Euro? Was folgern Sie daraus?

© Springer-Verlag GmbH Deutschland, ein Teil von Springer Nature 2018

J. Kircher und D. Hitzler, *Wirtschaftsmathematik I*,

https://doi.org/10.1007/978-3-662-46152-5_4

4. Ein Unternehmen stellt Dachgepäckträger für Pkw her. Davon wurden im letzten Jahr 50 Exemplare zum Preis von 1200 Euro verkauft. Bei einer Preiserhöhung um 50 Euro wird ein Absatzrückgang auf 45 Stück erwartet. Die Preis-Absatzfunktion wird als linear angenommen. Die Produktionskosten für x Gepäckträger beschreibt die Funktion $C(x) = \frac{1}{9}x^3 8x^2 + 600x + 4000$

   a) Berechnen und interpretieren Sie die Grenzkosten für 30 Gepäckträger.

   b) Untersuchen Sie die Kostenfunktion auf Monotonie und Krümmungsverhalten. Interpretieren Sie Ihr Ergebnis.

   c) Leiten Sie die Preis-Absatzfunktion $p(x) = -10x + 1700$ her.

   d) Für welche Produktionsmenge ist der Gewinn maximal? Welcher Preis gilt dann?

5. Ein Monopolist hat die Kostenfunktion $K(x) = 0,01x^3 - 0,5x^2 + 10x + 200$
   Seine Preis-Absatz-Funktion lautet $p(x) = -x + 60$
   1. Erstellen Sie die Gewinnfunktion.
   2. Für welche Produktionsmenge wird der Gewinn des Monopolisten maximal sein?
   3. Ermitteln Sie für die unter 2. ermittelte Produktionsmenge den entsprechenden Preis, die entstehenden Kosten und den maximalen Gewinn.

6. Ein Unternehmen hat folgende Kostenfunktion:
   $K(x) = 0,5x^2 + 12x + 250$
   1. Geben Sie die fixen Kosten und die variable Kostenfunktion an.
   2. Ermitteln Sie die Stückkostenfunktion.
   3. Wie lautet die Grenzkostenfunktion?
   4. Definieren Sie den Begriff Grenzkosten.

7. Geben Sie bei den folgenden Geschäftsvorfällen an, ob es sich um einen Aktivtausch, einen Passivtausch, eine Aktiv-Passiv-Mehrung oder eine Aktiv-Passiv-Minderung handelt.
   a) Ein Unternehmen kauft Waren auf Ziel.
   b) Rückzahlung eines Darlehens.
   c) Barkauf eines Druckers.
   d) Bareinzahlung auf unser Girokonto.
   e) Welche Informationen enthält die Aktivseite der Bilanz und welche die Passivseite?
   f) An welche externen Adressaten richtet sich die Bilanz?
   g) Wodurch unterscheiden sich „Kosten-und Leistungsrechnung" und „Finanzbuchhaltung"?

8. Für einen Markt sind folgende Angebots- und Nachfragefunktion gegeben:
   Angebotsfunktion: s(x) = 200 + 5x
   Nachfragefunktion: d(x) =1800 – 6x
   Berechnen Sie bitte
   a) Sättigungsmenge
   b) Maximalpreis/Prohibitivpreis
   c) Mindestpreis
   d) den Punkt des Marktgleichgewichts
   e) Wie ist die Situation am Marktgleichgewicht zu beschreiben?
   f) Zeichen Sie ein Koordinatensystem mit Angebots- und Nachfragekurve und tragen Sie die Ergebnisse a) bis d) ein.

9. Gegeben sei folgende Erlösfunktion: R(x) = 16x^2 + 50x

   Die Kostenfunktion lautet: C(x) = 6x^2 + 10x + 2400

   a) Ermitteln Sie die Gewinnfunktion.

   b) Berechnen Sie die Gewinnschwelle.

   c) Geben Sie die ersten drei Ableitungen der Gewinnfunktion an.

10. Ein Monopolist geht von folgenden Funktionen aus: R(x) = - 3x^2 + 900x C(x) = 4x^2 - 200 x + 80

    a) Wo liegt das Erlösmaximum – mit Beweis?

    b) Wie hoch ist der maximale Erlös?

    c) Berechnen Sie die Kosten bei der erlösmaximalen Menge?

    d) Wie hoch ist der Gewinn bei der erlösmaximalen Menge?

    e) Wie lautet allgemein die variable Kostenfunktion?

    f) Erstellen Sie die Grenzkostenfunktion.

11. Gegeben sind die folgenden Kosten- und Erlösfunktionen:

    $R(x) = -2x^2 + 58x$

    $C(x) = 0,45x^2 + 70$

    Berechnen Sie:

    a) die Gewinnfunktion

    b) die Gewinnzone (in Stück)

    Berechnen Sie unter der Annahme, dass 9 Stück produziert werden

    c) AVC(x)

    d) C(x)

    e) AFC(x)

    f) Berechnen Sie das Maximum der Gewinnfunktion.

    g) Skizzieren Sie den Graphen der Gewinnfunktion.

12. Gegeben ist die Funktion}

    $C(x) = 4x^3 - 40x^2 + 160x + 500$

    a) Erklären Sie den Begriff des Betriebsminimums.

    b) Bestimmen Sie bei der oben angegebenen Funktion mittels Differentialrechnung das Betriebsminimum.

    c) Überprüfen Sie, ob an der Stelle des Betriebsminimums die Grenzkosten und die durchschnittlichen variablen Kosten identisch sind.

13. Nach mühsamer Rechnung hat der Controller einer Autofirma herausgefunden, dass die Kostenfunktion der Autoherstellung durch die Funktion $K(n) = e^{-n}(n+1)^2 + n + 1$ beschrieben werden kann. Dabei ist n die Zahl der produzierten Autos (in 100.000 Stück). Und K die Kosten in Millionen Euro. (Beides sind Zahlen pro Jahr, was aber hier nichts zur Sache tun soll).

   a) So viele Funktionen, x und n – dem Vorstand schwirrt der Kopf. Eigentlich will er die Controlling- und die Marketingabteilung bei Wasser und Brot einsperren, bis sie ihm ein gemeinsames Papier erarbeiten, was er tun muss, um zu wachsen. Weil die Vorstandsvorsitzende vor kurzem auf einem Führungsseminar war, setzt sie stattdessen einen workshop an (mit fingerfood), bei dem die beiden Abteilungen folgendes erarbeiten sollen:

      i. eine Umsatzkurve $U(x)$, damit U und K überhaupt vergleichbar werden.

      ii. eine Gewinnfunktion $G(x)$, die den Gewinn als Funktion der verkauften Autos x beschreibt.

      iii. die Produktionsziffer, bei der der Gewinn G maximal ist.

      iv. die Produktionsziffer bei der der Gewinn pro Auto $g(x)$ maximal ist.

   Die Vorstandsvorsitzende selbst sagt kurzfristig wegen eines wichtigen Termins ab. Helfen Sie den Controllern und Verkäufern.

   b) Erhöhter Profit – diese Worte rufen den Betriebsrat auf den Plan. Er erklärt, dass mit den vorhandenen Resourcen keinesfalls mehr als 145.000 Autos pro Jahr gebaut werden können.Wir lassen die Forderungsliste des Betriebsrats hier aus und fragen uns, ob die Beschränkung auf 145.000 Fahrzeuge pro Jahr Auswirkungen auf den maximalen Gewinn $G(x)$ und den maximalen Gewinn pro Auto $g(x)$ hat.

A. Anhänge

A.1. Arbeiten mit einer Tabellenkalkulation

Grundlegendes

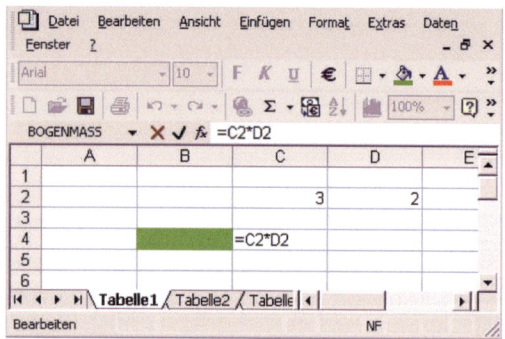

Microsoft Excel (für Windows), OpenOffice Calc (für Windows und Linux) oder auch KOffice (für Linux/KDE) sind Vertreter einer Programmart, die Tabellenkalkulation (oder spreadsheet) genannt wird. Kernstück ist die Tabelle mit einzelnen Zellen. Jede Zelle hat eine Koordinate wie bei dem Spiel „Schiffe versenken".

Die grüne Zelle hat beispielsweise die Koordinate B4. Eine Zelle kann eine Zahl enthalten, beispielsweise enthält die Zelle C2 die Zahl 3, die Zelle D2 die Zahl 2. Eine Zelle kann auch eine Formel enthalten. Eine Formel beginnt immer mit einem Gleichheitszeichen. Ein Beispiel sehen wir in Zelle C4.

Die Bedeutung der Formel lautet in Worten: „Nimm den Inhalt der Zelle C2 (also die Zahl 3) und multipliziere ihn mit dem Inhalt der Zelle D2 (also die Zahl 2)". In Zelle C4 ist noch die Formel zu sehen, als sie gerade eben erst eingegeben wurde. Während der Eingabe werden außerdem alle Zellen, deren Werte in der Formel verwendet werden, mit farbigen Rahmen angezeigt. Sobald RETURN gedrückt wird, sieht man anstelle der Formel das Ergebnis.

Außer Zahlen und Formeln können Zellen auch Text, Buchstaben, Wahrheitswerte enthalten. Dies ist jedoch für unsere kurzfristigen Anwendungen nicht so wichtig.

Dateneingabe

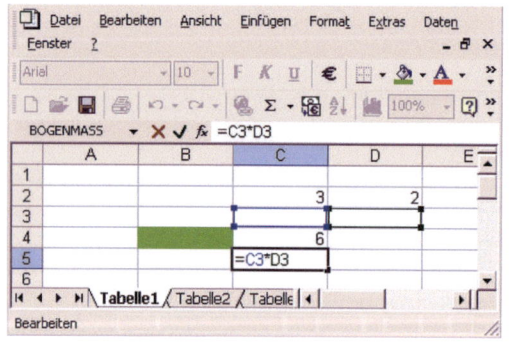

Mit der Maus oder mit den Pfeiltasten kann eine Zelle ausgewählt werden, welche zur Eingabe des Zelleninhalts bereit ist. Den Inhalt dieser Zelle sehen Sie auch nochmals im weißen Balken über der Tabelle.

Kopieren
von Zelleninhalten, relative und absolute Zellenadressen

Wie Sie es auch schon von anderen Computerprogrammen gewohnt sind, können Sie Daten kopieren und verschieben (Drag und Drop oder mit CTRL+C, CTRL+V oder mit Kontextmenü.). Wird der Inhalt der Zelle C4 in die Zelle C5 kopiert, so verändert sich die Formel. Anstelle von „=C2*D2" steht nunmehr „=C3*D3". Excel hat also die Formel aus Zelle C4 nicht in der Form

> „Nimm den Inhalt der Zelle C2 (also die Zahl 3) und multipliziere ihn mit dem Inhalt der Zelle D2 (also die Zahl 2)"

verstanden, sondern in der Form

> „Nimm den Inhalt der Zelle 2 Zellen weiter oben[a] (also die Zahl 3) und multipliziere ihn mit dem Inhalt der Zelle 2 Zellen weiter oben und eine Zelle rechts (also die Zahl 2)"
>
> ---
> [a]bezüglich der jeweiligen Position

(Man nennt letzteres relative Adressierung).

Will man tatsächlich auch in der kopierten Formel „C2" stehen haben, muss man in der Ursprungs-formel „C2" schreiben anstelle von „C2" (absolute Adressierung).

Graphiken

Eine wichtige Fähigkeit von Tabellenkalkulationsprogram-men ist die graphische Darstellung von Daten. Dazu müs-sen zuerst Daten ausgewählt werden, indem die Zellen, in welchen sich die Daten befinden, mit der Maus markiert werden. Nach Klick auf das Symbol für den Diagrammas-sistenten (die Schaltfläche mit den bunten Balken über der Spalte D) öffnet sich der Diagrammassistent.

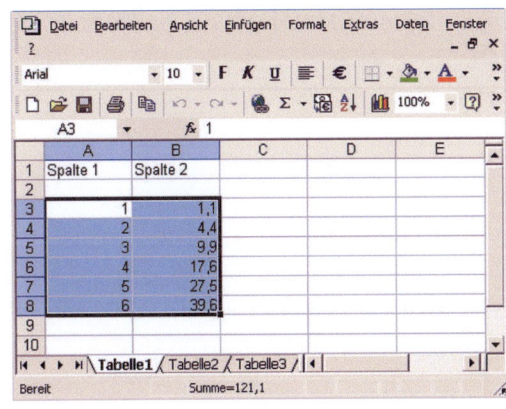

Einzelne Spalten oder einzelne Zeilen können als Balken-diagramme, Kuchendiagramme und in anderer Form darge-stellt werden. Für unsere Zwecke (nämlich das Erstellen von Funktionsschaubildern) ist die Option „Punkt (xy)" besonders hilfreich. Daten in der ersten Spalte (oder in der obersten Zeile) sind die x-Koordinaten einzelner Punkte, Daten in der zweiten Spalte (oder in der zweiten Zeile) sind die y-Koordinaten einzelner Punkte. Bei Auswahl dieser Option erhalten wir sofort eine Vorschau auf das Diagramm. In den folgenden Schritten können dann noch Achsenbeschriftungen, Diagrammüberschrif-ten und Ähnliches gewählt werden. Am Ende erhalten Sie so mit wenigen Schritten eine ganz passable Graphik.

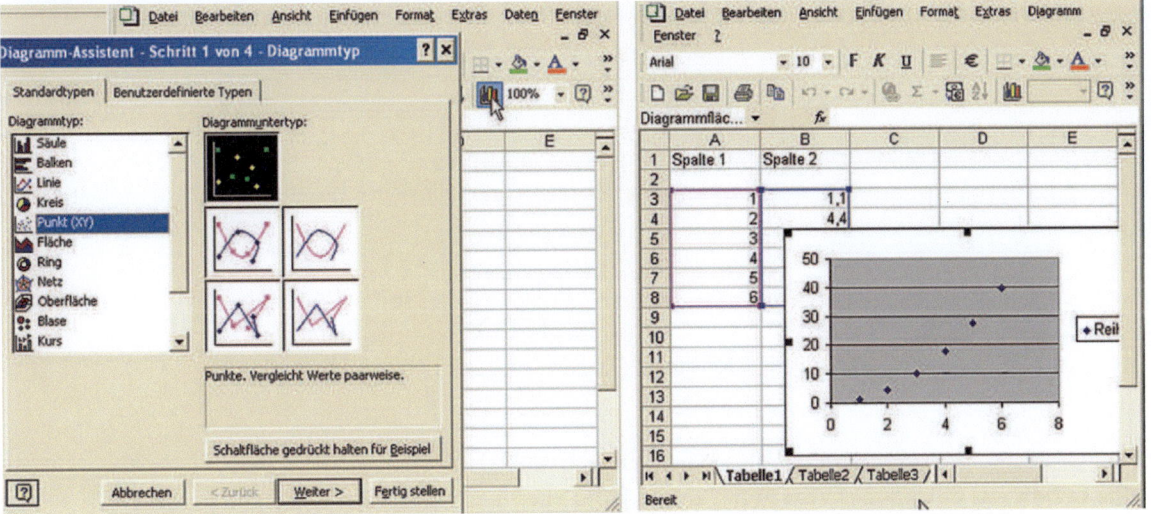

Weiterführende Hinweise

Natürlich gibt es noch vieles über Excel und Co. zu lernen. Wir haben nur erwähnt, was Sie für die nächsten Schritte in Mathematik benötigen. Sie wollen mehr wissen? Eine wichtige Ressource sind die Hilfsdateien, es finden sich auch viele Online-Kurse und Online-Hilfen im Netz.

Die folgenden waren die ersten Treffer bei einer Suche, mit Sicherheit gibt es noch mehr versteckte Perlen!

http://www.ulrich-rapp.de/stoff/pc/tabkal/index.htm

http://www.der-pc-anwender.de/Excel_lernen/Excel.htm

http://www.lerneniminternet.de/htm/excel/index.html

ftp://ftp.uni-dortmund.de/pub/local/ITMC/OnlineSkripte/Excel/

A.2. Mengenschreibweise

Mengen kennen Sie schon aus mehreren Zusammenhängen:

- Beispielsweise aus den ersten Seiten der Analysis: die Musiker und die Fans.

- Die Definitionsmenge und den Wertevorrat aus der Analysis.

- Sie kennen auch schon Zahlenmengen ($\mathbb{N}$; $\mathbb{Z}$; $\mathbb{Q}$; $\mathbb{R}$ aus dem Kapitel Grundfertigkeiten)

- die Ergebnismenge aus der Stochastik, das Ereignis als Teilmenge der Ergebnismenge.

A.2.1. Bezeichnung der Mengen

Üblich ist es, Mengen mit einem Großbuchstaben zu bezeichnen, wobei die früher üblichen[1] doppelten Linierungen zunehmend ungebräuchlich werden.[2]

A.2.2. Definition einer Menge

Eine Menge ist eine Anhäufung von Elementen. Wenn ein Element x in einer Menge A enthalten ist, schreibt man

$$x \in A \tag{A.1}$$

Durch aufzählende Schreibweise

Näher beschrieben werden Mengen durch Aufzählung ihrer Elemente, begrenzt durch geschweifte Klammern, wobei die einzelnen Elemente durch Strichpunkte getrennt werden.[3] Wenn es eindeutig ist, können Punkte Teile der Aufzählung ersetzen.

Durch Verknüpfung von Mengen:

Man kann Mengen auch verknüpfen. Diese Verknüpfungen dienen zum einen als Rechenoperationen, zum anderen aber auch zur Festlegung von Mengen. Beispiele hierfür:

- $A \cup B$ ist die Vereinigung beider Mengen. Es entsteht eine neue Menge, die alle Elemente aufweist, die in wenigstens einer der beiden Ausgangsmengen A oder B enthalten waren.

- $A \cap B$ ist die Schnittmenge beider Mengen. Es entsteht eine neue Menge, die nur die Elemente aufweist, die in beiden Ausgangsmengen A und B enthalten waren.

- $A \setminus B$ ist die Subtraktion beider Mengen. Es entsteht eine neue Menge, die alle Elemente aus A aufweist, die nicht auch in B enthalten waren.[4]

---

[1] und hier verwendeten

[2] Zur Bezeichnung und auch Definition von Mengen siehe DIN 5473

[3] weil Kommas zu Verwechslungen führen könnten.

[4] Achtung. Das Zeichen $\setminus$ verknüpft zwei *Mengen*. Will man die Menge der natürlichen Zahlen ohne die 4 anzeigen, kann man nicht schreiben $\mathbb{N} \setminus 4$. Man muss schreiben $\mathbb{N} \setminus \{4\}$.

Durch Definition der Elemente

Anstatt die Elemente aufzuzählen, kann man die Elemente auch definieren. Beispiel:

$$A = \{x | x \in \mathbb{N} \setminus \{0; 1; 2\}\} \tag{A.2}$$

Sprechweise:

$$A = \underbrace{\{}_{\text{Die Menge}} \underbrace{x}_{\text{aller x}} \underbrace{|}_{\text{für die gilt:}} \underbrace{x \in \mathbb{N}}_{\text{x ist eine natürliche Zahl}} \underbrace{\setminus \{0; 1; 2\}}_{\text{ohne die 0; 1; 2}} \} \tag{A.3}$$

Intervallschreibweise

Als Intervall wird in der Analysis und verwandten Gebieten der Mathematik eine „zusammenhängende" Teilmenge einer total (oder linear) geordneten Trägermenge (in der Regel der Menge der reellen Zahlen $\mathbb{R}$) bezeichnet. Das Intervall besteht aus allen Elementen x, die man mit zwei begrenzenden Elementen des Intervalls, der unteren und der oberen Grenze des Intervalls der Größe nach vergleichen kann und die im Sinne dieses Vergleichs zwischen den Grenzen liegen. Dabei unterschiedet man:

- Abgeschlossenes Intervall. Schreibweise: $[a, b]$. Die Grenzen des Intervalls gehören dem Intervall an: $a \leq x \leq b$.

- Offenes Intervall. Schreibweise: $(a, b) =]a, b]$. Das Intervall emthält weder a noch b: $a < x < b$.

- Halboffenes Intervall. Schreibweise: $[a, b) = [a, b[$. Das Intervalle enthält nicht a, wohl aber b: $a \leq x < b$.

A.2.3. Aussagelogik vs. Verknüpfung von Mengen

Gegeben sind zwei Mengen, die jeweils durch eine Elementeigenschaft definiert seien. (z. B. die P die Menge aller Schüler mit PC, L die Menge aller Schüler mit Laptop). Dann gilt:

- Die Menge aller Schüler, die einen Laptop *oder* einen PC haben, ist die Vereinigung beider Mengen (wobei die Vereinigungsoperation oft auch als „und" bezeichnet wird). Dabei ist zu beachten, dass *oder* nicht *entweder-oder* (exklusives Oder) bedeutet.

- Die Menge aller Schüler, die einen Laptop *und* einen PC haben ist die Schnittmenge beider Mengen.

- Die Menge aller Schüler, die *entweder* einen Laptop *oder* einen PC haben (exklusives Oder), ist die Vereinigungsmenge beider Mengen ohne die Schnittmenge beider Mengen

Aussagelogik		Mengenlehre	
verbale Beschreibung	math. Beschreibung	verbale Beschreibung	math. Beschreibung
Aussage 1 *oder* 2	$1 \vee 2$	Vereinigungsmenge	$1 \cup 2$
Aussage 1 *und* 2	$1 \wedge 2$	Schnittmenge	$1 \cap 2$
Entweder Aussage 1 *oder* 2		Vereingungsmenge $\setminus$ Schnittmenge	$(1 \cup 2) \setminus (1 \cap 2)$

Aufgaben

1. Beschreiben Sie:

   a) Beschreiben Sie die Menge in eigenen Worten: $A = \{x | 0 \leq x \leq 3 \wedge x \in R\}$

   b) Schreiben Sie in Mengenschreibweise: Die Menge B, die alle natürlichen Zahlen außer den Zahlen 2,3,4 enthält

2. Beschreiben Sie auf so viele Arten wie möglich:

   a) Alle reellen Zahlen zwischen 1 und 5 (jeweils ohne die 1 und die 5)

   b) Alle geraden natürlichen Zahlen

3. Gegeben sind die Menge der Vögel V (mit der Teilmenge L der Laufvögel und der landgebundenen Vögel), die Menge S der Säugetiere, die Menge F der Fleischfresser, die Menge P der Pflanzenfresser. Geben Sie als Menge an:

   a) alle Raubvögel

   b) alle Raubtiere

   c) alle landgebundenen Allesfresser

   d) Geben Sie die kleinstmögliche Menge an, zu der

      i. ein Löwe

      ii. eine Kuh

      iii. ein Hund

      gehören

A.3. Herleitung der Ableitungsregeln

A.3.1. Definition der Ableitung als Differentialkoeffizient

Mit der limes-Schreibweise können wir die Ableitung klarer definieren:

$$f'(x) \quad = \quad \lim_{\Delta x \to 0} \left(\frac{f(x+\Delta x)-f(x)}{\Delta x} \right) \quad = \quad \frac{df}{dx} \tag{A.4}$$

Der Term auf der rechten Seite wird auch Differentialquotient genannt – zur Unterscheidung vom Differenzenquotienten (dem Term in Klammern in der Mitte)

A.3.2. Potenzregel

Für $f(x) = x^2$**:** Beginnen wir mit der Definition der Ableitung:

$$f'(x) \quad = \quad \lim_{\Delta x \to 0} \left(\frac{f(x+\Delta x)-f(x)}{\Delta x} \right) \tag{A.5}$$

Vor der Grenzwertbildung formen wir den Term in der Klammer um:

$$\frac{f(x+\Delta x)-f(x)}{\Delta x} \quad = \quad \frac{(x+\Delta x)^2 - x^2}{\Delta x} \tag{A.6}$$

$$= \quad \frac{x^2 + 2x\Delta x + \Delta x^2 - x^2}{\Delta x} \tag{A.7}$$

$$= \quad \frac{2x\Delta x + \Delta x^2}{\Delta x} \tag{A.8}$$

$$= \quad 2x + \Delta x \tag{A.9}$$

Eingesetzt in Gl. A.5 erhalten wir:

$$f'(x) \quad = \quad \lim_{\Delta x \to 0} (2x + \Delta x) \quad = \quad 2x \tag{A.10}$$

und haben damit die Potenzregel der Ableitungen bestätigt.

Für $f(x) = x^n$**:** [5]Setzen wir $(x+\Delta x)^n$ in die rechte Seite von A.5 ein, so erhalten wir einen länglichen Ausdruck

$$\frac{(x+\Delta x)^n - x^n}{\Delta x} = \frac{x^n + p_{2,n}x^{n-1}\Delta x + p_{3,n}x^{n-2}\Delta x^2 + p_{4,n}x^{n-3}\Delta x^3 + \ldots\ldots + \Delta x^n - x^n}{\Delta x} \tag{A.11}$$

bei dem sich die Terme mit der höchsten Potenz x^n wegheben:

$$\frac{(x+\Delta x)^n - x^n}{\Delta x} = \frac{p_{2,n}x^{n-1}\Delta x + p_{3,n}x^{n-2}\Delta x^2 + p_{4,n}x^{n-3}\Delta x^3 + \ldots\ldots + \Delta x^n}{\Delta x} \tag{A.12}$$

---

[5]Das ist keine übliche Bezeichungsweise. Man würde hier normalerweise die sogenannten Binomialkoeffizienten schreiben. Aber so ist es übersichtlicher und gleich verschwinden die Punkte ja wieder.

Jetzt trennen wir den Bruch in 2 Teile und kürzen im ersten Bruch mit Δx und klammern im zweiten Bruch Δx^2 aus und kürzen mit Δx :

$$\frac{(x + \Delta x)^n - x^n}{\Delta x} = \frac{p_{2,n} x^{n-1} \Delta x}{\Delta x} + \frac{p_{3,n} x^{n-2} \Delta x^2 + p_{4,n} x^{n-3} \Delta x^3 + \ldots\ldots + \Delta x^n}{\Delta x} \tag{A.13}$$

$$= p_{2,n} x^{n-1} + \Delta x^2 \cdot \frac{p_{3,n} x^{n-2} + p_{4,n} x^{n-3} \Delta x^{3-2} + \ldots\ldots + \Delta x^{n-2}}{\Delta x} \tag{A.14}$$

$$= p_{2,n} x^{n-1} + \Delta x \cdot \left(p_{3,n} x^{n-2} + p_{4,n} x^{n-3} \Delta x^{3-2} + \ldots\ldots + \Delta x^{n-2} \right) \tag{A.15}$$

Wenn wir jetzt den Grenzwert von Gl. A.15 bilden, überlebt nur der erste Term. Der zweite Term wird Null wegen des Vorfaktors Δx:

$$\lim_{\Delta x \to 0} \left(p_{2,n} x^{n-1} + \Delta x \cdot (p_{3,n} x^{n-2} + p_{4,n} x^{n-3} \Delta x^{3-2} + \ldots\ldots + \Delta x^{n-2}) \right) = p_{2,n} x^{n-1} \tag{A.16}$$

Wenn man sich jetzt noch vor Augen hält, dass die zweite Zahl in der n-ten Reihe des Pascal'schen Dreiecks immer n ist, so erhalten wir:

$$\lim_{\Delta x \to 0} \left(p_{2,n} x^{n-1} + \Delta x \cdot (p_{3,n} x^{n-2} + p_{4,n} x^{n-3} \Delta x^{3-2} + \ldots\ldots + \Delta x^{n-2}) \right) = n\, x^{n-1} \tag{A.17}$$

was die bekannte Potenzregel ist:

$$(x^n)' = n\, x^{n-1} \tag{A.18}$$

A.3.3. Exponentialfunktion

Für $f(x) = e^x$: Beginnen wir mit der Definition der Ableitung:

$$f'(x) = \lim_{\Delta x \to 0} \left(\frac{f(x + \Delta x) - f(x)}{\Delta x} \right) \tag{A.19}$$

Vor der Grenzwertbildung formen wir den Term in der Klammer um:

$$\frac{f(x + \Delta x) - f(x)}{\Delta x} = \frac{e^{x + \Delta x} - e^x}{\Delta x} \tag{A.20}$$

$$= \frac{e^x e^{\Delta x} - e^x}{\Delta x} \tag{A.21}$$

$$= \frac{e^x (e^{\Delta x} - 1)}{\Delta x} \tag{A.22}$$

$$= e^x \left(\frac{e^{\Delta x} - 1}{\Delta x} \right) \tag{A.23}$$

Eingesetzt in Gl. A.19 erhalten wir:

$$f'(x) = \lim_{\Delta x \to 0} \left(\frac{e^{\Delta x} - 1}{\Delta x} \right) = e^x \tag{A.24}$$

und haben damit die Exponentenregel bestätigt.

A.4. Die logistische Funktion

Betrachten Sie eine Schmetterlingspopulation in einem Wald von endlicher Größe, den sie nicht verlassen kann. Es ist klar:

- Die Schmetterlingspopulation wächst schneller, wenn es mehr Schmetterlinge gibt (mehr Schmetterlinge geben mehr Raupen).

- aber, je mehr Schmetterlinge es gibt, desto härter wird der Wettbewerb um Nahrung, daher ist das Wachstum größer, je weiter sich die Schmetterlingszahl von einem Grenzwert befindet.

Oder betrachten Sie das Absatzwachstum eines Luxus-Wirtschaftsgutes. Auch hier konkurrieren zwei Effekte bezüglich des Wachstums:

- Wenn mehr Leute das Gut besitzen, gibt es mehr, die es auch noch haben wollen (Follower).

- Wenn zu viele Menschen das Luxusgut haben, sinkt der Wunsch es zu besitzen wegen der sinkenden Exklusivität und weil ganz einfach noch weniger potentielle Kunden vorhanden sind.

Diese verbale Beschreibung kann man auch in eine Gleichung fassen:

$$f'(x) = kf(x) \cdot (G - f(x)) \tag{A.25}$$

Das ist eine sogenannte Differentialgleichung.

Wir schreiben die Ableitung als Differentialquotient:

$$\frac{df}{dx} = kf(x) \cdot (G - f(x)) \tag{A.26}$$

und jetzt tun wir so, als ob f und x unterschiedliche Variablen seien und bringen sie auf verschiedene Seiten:

$$df = kf(G - f) \cdot dx \tag{A.27}$$

$$\frac{df}{f(G - f)} = k\,dx \tag{A.28}$$

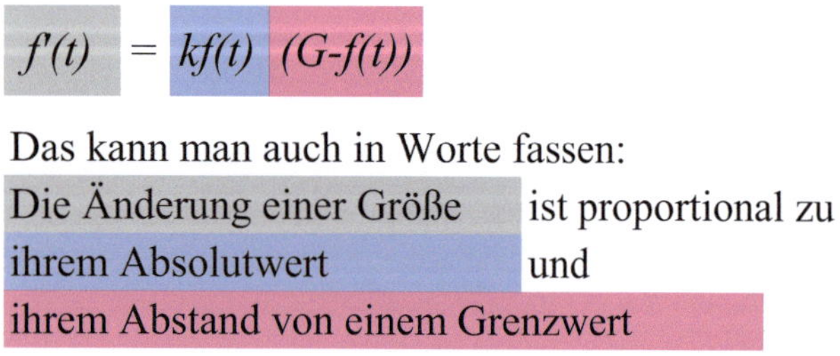

$$f'(t) = kf(t)\ (G\text{-}f(t))$$

Das kann man auch in Worte fassen:

Die Änderung einer Größe ist proportional zu ihrem Absolutwert und ihrem Abstand von einem Grenzwert

Abb. A.1.: So hängen die mathematischen und verbalen Beschreibungen zusammen.

Fast immer wäre man ja glücklich über das Produkt im Nenner der linken Seite, aber hier nicht[6]. Deshalb schreiben wir die linke Seite um:[7]

$$df \frac{1}{G}\left(\frac{1}{(G-f)} + \frac{1}{f}\right) = k\,dx \tag{A.29}$$

Die beiden Differentiale beseitigt man, indem man integriert:

$$\int \frac{1}{G}\left(\frac{1}{(G-f)} + \frac{1}{f}\right) df = \int k\,dx \tag{A.30}$$

wobei man das k und das $\frac{1}{G}$ vor das Integral schreiben kann und dann mit G multipliziert:

$$\frac{1}{G}\int \left(\frac{1}{(G-f)} + \frac{1}{f}\right) df \;=\; k\int dx \tag{A.31}$$

$$\int \left(\frac{1}{(G-f)} + \frac{1}{f}\right) df \;=\; Gk\int dx \tag{A.32}$$

Wir schreiben das Integral auf der linken Seite als Summe zweier Integrale:

$$\int \frac{1}{(G-f)}\,df + \int \frac{1}{f}\,df = Gk\int dx \tag{A.33}$$

Als nächstes führen wir die Integration aus, wobei C eine Integrationskonstante ist:

$$\ln|f| - \ln|G-f| = kGx + CG \tag{A.34}$$

und wenden auf beiden Seiten die Exponentialfunktion an:

$$\ln|f| - \ln|G-f| \;=\; kGx + CG \;|\,e^{(\,)} \tag{A.35}$$

$$e^{\ln|f|-\ln|G-f|} \;=\; e^{kGx+CG} \tag{A.36}$$

Jetzt kann man noch auf beiden Seiten Potenzgesetze anwenden:

$$\frac{f}{(G-f)} = e^{CG}e^{kGx} \tag{A.37}$$

---

[6]weil wir nämlich im nächsten Schritt integrieren wollen

[7]Dass das stimmt, kann man durch Vorwärtsrechnung überprüfen:

$$\frac{1}{G}\left(\frac{1}{(G-f)} + \frac{1}{f}\right) = \frac{1}{G}\left(\frac{f}{f(G-f)} + \frac{(G-f)}{f(G-f)}\right)$$

$$= \frac{1}{G}\left(\frac{f+(G-f)}{f(G-f)}\right)$$

$$= \frac{1}{G}\left(\frac{G}{f(G-f)}\right)$$

$$= \frac{G}{Gf(G-f)}$$

$$= \frac{1}{f(G-f)} \qquad \text{q.e.d.}$$

Ausgerechnet haben wir das mit Hilfe der sogenannten Partialbruchzerlegung, die wir hier aber nicht vormachen. So kommt das Hölzchen zum Stöckchen...

Das müssen wir nach f auflösen. Das geht, indem man den Kehrwert betrachtet[8]

$$\frac{G - f}{f} = e^{-CG}e^{-kGx} \tag{A.38}$$

und weiter:

$$\frac{G}{f} - \frac{f}{f} = e^{-CG}e^{-kGx} \tag{A.39}$$

$$\frac{G}{f} - 1 = e^{-CG}e^{-kGx} \Big| + 1 \tag{A.40}$$

$$\frac{G}{f} = 1 + e^{-CG}e^{-kGx} \tag{A.41}$$

$$\frac{G}{f} = 1 + ce^{-kGx} \tag{A.42}$$

wobei wir auf den Weg zur letzten Zeile die Kurzschreibweise c für den Ausdruck e^{-CG} eingeführt haben. Noch wenige Umformungen und wir sind am Ziel:

$$\frac{G}{f} = 1 + ce^{-kGx} \Big| \cdot f \tag{A.43}$$

$$G = f \cdot \left(1 + ce^{-kGx}\right) \Big| : \left(1 + ce^{-kGx}\right) \tag{A.44}$$

$$f = \frac{G}{1 + ce^{-kGx}} \tag{A.45}$$

Das ist die logistische Funktion, die wir als eine der Wachstumsfunktionen kennengelernt haben.

---

[8]weil man den Bruch auftrennen kann, wenn die Differenz im Zähler anstatt im Nenner steht

A.5. Lösung von $x^3 = -1$

Dass das Schaubild von $f(x) = x^3 + 1$ die x-Achse bei $x = -1$ schneidet, sieht man aus Abb. 3.49. Aber wie kommt man vom Ansatz

$$x^3 + 1 = 0 \tag{A.46}$$

zur Lösung

$$x = -1? \tag{A.47}$$

Zieht man auf beiden Seiten der Gleichung

$$x^3 = -1 \tag{A.48}$$

die dritte Wurzel, erhält man

$$x = \sqrt[3]{-1} = -1 \tag{A.49}$$

Das ist eigentlich OK, wenn man vereinbart, dass unter dem Wurzelzeichen eine negative Zahl stehen darf, wenn es sich um die dritte, fünfte, etc. Wurzel handelt, aber *nicht* für zweite, vierte, etc. Wurzel. Diese Vereinbarung ist möglich.

Allerdings: es gibt auch gute Gründe für die Vereinbarung, dass alle Wurzeln nur für positive Zahlen unter dem Wurzelzeichen (die nennt man übrigens *Radikanden*) definiert sind – also auch ungeradzahlige Wurzeln. Dann ist Gl. A.46 nicht mehr erlaubt. Allerdings darf man auch nicht schreiben

$$x^3 = -1 \,|\, \sqrt[3]{(\ )} \tag{A.50}$$
$$x = -\sqrt[3]{(1)} \tag{A.51}$$
$$= -1 \tag{A.52}$$

denn der Kommandostrich in der ersten Zeile bedeutet: „Wende die Äquivalenzumformung auf beide Seiten der Gleichung an". Und Äquivalenzumformungen sind kein Wunschkonzert. Sie haben keine Wahl, ob Sie das Minus „vor die Wurzel ziehen", wie einige so flott (aber völlig falsch) formulieren. Wie kann man also formal akzeptabel zur (eigentlich ja schon bekannten) Lösung gelangen? Betragsstriche auf beiden Seiten stehen außer Frage, denn das ist keine Äquivalenzumformung.

Eine Möglichkeit besteht darin, beide Seiten der Gleichung kreativ in Faktoren zu zerlegen:

$$x^3 + 1 = 0 \tag{A.53}$$
$$(x + 1)\left(x^2 - x + 1\right) = 0 \tag{A.54}$$

und dann wieder den Satz vom Nullprodukt anzuwenden.
Fall a: $x + 1 = 0$

$$x_1 = -1 \tag{A.55}$$

Fall b: $x^2 + x + 1$
liefert keine Lösung, weil die Diskriminante kleiner Null ist.
Dieser Lösungsweg ist korrekt aber umständlich und wir vereinbaren deshalb, dass auf die Zeile

$$x^3 = -a \tag{A.56}$$

die Zeile

$$x = -\sqrt[3]{a} \tag{A.57}$$

folgt – ohne dass eine Äquivalenzumformung angegeben wird.

A.6. Das griechische Alphabet

In der Mathamatik werden häufig griechische Buchstaben verwendet. Aus diesem Grund geben wir hier einen Überblick über das griechische Alphabet.

Kleinbuchstaben	Großbuchstaben	Name
α	A	Alpha
β	B	Beta
γ	Γ	Gamma
δ	Δ	Delta
ϵ	E	Epsilon
ζ	Z	Zeta
η	H	Eta
ϑ	Θ	Theta
ι	I	Jota
κ	K	Kappa
λ	Λ	Lambda
μ	M	My
ν	N	Ny
ξ	Ξ	Xi
o	O	Omikron
π	Π	Pi
ρ	P	Rho
σ	Σ	Sigma
τ	T	Tau
υ	Υ	Ypsilon
φ	Φ	Phi
χ	X	Chi
ψ	Ψ	Psi
ω	Ω	Omega

Literaturverzeichnis

[1] http://www.bimmertoday.de/2012/03/04/genf-2012-ac-schnitzer-acs3-mit-295-ps-auf-basis-des-bmw-328i-f30/ac-schnitzer-3er-acs3-turbo-bmw-328i-f30-genf-2012-drehmoment-leistungs-diagramm/

[2] http://commons.wikimedia.org/wiki/File:Dow_Jones_Industrial_Average.png

[3] http://commons.wikimedia.org/wiki/File:Population_development_Aalen.png

[4] http://commons.wikimedia.org/wiki/File:World_Energy_Consumption_Outlook_2014.svg

[5] http://upload.wikimedia.org/wikipedia/commons/e/ee/Instrumental_Temperature_Record_blank.PNG

[6] http://de.wikipedia.org/w/index.php?title=Datei:Staatsverschuldung5.png&filetimestamp=20111014021222&

[7] http://de.wikipedia.org/wiki/Datei:Goldpreis_in_Dollar_ab_1810.png

[8] M. E. Porter, Competitive Strategy, New York 1980

[9] Eugen Schmalenbach, Deckungsbeitragsrechnung, Köln 1903

[10] www.finanz.net

© Springer-Verlag GmbH Deutschland, ein Teil von Springer Nature 2018
J. Kircher und D. Hitzler, *Wirtschaftsmathematik I*,
https://doi.org/10.1007/978-3-662-46152-5

Stichwortverzeichnis

© Springer-Verlag GmbH Deutschland, ein Teil von Springer Nature 2018
J. Kircher und D. Hitzler, *Wirtschaftsmathematik I*,
https://doi.org/10.1007/978-3-662-46152-5